제2판

미용미학과 미용문화사

전선정 · 안현경 · 이귀영 · 신세영 · 문윤경

청구문화사

머 리 말

지구상에 인류가 출현한 이후 모든 생활에 관한 유무형의 문화와 역사가 오랜 세월 동안 축적되어 오늘날의 유적과 문화를 남기게 되었다. 이러한 다양한 유적과 문화는 모든 학문의 기반이 되었고 바탕이 되었으며 오늘날 눈부신 인류 발전의 원동력이 되었다.

그와 더불어 끊임없이 발전해 온 인류의 아름다움에 관한 관심과 아름다움을 창조해 내는 기술과 지식들은 미용과 의상의 발전을 거듭하게 한 원동력이 되었으며 학문의 경지에까지 오르게 되어 1991년에는 전문대학에 미용과라는 전공학과가 국내에 처음 신설되기에 이르렀다.

이후 3년제와 4년제 학과가 신설되면서 미용 분야가 오직 기술적인 분야만이 아닌 학문적 연구의 대상이 되면서 이제는 전문학사, 학사, 석사, 박사 등이 배출되어 미용산업이 발전하게 되고 미용사라는 직업의 위상이 높아지게 되었다.

미용학의 기본이 되는 미용문화사는 완성도 높은 아름다움의 본질을 연구하는 미학과 연결되므로 미용미학과 미용문화사는 이 분야를 전공하는 학생들에게 가장 필수적인 과목이라고 할 수 있을 것이다.

대학 교육에 전념하던 저자들이 이러한 미용문화사를 미용미학을 저변에 두고 시대와 복식사적 배경, 머리 형태와 화장형태로 정리하여 불모지와 다름없던 미용미학과 미용문화사라는 교재를 출간한 지도 어느덧 20여년이라는 세월이 지났다. 그 간 발전한 학문을 좀 더 알차게 다시 정리해야 한다는 의견들은 있었으나, 너무나 방대한 내용이라 시작을 미루고 있던 중 신세영교수님이 동참하여 부족했던 부분을 개정 · 보완하게 되었다.

이 책은 처음에 미용미학과 미용사조를 설명하고 서양과 한국의 고대에서 현대까지의 미용사를 문화사적 배경, 복식사적 배경, 머리의 형태, 화장의 형태로 나누고 여기에 문화와 복식, 머리와 화장을 전반적으로 연결하여 설명하였다. 즉, 미용문화는 미용 단독으로만 발전하는 것이 아니라 사회, 문화, 정치, 예술 등과 함께 변화하고 발전하는 것이라는 것을 보여주고자 하였다.

'과거를 모르는 민족에게 내일은 없다'라는 격언과 같이 미용사도 과거의 패션을 알아야 새로운 패션을 만들어 낼 수 있다. 그러므로 미용의 역사 속에 흐르는 보편적 규칙을 알아내는 미용미학과 미용문화사는 미용사 및 미용학을 배우는 학생들과 미용관계자에게는 필수적이라 할 것이다.

이 책이 미용 및 패션을 공부하는 학생들은 물론 관계자분들에게 작은 도움이라도 되기를 바라며, 그동안 이 책에 보내 주신 많은 분들의 각별하신 성원과 소중한 인연에 깊이 감사드린다.

끝으로 여러모로 어려운 여건 속에서도 양서 출판의 소명을 다하고자 개정·증보판의 출간을 위해 애써 주신 청구문화사 이상태 사장님과 임직원들께도 깊은 감사의 말씀을 드린다.

2025년 새봄

저자 일동

목 차

Ⅲ. 고려 / 269

Ⅳ. 조선 / 287

Ⅴ. 현대 / 333

Part 01

미학과 미용미학의 개념

1. 미학의 개념

현대에서 사용하는 '미학(美學)'이라는 용어는 영어의 '에스테틱스(aesthetics)'에서 번역된 것이다. 이 '에스테틱스'는 고대 그리스어의 '감성'을 의미하는 '아이스테시스(aisthesis)'에서 파생된 '에스테티카(aesthetica)'에 그 어원을 두고, 바움가르텐(Baumgarten: 독일, 1714~1762)이 '감성적 인식에 관한 학문(scientia cognitionis sensitivae)'을 지칭하기 위해 만든 용어이다.

바움가르텐은 이성의 영역은 논리학(Logos)이, 의지의 영역은 윤리학(Ethics)이, 감성의 영역은 감성학(Aesthetica)이 담당한다고 주장하며 '미학(Aesthetics)'이라는 용어를 체계화했다. 그는 초기에 미학이란 감성적 지각에 관한 학문으로 정의했다. 그러나 18세기 중반 이후 미학에 대한 개념이 변화하여, '감성적 지각에 관한 이론'이란 개념에서 '미의 철학, 예술의 철학'이란 개념으로 의미가 확장되었다. 즉 미학의 연구 대상은 인간이 주위에서 발견하고 실제적인 행위에서 창조하며 예술 속에서 반영되는 모든 미적 가치를 포함하고 있어 '미의 철학'이라고 말할 수 있다.

특히 미학은 예술 속에서 그 의미가 가장 깊이 있게 발현될 수 있다. 예술 구성의 3요소인 창작 활동, 예술작품, 예술 감상이 모두 미학의 연구 대상이 되므로 '예술의 철학'이라 말할 수 있다. 그러나 정적인 예술이라는 개념보다는 역동적인 '예술 활동'에 관한 철학이라고 정의하여야 예술의 능동적인 면도 반영할 수 있으므로 '예술 활동의 철학'이라고 정의하는 것이 좋겠다.

즉, 미학은 현실의 미적인 향유와 사회의 예술적 활동에 관한 학문으로, 인간이 주위 세계를 미적으로 습득하는 보편적인 법칙 및 예술 문화의 구조나 발전 법칙을 연구하는 학문이라고 정의할 수 있다.

2. 미용미학의 개념

미의식은 심리학적 입장에서는 '미적 태도에 있어서의 의식 과정'을 의미하고 철학적 관점에서는 '미적 가치에 관한 직접적 체험'을 의미하거나 '미적인 것의 창조, 관조 등 미적 태도 일반에 관한 정신활동' 등으로 정의된다.

우리나라에서 '미의식'이라는 용어는 1940년 고유섭의 '고대인의 미의식'에서 처음 사용되어 여러 예술 분야에서 '미를 지각하는 의식'이라는 의미로 사용되어 왔다. 복식에 관해서는 우리 민족의 백의 풍습에 최현배가 지적한 '내적 요인'이 미의식을 포함하는 인간의 의지를 암시하고 있으며, 복식학계에서 본격적으로 미의식이라는 용어가 사용되고 연구된 것은 이화여자대학교 조규화 교수의 '복식 미학'에서이다. 또한 미용에 '미용미학'이란 개념을 처음 도입한 것은 2001년 전선정 외 3인의 '미용미학과 미용문화사'란 책에서이다.

미의식의 개념은 미적 내용을 창출해 내는 창조적 측면과 미적 내용의 향수를 뜻하는 관조적 측면을 동시에 가진다. 미의식의 창조적 측면은 작가의 조형 의지이며 관조적 측면은 조형 의지로 창출된 미적 대상을 사용하고 관찰하는 미적 감식이라고 부를 수 있다.

최근 산업의 발달과 함께 예술의 사회적 기능이 점차 중요시 되어가고 있다. 인간은 사회의 한 시민으로서 살고 있기 때문에 어떤 대상, 즉 자연이나 예술만을 바라보며 매일 "얼마나 아름다운가!"를 외치면서 살 수는 없다. 그러나 만일 사람이 예술에 의해 감동되는 능력을 갖추고 있지 않다고 하면 인류는 건조하고 황폐한 삶을 살아가야 했을 것이다. 예술은 인간의 이성적, 의식적 생활의 표현이며 인간에게 존재의 의식과 최고의 감정 그리고 우수한 사상을 불러일으키는 것이며 나아가 인간의 삶을 풍부하게 해 주는 것이다. 그러므로 예술과 이에 대한 미의식은 사회가 발전할수록 점점 더 중요시되는 것이다.

오늘날 많은 사람은 예술, 미학, 철학과 관련되는 용어를 사용하거나 들으면서 생활하고 있다. '미적'인 것은 그 자체의 성격에 의해 여러 가지로 구별할 수 있을 뿐만 아니라 그 소재의 대상적 구별에 따라 여러 가지 형태로 구별된다. 미적인 것은 자연의 풍물, 인간의 생활, 역사적 사상으로부터 예술작품에 이르기까지 실로 다양한 대상에서 볼 수가 있다.

그 현상 영역에 따라 구별할 때, 일반적으로 자연미와 예술미로 대별 될 수가 있다. 미학상으로 이 양자는 다 같이 미(The beautiful) 이상의 미학(The aesthetic)으로서의 공통된 특질을 가진 개념이다. 자연미는 자발성의 특성을 갖고 있으며 노력하지 않는 완전성을 가지고 있지만 예술은 노력의 결과에서 온다.

콜링우드(Collingwood)는 자연미를 다음과 같이 세 과정으로 나누었다. 첫째, 자연미의 가장 원시적인 것은 순수한 자연의 아름다움인데 이것은 해와 달, 산과 숲, 바람과 비와 같은 인간 활동이 미치지 못하는 아름다움이며 둘째, 인간의 간섭(The human interference)이 자연의 미를 손상시키지 않고 더욱 높이는 경우가 있다. 셋째, 인위성(artificiality)을 거부하지 않는 제3의 자연미가 있다.

이 세 과정에서 보는 대로 첫째에서 둘째, 셋째로 가면서 점차로 인간의 창조성이 짙어진다. 인간의 행위는 새로운 아름다움을 창조하는 힘을 갖는다. 처음에는 자연 속에 안기는 아름다움이고 차차 자연에 순응하면서 자연을 정복하는 것을 배우는 인위의 미이다. 이 자연미의 세 형태는 역사적 과정이기도 하고 그 과정은 인간의 의식적 예술로의 추이이기도 하다.

따라서 인간을 대상물로 하는 미용의 행위는 인간의 자연미를 손상시키지 않고 더욱 증대시키며 그 인위성의 창조적 행위가 새로운 미적 가치를 창조하는 행위로서 끝없이 변화하고 개성화되고 다양화되어 가고 있는 양식(style)에 따라 최고의 아름다운 미를 현실에 구체화하는 예술이라고 이야기할 수 있다.

그러므로 이렇게 인간의 자연미를 손상시키지 않으면서 더욱 증대시키며 새로운 미적 가치를 창조하는 미용예술에 관한 보편적인 법칙 및 예술 문화의 구조나 발전 법칙을 연구하는 학문을 미용미학(beauty aesthetics)이라 한다.

Part 02

미용사조

1. 구조주의와 해체주의

구조주의(Structuralism)란 어떤 사물의 의미는 개별로서가 아니라 전체 체계 안에서 다른 사물들과의 관계에 따라 규정된다는 인식을 전제로 하는 현대 철학의 한 경향이다. 구조주의는 사물의 참된 의미가 사물 자체의 속성과 기능에서가 아니라, 사물 간의 관계에 따라 결정된다고 생각한다. 따라서 구조주의는 전체 체계 안에서 사물들의 관계를 기술하고, 그 의미를 이해하려 시도한다. 이러한 구조주의는 인간 주체에 앞선 '구조'를 강조함으로써 실존주의 등의 인간 중심적인 사유와 대립하며 20세기의 가장 영향력 있는 사상 가운데 하나로 자리 잡았다.

구조주의는 미용분야에서 전통을 존중하고, TPO에 맞는 의상 및 미용을 강조하며 개인의 개성보다는 개인이 속한 사회의 구조에 어울리는 의상 및 미용을 할 것을 강조하였다.

첫째, 전통의 존중은 신구의 모든 사람이 인정할 수 있는 전통적이고 보수적인 검증된 패션을 추구한다. 그래서 클래식(classic), 컨저버티브(conservative) 중심의 패션이 그것을 대표한다. 헤어스타일은 남성의 경우 단정한 짧은 머리를 하고, 여성의 경우 단정한 짧거나 긴 머리나 깔끔하게 올린 머리, 포니테일 등을 한다. 메이크업은 남성은 기초화장으로 깔끔하게, 여성은 오피스룩에 어울리는 단정한 메이크업이나 귀엽고 사랑스러워 보이는 로맨틱 메이크업 등을 하는 것을 말한다.

둘째, TPO의 존중은 본인이 속하는 시간, 장소, 목적에 맞게 패션을 유지하는 것을 말한다. 행사나 구조 속에서 누구나 인정할 수 있는 패션으로 모나지 않는 패션을 말한다. 즉 화려하거나 단정하거나 할 수 있으나 그 상황과 구조에 맞게 옷, 미용 등을 하는 것을 말한다.

구조주의, 헤어스타일과 메이크업

이러한 구조주의는 개인의 개성과 창의성을 무시하는 경향이 있어 1966년 쟈크 데리다(Jacques Derrida)는 구조주의 속에는 자기 모순적이며 자기 부정적인 계기가 내재해 있음을 밝혀냄으로써 구조주의가 자기 스스로 분해되어 버렸음을 보여주며 소위 해체주의(deconstructionism) 시대가 도래했음을 선언하였다.

서양의 형이상학 전통에 대한 비판을 전개하는 접근 방식이 해체이며, 해체는 넓은 의미에서건 좁은 의미에서건, 전통이라는 텍스트(text)를 포함해서 어떤 특정한 텍스트들에 대한 해체이다. 즉, 해체주의가 파괴(destruction)가 아닌 해체(deconstruction)인 점은 단순히 무엇인가를 파괴한다는 것이 아니라 구조주의가 구축해 놓은 구조를 구조주의의 내부에서부터 해체 혹은 탈 구축하는 것을 의미한다.

해체주의는 그동안의 경직되고 고정된 서구의 이성 중심주의에 종말을 고함으로써 모든 절대적 의미의 안정된 근원을 교란시키고, 해석의 불가능함을 시사하며 모든 결론을 유보시키려는 충격적인 것이었다. 해체주의는 동일성보다는 '차이'를 포착하기 위하여 더 많은 주의를 기울이며, 지배문화로부터 소외되고 잊혀져 왔던 자기 이외의 사람이나 개체, 즉 '타자(others)'를 인정하며, '불안정함'과 '불안'을 있는 그대로 포용하려 한다. 또한 전체성과 구조화된 체제에 억압받는 '개체'의 해방과 고정된 사고의 틀을 벗어나 '열린 사회'를 지향한다.

해체주의는 미용 문화에서 성의 해체, 민족의 해체, 기존방식의 해체가 특징적으로 나타났다. 첫째, 성의 해체로 여성의 남성화 현상을 들 수 있다. 긴 머리의 불편을 덜기 위해 손질이 간편한 보브스타일이 유행되면서 헤어스타일의 남성화 현상인 짧은 헤어커트가 유행되었고, 남성의 상징인 구레나룻을 헤어스타일에 표현하기도 하였다. 남성의 여성화 현상은 여성의 상징인 긴 머리스타일, 액세서리 착용, 포니테일, 염색을 이용하여 여

해체주의, 펑크 헤어스타일과 메이크업, Esthetica, 2000.10.

해체주의, 드레드록스 (dreadlocks) 헤어스타일

표 1. 구조주의와 해체주의

	구조주의	해체주의
개 체	개체의 특성 무시	개체의 존엄성 중시
학 문	경직된 과학적 태도	인본주의적 태도
역 사	하나의 구조, 체계를 분리해 내는 과정, 역사를 무시하는 비역사적 태도를 보임	역사의 중요성을 인식하고, 역사에 새로운 관심 표명, 과거는 향수가 아닌 탐색 대상
주 체	주체와 구조의 상호의존성	주체와 자아를 중요시
틀	체계성, 조직성, 전체성, 이분법적 사고 강조	체계성, 전체성 거부, 타자의 인정, 로고스 중심주의 거부
언 어	언어의 우월성, 재현능력 인정	이분법적 사고 거부, 언어의 우월성 거부, 재현 능력 거부

성의 외모와 비슷하게 연출함으로써 남성에게 주어지는 성역할을 해체시켰다. 제3의 성은 공유의 성으로서 헤어스타일 중 남자가 긴 머리를 했을 경우 수염을 기른다든지, 의상이 또한 남성스러움을 강조한다든지 하고 여성의 경우 짧은 헤어커트에 화장하여 제3의 성으로 표현했다. 즉, 오늘날에는 남녀 모두 서로의 실리에 맞게, 개성에 맞는 헤어스타일이 연출되고 있다.

둘째, 민족의 해체현상을 들 수 있다. 곱슬 머리를 길게 땋은 레게 스타일의 머리, 인디언 헤어스타일의 깃털 장식, 이마에 두른 끈 등이 전 세계로 유행하게 된 것이 그것이다. 또한 동양풍의 헤어스타일이 유행하게 된 이유는 일본의 경제력의 강화, 중국과 미국의 외교관계, 한국의 올림픽 개최와 아시안 게임 등 전 세계의 시선을 집중시켰기 때문이다.

동양풍 헤어스타일은 동방의 자연미를 추구하면서 서구 중심적 사고방식에서 벗어난 다원화의 추구 양상으로 한국의 전통 수발 양식인 얹은 머리와 일본의 에도시대의 수발양식인 환곡 등이 나타나게 되었다.

셋째, 기존 방식의 해체로 펑크 스타일을 들 수 있는데 기존 체계의 해체이며, 사람들의 주목과 충격을 주고자 하는 기본적인 욕구를 헤어스타일로 나타냈다. 대표적인 헤어스타일의 형태적인 측면에서는 수탉의 벼슬처럼 꼿꼿이 세운 모호크 스타일(Mohawk Hairstyle), 빳빳하게 세운 스파이키 스타일(spiky style), 머리를 빡빡 깍은 스킨 헤드(skin head) 등이 있다. 색상 측면에서도 개성표현, 반항심, 강렬함을 나타내기 위해 분홍색, 오렌지색, 초록색의 형광 물감으로 물을 들였다. 또한 상표명, 만화주인공, 일상용품 등을 헤어 장식으로 나타내기도 하였다.

현대 메이크업의 해체적 특성은 다음과 같이 나타난다. 성별의 경계를 넘어서는 메이크업으로는 남성의 여성스러운 화장이나 여성의 중성적인 화장, 그리고 젠더리스한 메이크업이 있다. 문화적 경계를 넘나드는 에스닉 메이크업은 서구인들의 동양풍 또는 아프리카풍 메이크업, 동양인들의 다문화적 메이크업 등으로 표현된다. 전통적인 미의 기준을 해체하는 펑크 스타일의 메이크업은 기존의 '아름다움'이라는 관념에서 벗어나 의도적으로 기괴한 이미지를 연출한다. 예를 들어 일그러진 입술 라인, 비대칭적인 아이섀도 등이 이러한 해체적 특성을 잘 보여준다.

2. 모더니즘과 포스트모더니즘

모더니즘(modernism)은 20세기 초, 특히 1920년대에 일어난 표현주의, 미래주의, 다다이즘(dadaism), 형식주의 등의 감각적, 추상적, 초현실적인 경향의 여러 운동을 일컫는 말이다. 19세기 예술의 근간인 사실주의에 대한 반항 운동이며, 제1차 세계대전 후에 일어난 전위예술(Avant-Grade Art) 운동의 한 형태이다.

모더니즘은 산업혁명 이후에 발달한 문화사조로서 인간은 과학기술의 발전을 통해 유토피아에 도달할 수 있다는 합리주의를 바탕으로 하여 발달하였다. 모더니스트들은 예술에 있어서의 유토피아는 곧 예술의 순수성이라는 단일하고 일관성 있는 사상체계라고 전제하고 다음의 두 가지 방식을 통하여 이를 추구하였다.

그 첫 번째 추구 방식은 새로운 것을 끊임없이 시도하는 실험정신이었으며, 두 번째 방식은 고급문화와 대중문화를 분리하고 동서양을 분리하여 조명하는 이데올로기적 이원논리였다. 그러므로 모더니즘은 개체보다 주체를, 외적 경험보다는 내적 경험을, 집단의식보다는 개인의식을 기본원칙으로 삼았다.

모더니즘이 미용 문화에 나타난 것을 양식적 측면에서 볼 때 머리 형태는 단순하고 깔끔한 원렝스 형태의 짧은 헤어스타일, 원 톤의 헤어컬러를 들 수 있고, 화장 형태는 꼭 필요한 부분만을 돋보이게 한 데이 메이크업, 오피스 메이크업 등을 들 수 있다.

모더니즘의 이성과 과학의 진보로 인한 유토피아 추구는 히로시마의 원폭 투하, 아우슈비츠 유태인 대량학살 사건, 무절제한 생태계의 파괴, 핵전쟁의 위협, 공해 문제, 마약의 위협 등을 겪으며 흔들리기 시작하였다.

모더니즘, 빨강, 파랑, 노랑의 구성, 몬드리안, 1930

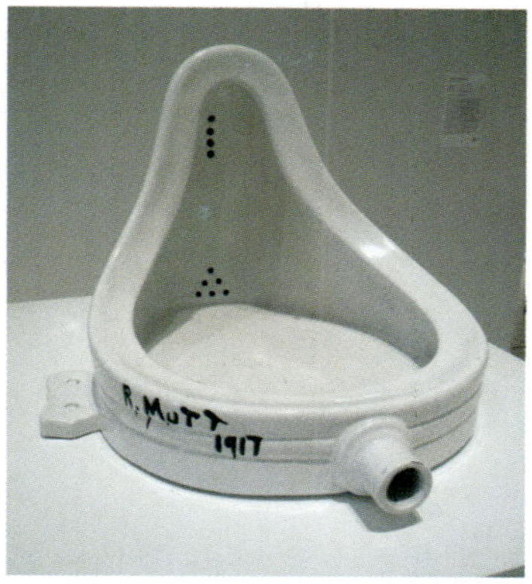

모더니즘, 샘, 마르셀 뒤샹, 1917

모더니즘, 헤어스타일과 메이크업

그 결과 20세기 후반부터 기존 서구 문화의 사회 문화적 질서에 변화가 생기기 시작했고, 포스트 모더니즘(post-modernism)이 20세기 후반에 가장 핵심적인 용어가 되었다. 즉 포스트 모더니즘은 전통적이며 권위적인 모더니즘에 대한 반발로 시작된 것으로서 20세기 후반의 시대정신을 대표하는 문화현상이다.

가장 좁은 의미의 포스트 모더니즘은 제 2차 세계대전 이후에 새로이 대두되기 시작한 문학과 예술을 가리키는 문예적 개념으로서, 19세기 중엽을 풍미하던 사조가 리얼리즘이라고 하고 20세기 초엽을 풍미하던 사조가 모더니즘이라고 한다면 20세기 후반은 포스트 모더니즘에 의해 특징지어진다고 할 수 있다.

아놀드 토인비(Arnold Toynbee, 1947)의 "역사에 대한 연구(A study of history)"에서도 포스트 모더니즘이라는 용어가 사용되었는데 여기에서는 1875년 이후 나타나기 시작한 서구 문명의 후퇴와 중산층 부르주아의 몰락 그리고 합리적 세계관의 토대 상실이라는 의미로 사용되었다. 포스트 모더니즘은 1960년대에 이르러 미국에서 본격적으로 사용되기 시작하였고 지금은 서구 전체로 확산되었다. 그리하여 마침내 우리 나라까지 전파되어 건축, 언어, 문학, 미술, 철학, 경제, 연극, 영화, 비디오 아트 등 문화 전반에 많은 영향을 미치고 있다.

이와 같이 포스트 모더니즘 현상은 특정한 지역과 문화권의 전유물이 아닌 서양과 동양에 모두 나타나고 있는 국제적 문화 현상으로, 그리고 20세기 후반의 새로운 문화 현상으로 나타나고 있으므로 포스트 모더니즘을 20세기 후반의 시대정신을 대표하는 사회문화적 현상으로 받아들여야 할 것이다.

포스트 모더니즘, Shot sage blue Marilyn, 앤디 워홀, 1964

포스트 모더니즘, 행복한 눈물, 리히텐슈타인, 1964

포스트 모더니즘, 헤어스타일과 메이크업

포스트모더니즘이 미용문화에 미친 영향은 크게 세 가지 양식으로 나타났다. 첫째, 복고주의적 경향으로 모더니즘의 추상적 성향에서 벗어나 과거 스타일을 재해석했다. 1930년대의 핑거웨이브, 1960년대의 비달 사순 커트와 오드리 햅번 스타일, 엘리스 밴드(Alice band) 스타일, 그리고 모델 트위기의 발랄한 헤어스타일이 현대적으로 재현되었다. 메이크업에서는 복고풍의 아이라인이 강조되기도 하였다.

둘째, 다원주의적 경향으로 히피나 펑크와 같은 스트리트 패션의 헤어스타일이 하이패션으로 승화되어 나타났으며, 메이크업에서는 펑크적 요소를 반영한 실험적인 메이크업이 나타났다.

셋째, 절충주의적 경향으로 모더니즘의 이분법적 구분을 탈피하여 남성적/여성적, 동양적/서양적 등의 양분된 이미지를 서로 혼합, 변조했다. 이는 여성의 매니시(manish)한 스타일, 남성의 장발 문화, 에스닉(ethnic) 스타일, 아프리카 스타일 등으로 표현되었다. 메이크업에서도 이러한 경향이 반영되어 남성의 페미닌한 메이크업, 동양적 감성의 에스닉 메이크업 등 다양한 스타일이 등장했다.

표 2. 모더니즘과 포스트 모더니즘의 차이

모더니즘	포스트 모더니즘
산업혁명 이후 발달, 20세기 초	20세기 후반 이후, 1960년대 미국에서 시작
인간은 과학기술의 발전을 통해 유토피아에 도달할 수 있다.	비합리적, 소수문화, 과거의 것에도 아름다움이 있다.
합리주의, 예술의 순수성 추구	합리적 세계관의 토대 상실
실험정신 고급문화와 대중문화의 분리 인텔리의 예술	복고 고급문화와 대중문화의 퓨전 인텔리와 비인텔리의 예술
세계대전 이후 이성과 과학의 진보에 대한 신념이 흔들림	21세기에도 진행되고 있음

3. 자연주의와 인공주의

자연주의(naturalim)란 일반적으로 자연을 대상으로 양식화하거나 관념화하지 않고 보이는 그대로를 충실히 재현하려는 예술제작 태도를 의미하며 자연미의 탐구와 존중이 들어 있다. 자연주의라는 용어는 1863년 미술분야에서 카스타냐리(비평가, 1830~1880)가 도시 생활의 정경과 풍속을 표현한 것에 대하여 언급하면서 처음 사용되었고 그 뒤를 이어 문학과 예술 분야에서 언급되기 시작하였다.

자연주의는 미술과 문학에서의 사실주의, 실증주의와 함께 사물을 있는 그대로 재현하고 증명한다는 의미를 가진다는 점에서 공통점을 가지지만 근본적으로 그 대상이 '자연'으로서, 자연에 대한 깊은 향수를 표현하고자 하였다는 점이 다르다고 할 수 있다. 또한 이러한 점에서 자연주의는 어떠한 목적을 가지는 현실성을 거부하고, 현실을 실험적으로 관찰하는 방법을 예술에 적용하는 형태를 가진다.

자연주의는 과거에는 자연에 대한 동경과 향수를 주제로 자연주의를 심미적인 탐구의 관점에서 보았으나 21세기에는 80년대 중반부터 떠오르기 시작한 에콜로지 경향을 바탕으로 하여 세기말의 환경파괴에 대한 인간의 불안감이 담겨있는 형태로 나타나면서, 인간과 생물학적 상호관계를 근거로 보다 큰 의미의 자연주의로 예술과 문화의 다방면에서 거듭나고 있다.

자연주의, 헤어스타일과 메이크업

자연주의가 미용문화에 표현된 것은 헤어스타일에서는 인위적인 형태보다는 히피 스타일의 자연스러운 스트레이트나 살짝 헝클어진 듯한 내추럴한 스타일이 주류를 이루었다. 메이크업에서는 1990년대 에콜로지(ecology)의 영향으로 나타난 내추럴 메이크업(natural make up)이 대표적이다. 이는 강한 색조 화장을 지양하고 개인 본연의 얼굴 윤곽과 피부톤을 자연스럽게 살리는 방식으로 표현되었다.

20세기에 들어서면서 복식과 미용 문화에 인공주의라는 새로운 경향이 나타났다. 인공주의(Artificialism)는 자연주의를 반대하는 입장으로, 철학에서는 과학적으로 설명하기 힘든 즉 초자연적인 것의 가치를 부정하는 자연주의에 대한 반동으로 생겨난 것으로 실제의 사물과 현상 외의 존재에도 가치를 부여하려는 사상이다. 본연의 모습을 표현하는 대신, 의도적인 변형과 왜곡을 통해 심리적 만족감을 추구하는 현상이 두드러졌다. 이러한 인공주의적 미용 문화의 대표적인 예로 코스프레, 판타지 메이크업, 디지털 메이크업을 들 수 있다.

코스프레(costume play)란 컴퓨터 게임, 애니메이션이나 만화 캐릭터 같은 의상을 입고 여러 행사나 장소에 나타나 의상으로 놀이를 사는 사람들의 행위이다. 코스프레의 시작은 헬로윈 데이, 고대 로마 시대에 죽은 사람의 얼굴을 쓰고 죽은 이를 추모하는 행사에서 시작되었다는 말이 있으나, 현대에서는 1939년에 SF 컨벤션 행사 중에 포레스트 J. 애커만이 입은 '미래인 의상(futurist costume)' 즉, 미래주의 의상이 시발점이 되었다고 하는 것이 정설이다.

그 뒤로 1960년대 미국 SF 컨벤션을 통해 소설 등장인물의 옷을 입는 유행이 확산되고, 이는 일본으로 옮겨지면서 1978년에 카나가와현 아시노코에서 개최된 제17회 일본 SF 대회의 가장 파티에서 SF 팬들로 구성된 '로레리어스(ローレリアス)'라는 그룹이 화성의 비밀병기라는 소설의 표지를 코스프레 하면서 애니메이션 중심으로 일본에서 활성화되었다. 미용분야에서는 다양한 애니메이션에 나타나는 캐릭터를 모방하여 헤어스타일과 메이크업을 하며 즐기는 현상으로 나타난다.

판타지 메이크업(fantasy make up)은 1960년대 히피 운동으로 시작한 바디 메이크업과 1970년대 잔드라 로즈의 환상적이고 펑키한 화장이 그 시작으로 볼 수 있다. 현실에 존재하지 않는 초현실적이고 상상적인 캐릭터나 이미지를 메이크업으로 표현하는 아트 메이크업의 한 분야이다.

인간의 얼굴과 신체를 이용하여 다양한 인간의 감성과 느낌을 일반적인 메이크업의 한계를 넘어 창의적이고 실험적인 표현을 추구하며, 다양한 색상과 텍스처의 활용, 입체적인 효과와 착시 기법, 비현실적인 컬러 조합과 패턴을 적용하는 것이 특징이다.

미용사조

인공주의, 코스프레 메이크업

인공주의,
판타지 메이크업

인공주의,
디지털 메이크업

판타지 메이크업은 동화 속 캐릭터, SF/판타지 영화의 생명체, 초자연적 존재나 신화적 캐릭터, 추상적 예술 개념 등을 구현할 수 있으며, 영화, 연극, 뮤지컬의 분장이나 패션쇼, 퍼포먼스, 코스프레 이벤트 등 엔터테인먼트 분야에서 널리 활용되고 있다. 또한 아트 퍼포먼스, 사진 촬영, 미디어 아트와 같은 예술 분야와 광고 촬영, 브랜드 프로모션, 특별 이벤트 등 상업적 영역에서도 적극적으로 사용되고 있다.

현대의 인공주의 미용 문화는 기술과 예술의 융합으로 새로운 차원에 접어들었다. 특히 디지털 기술을 활용한 디지털 메이크업(digital make up)은 인공적 메이크업의 혁신적인 형태로 자리 잡았다. 이러한 디지털 뷰티 테크놀로지는 AR(증강현실), AI 필터 등을 통해 실시간으로 이미지를 변형하고 다양한 메이크업 효과를 구현할 수 있게 한다.

이처럼 인공주의 미용 문화는 현대 사회에서 자기표현의 새로운 수단으로 진화하고 있으며, 디지털 기술의 발전과 함께 더욱 다양하고 창의적인 방식으로 확장되고 있다.

4. 미니멀리즘과 맥시멀리즘

'미니멀리즘(minimalism)'이라는 용어는 평론가인 바바라 로즈(Barbara Rose)의 1960년대 중반 'Art in America'에 실린 논문에서 최소로 단순화된 미술을 '미니멈(minimum)'이라고 지칭한데서 최초로 등장했고, 1960년대 말에 이르러서는 미니멀리즘이라는 용어가 널리 통용되었다. 미니멀리즘이란 용어는 이러한 미술운동이 추구하는 목표로서, 회화와 조각을 본질로 회귀시키려는 경향을 적절히 표현하고 있다.

회화에 있어서는 재현된 형상과 현실적 회화 공간을 배격하고, 하나로 통일된 형상을 추구하는 경향으로 나타나며, 조각에서도 재현된 형상을 배제하여 단순한 기하학적 형태를 보여준다. 또한 미니멀 아트는 작가의 주관을 배제하면서 사물의 고유한 특성을 제시하고자 하였으며, 형태를 근본적인 물체로 환원시켜 종래의 회화와 조각 개념 사이의 경계선을 모호하게 하는 특성을 갖게 된다.

미니멀리즘, 스스로 소리를 내는 상자 만들기, 로버트 모리스, 1961

미니멀리즘, Print, 프랭크 스텔라, 1960~1970

미니멀리즘, 헤어스타일과 메이크업

미니멀리즘의 기저에 나타나고 있는 미국적 사고의 특성으로서는, 장식을 배제하고 실용적인 디자인을 개발하는 등 미국 미술에 지대한 영향을 미친 세이커교(Shakers)의 윤리와, 실용주의적인 사고를 지닌 미국적인 기질을 들 수 있으며, 이로부터 미니멀리즘이 배양되었다고 할 수 있을 것이다.

이와 같은 배경을 갖고 미국의 미니멀리즘은 유럽의 작가들이 재료를 통해 미술과 현실, 미술과 비미술, 사이의 모호함을 은유적으로 드러내려 하는데 반해, 은유를 제거하고 미술작품을 가능한 한 투명하고 구체적으로 작업하려는 목적으로, 실제 있는 그대로를 위해 재료와 형태를 선택하는 경향을 보여준다.

이러한 미니멀리즘의 특성은 크게 미술대상의 내부에 존재하는 이미지의 문학적, 심리학적 의미보다는 미술 대상의 물리적인 배경이나 관찰자의 반응이라는 미술 대상 외부에 중점을 둔다는 점이라 하겠다.

미니멀리즘이 미용문화에 나타난 것을 양식적 측면에서 볼 때, 헤어스타일에서는 짧은 단발머리, 쇼트 커트, 포니 테일, 스킨 헤드와 같이 단순하고 절제된 형태가 주를 이루었다. 메이크업에서는 게이샤 메이크업이나 포인트 메이크업처럼 특정 부위만을 선택적으로 강조하는 미니멀한 표현 방식이나 네이쳐 메이크업처럼 기본적인 화장만 하는 경향이 두드러졌다.

맥시멀리즘(maximalism)은 최대주의란 뜻으로 복잡함에서 우러나는 미(beauty)를 추구하는 사회 철학 또는 문화·예술적 사조를 말한다. '최대한의~' 라는 뜻의 'maximal'과 이념을 나타내는 접사 '-ism'가 합쳐져 만들어졌다. 대체로 화려한 색감과 무늬, 그리고 다양한 아이템의 활용을 통해 화려한 아름다움을 추구한다. 20세기 후반과 21세기 초

맥시멀리즘, 헤어스타일과 메이크업

반까지 미니멀리즘이 대세였으나 이런 미니멀리즘은 획일화, 정형화, 지루함이 한계였다. 이런 경향에 반발하여 맥시멀리즘은 화려한 색감과 고전미, 그리고 개인의 취향을 다양하게 여러 가지로 표현하는 경향이다.

맥시멀리즘 라이프 스타일은 자발적으로 불필요한 물건이나 일과 등을 늘려 다양하고 불필요한 것을 많이 가짐으로써 오히려 마음에 안정이 되고 삶이 더 풍요로워진다는 것이다.

맥시멀리즘이 미용문화에 표현된 것은 헤어스타일에서는 다양한 컬러의 혼합 염색, 다양한 액세서리 활용, 여러 헤어 스타일링 기법의 혼용 및 조합이 특징적이다. 메이크업에서는 다채로운 색상과 기법을 과감하게 혼합한 화려한 메이크업, 장식적인 선글라스 활용 등 극대화된 스타일링이 두드러졌다.

5. 섹슈얼리즘과 페미니즘

섹슈얼리티(sevuality)는 성적 총체, 성에 관련된 태도, 욕망, 행위, 정체성 등을 포괄해 이르는 말로, 사회적 관계망 속에서 이뤄지는 사회역사적 구성물이다. 이것을 결정하는 요인에는 남성과 여성을 구별하는 생물학적인 것, 자신을 어떤 성으로 인식하는 지에 대한 성적 정체성에 관한 것, 성적 매력을 느끼는 대상이 무엇인지에 대한 성적 지향인 것, 낭만적 끌림이 어떤 성에 있는 지에 대한 로맨틱 지향인 것이 있다.

섹슈얼리즘, 헤어스타일과 메이크업

패션과 미용에서 섹슈얼리즘(sexualism)은 이 중에서 생물학적으로 구분되는 인간의 성적 매력과 관능미를 강조하는 예술적 표현 방식이다. 패션에서의 섹슈얼리즘은 여성의 인체 실루엣을 강조하는 피트된 디자인과 시스루 소재나 레이스를 활용한 은근한 노출, 깊게 파인 네크라인이나 슬릿을 통한 관능미 표현, 콜셋이나 바디컨셔스 드레스를 통한 인체미 강조로 표현되고 있다.

미용 분야에서는 볼륨감 있는 웨이브 헤어나 긴 스트레이트 머리로 여성미를 강조하고, 스모키 메이크업을 통한 관능적인 눈매 연출, 글로시하고 도톰한 입술 표현, 광택감 있는 피부 표현으로 생기 있고 건강한 이미지를 연출한다. 현대에는 이러한 섹슈얼리즘이 단순한 성적 매력의 표현을 넘어, 자기 표현과 자신감의 한 방식으로 진화하고 있다.

여성의 성적 정체성을 강조하는 섹슈얼리즘과 반대 개념이 페미니즘이다. 페미니즘(feminism)은 과거 여성은 단지 남성과 다른 성을 갖고 있다는 이유만으로 사회적으로 부당하게 차별받고 억압받아왔다고 정의하고, 여성의 한 인간으로서의 역할과 가치에 대해 주의를 집중한다. 페미니즘은 남성 주도 사회가 형성해 온 여성에 대한 성차별의 고정관념을 타파하고 남성과 대등한 존재로서 여성의 성적 특징을 재정의함으로써 여성의 주체성을 확립하는 것을 그 본질로 한다.

즉 페미니즘은 여성의 정치적, 경제적, 사회적 지위를 향상시켜 남녀 간의 불평등을 없애기 위한 운동이다. 이는 인류의 이상에 비추어 사회를 이상적으로 개조하고자 하는 사

페미니즘, 댄디
헤어스타일과 메이크업

페미니즘, 유니섹스 스타일

회운동으로서의 남녀평등운동이다. 그러므로 페미니즘은 여성 대 남성 투쟁이 아니라 휴머니즘이며, 남녀평등을 실현할 수 있는 이상적인 인간형과 사회형을 추구하는 운동이라 할 수 있다. 페미니즘은 댄디(dandy), 유니섹스(unisex), 앤드로지너스(androgynous) 패션에서 그 형태를 볼 수 있다.

페미니즘이 현대 미용 문화에 미친 영향은 전통적인 성별 구분을 탈피한 다양한 스타일로 나타났다. 헤어스타일에서는 여성들이 남성적이고 구조적인 숏 컷을 선호하게 되었고, 남성들 역시 웨이브가 있는 장발이나 보브 스타일을 자유롭게 선택하게 되었다. 메이크업에서도 전통적인 여성스러운 스타일에서 벗어나, 생물학적 성별을 넘어선 개성 있는 표현이 다양하게 나타났다. 이는 개인의 정체성과 개성을 존중하는 페미니즘의 가치가 미용 문화에 반영된 결과라고 볼 수 있다.

6. 복고주의와 미래주의

복고주의(revivalism)는 과거의 정치, 사상, 문화, 제도, 풍습 따위로 되돌아가려는 태도를 말한다. 인류 역사상 복고주의는 여러 차례 유행한 바 있다. 유럽에서는 중세 암흑기 이후 고대 그리스, 고대 로마의 인간성 복원을 추구하였던 르네상스 시대와 나폴레옹 이후 왕정 복고시대가 그 예이나 그 이후에도 시대에 따라 여러 번 유행을 하였다. 복고주의는 저성장기가 도래하면 과거의 전성기나 성장기를 그리워하여 다시 유행하거나, 기성세대가 과거를 그리워하는 향수에서 비롯되는 경우가 많다.

복고주의, 헤베, 토르발트센, 1806

배기 팬츠, 1980s

배기 팬츠의 복고, 2016

펑크의 복고, 크리스찬 디올, 2002

복고주의가 패션문화에 표현된 것을 복고풍(retro style)이라고 하는데, 예를 들면, 2001년에 1980년대 파워우먼 룩과 글래머 섹시 룩이 나온다거나, 2002년에 1960년대의 히피룩이 재현된다거나 에스닉 룩으로서 과거의 민족복이 다시 부활하는 것이다.

복고주의가 미용문화에 나타난 것을 양식적 측면에서 볼 때 헤어스타일에서는 크리스찬 디올이 2002년에 1980년대 펑크 헤어스타일을 재해석하여 재현한다던지, 메이크업에서는 과거의 게이샤들의 화장, 근대의 패치 등이 재현되는 것이 그 예이다.

미래주의(futurism)는 이탈리아에서 등장하여 퍼져 나간 모더니즘 미술 사조이다. 이탈리아의 예술가 필리포 마리네티(Filippo Marinetti)가 1909년 2월 5일 '라 가제타 델레 밀리아(La gazzetta dell'Emilia)'에 미래주의 선언을 출판하고 이후 프랑스의 '르 피가로(Le Figaro)' 동년에 광고를 냄으로서 공식적으로 출범했다. 이들 미래주의자들은 보통 속도와 역동성, 신기술 및 기계주의 등에 확고한 믿음을 가지고, 전통 미술에서는 볼 수 없었던 실험적인 작업을 시도하였다. 대표적인 미래주의 작가는 움베르토 보치오니(Umberto Boccioni), 카를로 카라(Carlo Carrà), 지노 세베리니(Gino Severini)가 있다.

패션에서의 미래주의는 비비안 웨스트우드(Vivienne Westwood), 장 폴 골티에(Jean Paul Gaultier), 알렉산더 맥퀸(Alezander McQeen), 존 갈리아노(Jhon Galiano) 등이 미래주의, 아방가르드의 선구주자로 인식되어 있다.

미래주의가 헤어스타일과 메이크업에서는 반전통성, 해체·절충성, 해학성 추상성, 소외성, 실험성, 신비성, 비인간성 등이 나타나는 아방가르드, 판타지 경향의 다양한 색감과 스타일로 나타났다.

미래주의, 공간에서 연속성의 독특한 형태, 보치오니, 1914

미래주의 패션

미래주의 헤어스타일과 메이크업

7. 컨저버티브와 에이지리스

현대의 미용문화에서 대조적으로 나타나는 개념으로 컨저버티브(Conservative)는 전통적이고 보수적인 가치를 추구하는 반면, 에이지리스(Ageless)는 이에 대비되는 연령을 구분하지 않고 혁신적이고 자유로운 스타일을 추구한다.

컨저버티브는 '보수적인', '전통적인'이라는 의미로, 미용 문화에서는 전통적이고 고전적인 스타일을 추구하는 경향을 의미한다. 이는 과도한 변화나 실험적인 시도를 지양하고, 검증된 클래식한 스타일을 선호하는 특징을 보인다.

컨저버티브 스타일의 대표적인 특징은 헤어스타일과 메이크업에서 뚜렷하게 나타난다. 헤어스타일에서는 단정한 커트 라인, 자연스러운 컬러 사용, 과하지 않은 볼륨과 스타일링, 전통적인 업스타일이 주를 이룬다. 메이크업에서는 내추럴한 피부 표현, 절제된 색조 화장, 깔끔한 아이라인, 무난한 립 컬러 선택이 특징적이다.

또한 스타일링에서는 기본에 충실한 디자인, 안정적인 형태 유지, 세련된 단순미 추구, 시간이 지나도 변함없는 가치를 추구한다. 이러한 특성은 특히 비즈니스 룩에서 전문적이고 신뢰감 있는 이미지를 표현하는 데 활용되며, 클래식 스타일에서는 시대를 초월한 우아함과 고전적 아름다움을 추구하는 데 적용된다.

컨저버티브 스타일은 지속 가능한 미적 가치를 추구하고, 전문성과 신뢰성을 표현하며, 보편적 아름다움과 실용성, 심미성의 조화를 이루는 중요한 미용 문화의 한 축으로 자리잡고 있다. 특히 전문직이나 비즈니스 환경에서 널리 선호되고 있는 스타일로 격식 있는 자리나 전통을 중시하는 문화에서 중요하다.

컨저버티브, 헤어스타일과 메이크업

미용사조

또한 현대사회는 라이프 스타일이나 가치관의 다양화로 패션의 연령의 구분을 없애는 '에이지리스'화 현상이 나타나고 있다. 과거 '청년(young adult)'은 10대 후반~20대 정도를 지칭하는 경우가 많았지만, 현재는 수명이 늘어나고 삶의 전체 주기가 길어지면서 주로 19세~30대를 지칭하는 말이 되었다.

청년은 신체적 또는 정신적으로 한창 성장하거나 무르익은 시기에 있는 사람을 뜻하는 한자어다. 청년의 연령을 유엔은 만 15세에서 만 24세로 정하고 있으며 대한민국은 법률상 만 19세 이상 만 34세 이하인 사람을 청년으로 정의하고 있다.

이러한 현상은 미혼자와 기혼자를 구분하지 않는 미시족이란 개념이 생겨, 나이나 상황이 변경되어도 젊게 사는 사람들의 경향을 보여주었다. 또한 요즘 유명한 연예인들을 보면 30~40대가 멜로물에 나와 청년을 연출하고 있고, 50대 초혼을 하는 사람들도 늘어나면서 나이와 상관없이 신체적으로 젊고 건강하다면 청년의 느낌으로 살 수 있다는 것을 보여주고 있다. 즉, 에이지리스는 나이와 세대에 구애받지 않는 자유로운 표현과 개성, 트렌드를 중요시 한다. 이러한 대비는 현대 미용 문화에서 각각의 고유한 가치와 의미를 갖고 있고 개인의 선택과 상황에 따라 적절이 활용될 수 있는 다양성을 보여주고 있다.

에이지리스 현상은 미용 문화에서 다양한 방식으로 나타나고 있다. 헤어스타일에서는 연령에 구애받지 않는 다채로운 표현이 두드러진다. 중년 여성들도 긴 생머리에 다양한 컬러링을 시도하거나, 흑채나 탑 피스를 활용하여 자연스러운 볼륨감을 연출한다. 또한 귀여운 헤어 액세서리를 활용하여 젊고 경쾌한 이미지를 표현한다.

메이크업 분야에서는 중년 여성들의 젊음을 강조할 수 있는 다양한 기법이 생겨나고 있다. 속눈썹 증모술로 또렷한 눈매를 연출하거나, 반영구 화장을 통해 지속적으로 생기 있는 이미지를 유지하는 등 나이를 초월한 아름다움을 추구하고 있다. 이러한 현상은 현대사회에서 연령이 더 이상 미용 스타일 선택의 제한 요소가 되지 않음을 보여주고 있다.

에이지리스 스타일

에이지리스, 헤어스타일과 메이크업,
기네스 펠트로우(Gyweneth Paltrow), 2020

Part 03

미용문화사

Chapter 01

서양의 미용문화사

Ⅰ. 고대

1. 이집트(B.C. 3200~B.C. 30)

1) 문화사적 배경

최초의 민족국가(한 민족, 한 언어)였던 이집트는 나일강을 중심으로 농경생활을 하며 정착하였고 정치, 문화, 예술 등에서 우수한 문화를 발달시켰다. 고대국가의 형성에 많은 영향을 남긴 이집트는 나일강의 멤피스(Memphis) 지방을 중심으로 기원전 5000년부터 기원전 4000년에 이르기까지 20개의 도시국가를 형성하였다. 이 멤피스를 중심으로 남쪽을 상(上)이집트, 북쪽을 하(下)이집트라 하였는데, 3200년에 상(上)이집트의 메네스(Menes) 왕에 의해 통일되어 그가 최초의 파라오가 되었고, 기원전 30년 로마의 옥타비아누스(후에 아우구스투스 황제)가 마지막 파라오인 클레오파트라를 패배시키며 그 막을 내리게 되었다.

고대 이집트의 사회구조는 파라오가 신격화된 왕(王)으로서 절대적 권력을 갖고 있었으며, 그 외에도 관리, 귀족, 신관(神官) 등이 지배계급에 속했고, 중간 계급으로는 상공인, 하급관리, 하급승려 등이 있었으며 피지배계급으로는 농민과 노예가 있었다.

그들의 종교는 태양을 신으로 한 신앙심으로, 이집트의 파라오는 신이고 죽어서도 무한한 생명력을 갖는 영원불멸의 왕이 된다고 생각했다.

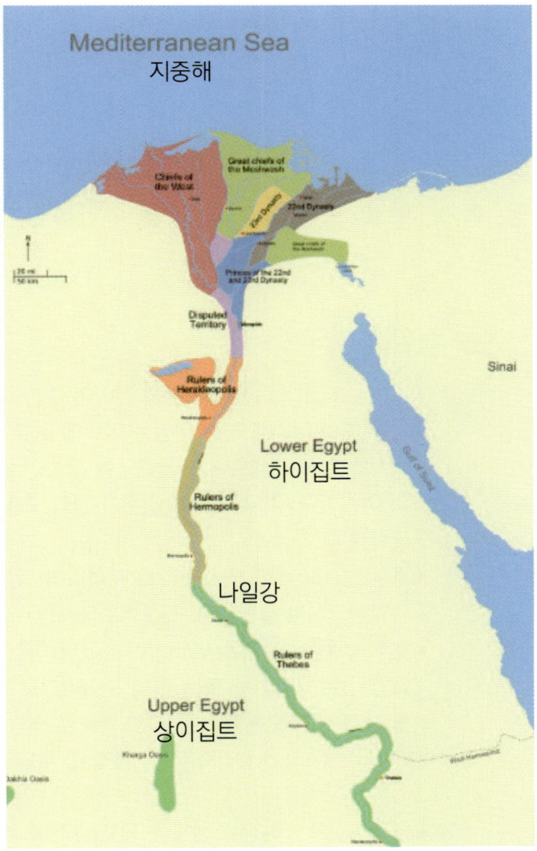

고대 이집트

피라미드와 스핑크스

태양신 라, 호루스의 눈

영혼불멸과 사후 세계를 믿음, 아누비스,
Papyrus of Ani

경제기반은 농업이 주였으며 홍해, 지중해를 건너 시리아나 레바논과 교역을 하였다. 이집트는 산물인 파피루스와 마포(麻布)를 수출하였고 아프리카나 서아시아로부터 금, 은, 동, 목재, 향료, 동물의 가죽 등을 수입하였다.

참고

- 라(Ra) : 고대 이집트 태양의 신이며 주신. 파라오(왕)을 보호하고 왕권을 상징한다. 고대 벽화에서는 매의 머리를 하고 원반을 머리에 이고 나타난다.
- 이시스(Isis) : 세트에게 살해당한 오시리스의 아내이자 여동생이며 호루스의 어머니이다. 창조의 여신이다. 카우혼을 쓴 경우가 많다. 태양신 라를 속여 비밀을 알아내고, 아들이 라와 결합하도록 한다.
- 호루스(Horus) : 이시스와 오시리스의 아들이다. 부친 오시리스의 복수를 하고 통치자가 되며 태양신 '라'와 결합한다. 고분벽화에서는 호루스가 매의 머리를 쓰고 있는 그림이 많다.
- 호루스의 눈(우제트, Wedjat) : 고대 이집트의 신격화된 파라오의 왕권을 보호하는 상징이다. 태양의 눈, 라의 눈 또는 달의 눈이라고도 불린다. 호루스의 눈은 건강과 총체적인 인식과 이해를 상징한다. 오른쪽 눈은 라의 눈으로 태양을, 왼쪽 눈은 토트의 눈으로 달을 상징한다.
- 아누비스(Anubis) : 죽은 자, 장례식, 무덤의 수호신, 자칼을 비롯한 개과 동물을 닮은 검은색 머리를 하고 있다.
- 람세스 2세 : 이집트 신왕국 제19왕조의 제3대 파라오로, 이집트 역사상 가장 위대하고 강력한 파라오이다.
- 투탕카멘 : 이집트 제18왕조 제12대 왕으로 18세에 요절하였으나 왕가의 계곡에 있는 화려한 그의 무덤이 발굴되면서 유명해졌다. 네페르티티여왕의 아들이다.

2) 복식사적 배경

이집트는 아열대성 기후의 영향으로 단순하고 개방적인 형태의 의복이 발달하였다. 대체로 남녀가 같은 형태의 의복을 착용하였으나 무역을 통한 경제성장과 전쟁을 통한 지배계급의 형성으로 옷길이와 옷감분량, 입는 방법, 장식물 등에 차이가 있었다. 이집트의 전통적인 복장으로 남자는 흰 아마포의 단순한 요의(shenti, loin cloth), 여자는 어깨에서 끈으로 연결하여 입는 몸에 꼭 맞는 형태의 쉬스 가운(sheath gown, sheath skirt)이었다.

왕(파라오)과 관리들의 요의는 길이가 길거나 가는 주름이 많이 잡혀있고, 특히 왕족은 삼각형의 장신구와 줄무늬 모양의 에이프런(apron), 벨트를 하여 서민의 경우보다 장식성이 강하였다. 노예 등의 하층 계급에서는 나체에 장신구만을 착용하는 반면, 상류계층에서는 외래 문화의 영향으로 튜닉류와 하이크(hike) 등의 의복들을 착용하였다.

고왕국시대에는 남녀의 기본 복식에 거의 차이가 없었고 중왕국시대에는 장식성이 가미되어 요의와 쉬스가운 위에 투명하게 보일 정도로 얇은 스커트를 겹쳐 입기도 하였으며 여자들은 다양한 색상에 복잡한 무늬가 있는 직물 등을 사용하여 치장하였다.

고대 이집트의 복식, 투탕카멘왕과 그의 아내 안케세나멘 왕비

신왕국시대에는 얇은 마직물에 섬세하게 드레이프지는 새로운 스타일의 튜닉과 칼라시리스(kalasiris)를 상류층 계급의 남녀 모두가 입었으며, 봉제하지 않고 허리에 띠를 묶음으로서 소매의 형태도 갖추었다. 옷감은 이집트의 기후 풍토에 적합하도록 얇게 직조된 아마(linen)와 라미(ramie)가 주로 사용되었으며 대부분 흰색이었다. 이집트의 복식은 흰색의 단순한 형태의 의복과 다채로운 색상의 장식적인 요소를 가미하는 것이 특징이며, 상류층 계급의 경우 금, 은, 보석류로 세공된 화려한 장신구를 착용하였다.

왕이나 관리의 권위를 나타내기 위하여 정교한 솜씨로 만든 관이 사용되었는데, 그 중 쉔트(shent)는 상(上)·하(下) 이집트의 통일을 상징하는 관이었다. 왕은 뱀머리의 모양 우라에우스(uraeus)가 있는 관을 착용하였고 여왕은 황금독수리 장식(velture headdress)이 있는 관을 착용하였다. 이집트인의 내세에 대한 신앙심을 표현하는 태양, 뱀, 독수리, 소 뿔, 로터스, 파피루스 등의 모티브는 상징적인 의미로서 장식품에 많이 이용되었다. 반원형의 턱받이처럼 생긴 넓은 목걸이(passium), 귀걸이, 반지, 팔찌 등은 각각 상징적인 의미를 가지고 있는 의장(意匠)이었으며, 이는 유럽 장식 예술의 원조가 되었다. 거의 맨발로 생활하였던 이집트인들은 중왕국 이후부터 샌들을 신기 시작하였으며 신발의 재료로는 파피루스, 종려나무 잎, 가죽 등이 쓰였다.

쉬스 가운, 향유를 든 여인

칼라시리스, 로인 크로스, 파시움, 테베의 사람들

하이집트-흰 뱀관 | 상이집트 -붉은 독수리관 | 이집트의 통일을 의미하는 쉔트 | 뱀장식의 푸른관 | 람세스 2세, Ramsses II, BC 1303

여러 가지 관

3) 머리 형태

이집트인의 예술은 상징적인 것으로 이를 복식에도 표현하였는데, 우아하게 비치는 드레이프한 의복이나 거대한 가발과 머리장식, 신체의 곳곳에 착용한 금속 장신구 등은 이러한 심리를 반영하는 것으로 볼 수 있다.

간단한 의복에 비해 머리 형태와 머리 장식에는 기교적인 것이 많았다. 이집트인들은 종교적인 의식과 청결함을 사랑하는 국민성, 그리고 강한 태양열로부터 머리를 보호하고 시원하게 하기 위해서 머리를 짧게 깎고 모자대신 가발을 썼는데 이것은 이집트 여성들 복식의 기본적인 것의 하나로 남녀간에 모두 사용되었다. 그러나 상중일 때는 머리와 수염을 자라는 대로 그냥 두어 슬픔을 표시하려 했다.

노예들은 평상시에도 머리를 자르지 않고 자신의 머리를 장식해서 단발형 가발의 형태를 만들었다. 사제들은 깎은 머리 형태 그대로를 드러내고 가발이나 머리쓰개 등을 쓰지 않았다. 가발 재료로는 린넨이나 종려나무 섬유를 사용하다가 후기에는 울이나 사람의 머리카락으로 부피를 크게 만들어서 모자처럼 사용하였다. 그리고 상류계급은 모발을 사용하여 그 길이는 어깨나 혹은 허리까지 내려오는 긴 것도 있었으나 하류계급은 양모나 모직으로 된 짧은 것을 주로 사용했다.

가발은 그물로 된 캡(cap)에 가발 재료를 땋거나 간추려 엮어서 남자들은 완전히 머리카락을 밀어낸 위에, 여자들은 짧게 깎아낸 머리 위에 얹었다. 머리와 캡 사이에 공간이 있어서 머리에서 생기는 열이 발산되고 통기도 되어 오히려 시원한 효과를 주었다. 그들은 더위를 피하고 외형상의 미화에 대한 연구를 많이 하여 가발은 이집트 복식을 특징짓는 중요한 요소가 되었다.

초기의 가발은 각이 지고 길이가 짧은 단발형이던 것이 후기로 갈수록 폭이 넓어지고 길이가 길어졌다. 신왕국 이후의 것은 가발이 금, 구슬, 리본, 꽃 등으로 장식하였다. 가발의 색은 일반적으로 검정색이 많았는데 점차 의복형태가 복잡해지고 식물의 유출액으로부터 염료를 만들어 강한 원색의 의복을 즐겨 입게 되자 가발도 진한 청색 또는 황금색으로 염색하였으며 흑색 가발에는 금장식을 붙이기도 하였다.

여자의 가발은 남자 것보다 보통 길어서 어깨나 가슴 위까지 닿았고 땋는 방법, 가르마를 내는 위치, 묶는 방법, 같이 엮는 장식품에 따라 그 모양이 다양하였다. 즉, 땋아서 한 옆에 내리기도 하고 리본, 꽃, 구슬 등과 함께 엮기도 하였다.

고대 이집트 가발, B.C. 1850

화장하는 여인

왕비의 벌춰캡, 네페르타리 여왕, B.C. 1292~1225

카우혼, 이시스 여신(창조의 여신), B.C. 1292~1225

가발은 점차 복잡해지고 장식화되어 신왕국 시대에 와서 최고조에 달했다. 투탕카멘 왕조 이후에는 금, 보석이나 칠보, 리본 등을 함께 엮어 한 층 더 장식적이고 화려해져서, 왕의 상징적인 신분이나 위엄을 나타내기에 충분한 역할을 했다. 내세 관념에 집착했던 이집트인은 사망 후 그가 사용했던 가발을 내세에서 다시 사용하도록 하기 위해 무덤 속에 함께 넣었다.

신왕국 시대에는 가발과 함께 여러 가지 왕관이 나타났다. 왕은 뱀머리 모양의 장식인 우라에우스(uraeus)와 독수리를 왕관에 장식해서 왕의 권위를 나타냈고, 왕비는 날개를 핀 황금 독수리 장식이 된 황금 제관(vulture cap)을 썼는데, 이 중 독수리는 상이집트의 신을 상징하는 것으로 왕이 전쟁에 있는 동안 왕을 보호해 주는 신령스러운 영조(spiritual birds)로 믿었다.

또한 카우혼(cow horn)은 청색 가발을 쓴 머리 위에 적색 둥근판을 휘어 잡아 세우고 둘레에는 초록색으로 사슴 뿔 같이 만들었으며 앞에는 살아있는 뱀 모양을 붙였는데 이것은 당시 사회적인 지위를 나타냈었다고 한다.

이집트인들은 향료 바르는 것을 좋아하여 향료병을 머리의 장식으로 사용하기도 하였는데, 콘(corn)이 그것으로 머리 위에 10~13cm의 황금제 원추형관에 향내가 나는 기름을 넣어 이것이 몸의 열과 더운 공기에 녹아서 서서히 머리와 어깨 위로 내려와 의복은 몸에 달라 붙어 아름다운 형태를 나타내게 되었으며 몸 전체에서는 향기가 나고 피부는 윤이 났었다고 한다.

일찍부터 이집트인은 두껍고 빳빳한 헝겊으로 만든 피라미드 모양의 머릿수건을 썼는데, 이를 커어치프(kerchief)라고 한다. 왕이나 여왕이 쓴 커어치프는 클라프트(klaft)라 했는데, 이것은 황금색과 청색의 줄무늬가 있으며 머리에 돌려쓰고 양옆자락을 앞으로 늘어뜨린 모양이다.

콘, 신왕국시대

커어치프, B.C. 1350~1340

클라프트와 인공 턱수염, 투탕카멘왕의 장례용 황금가면

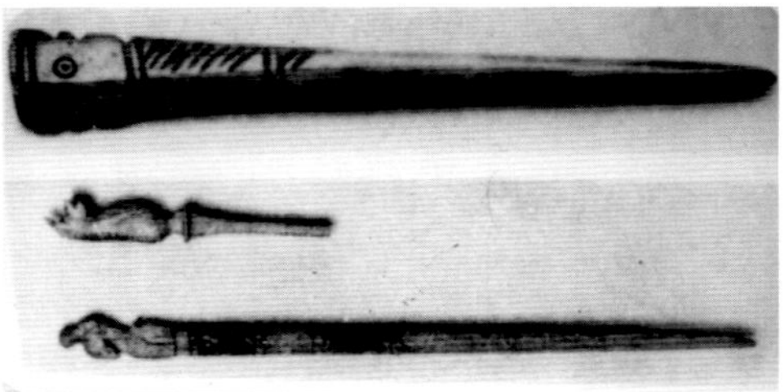

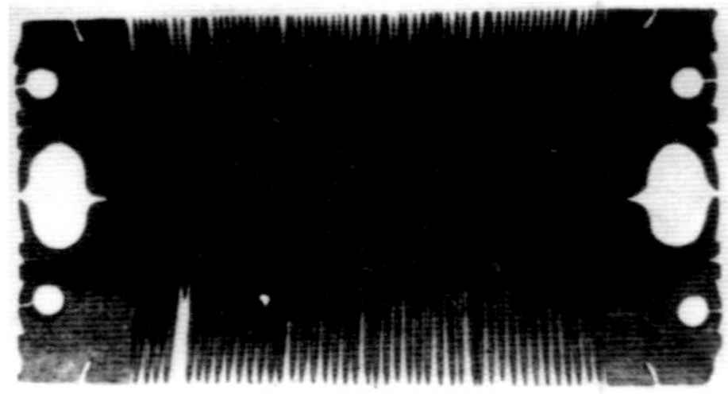

머리핀과 빗

이집트인의 독창적인 장식성은 인공 턱수염에서 잘 나타난다. 고왕국 시대의 것은 비교적 짧고 단순하나, 신왕국에 들어오면 매우 길고 기교적인 모양으로 변하는데 이것은 뱀의 표피를 모방한 것으로 왕의 위용을 더해 주었다. 또한 상하 이집트의 상징적인 식물인 로터스(lotus, 연꽃)는 무궁한 생명의 심볼로 간주되어 머리 위에 꽂거나 손에 들고 다녔고, 파피루스(papyrus) 등도 머리에 장식하기도 했다.

정교한 머리장식에는 청동이나 금, 나무 등으로 만든 약 20cm 정도의 머리 핀과 딱딱한 나무, 뼈 등으로 만든 빗을 사용하였다. 이것들은 장식적인 것보다는 머리를 빗거나 고정시키기 위해 사용된 것이었다고 볼 수 있다. 외출시에 상류계급의 여성들은 용모를 갖추기 위하여 머리 위에 금이나 홍옥으로 화려하게 꾸몄다.

이상과 같이 이집트인들의 머리 형태와 머리장식은 간단한 의복에 비해 정교한 것이 많았으며 그 형태와 재료에 따라 신분과 계급을 나타내었음을 알 수 있다.

4) 화장형태

B.C. 7500년 이집트(Egypt)에서부터 인류는 본격적인 화장을 시작하였다. B.C. 3000년부터 고대 이집트에서는 종교적 의식의 절차에서 몸을 단장하는 것을 중요시 여겼고 이러한 의식은 성직자 계층에 의해 진행되었다. 이집트인들의 영원불멸사상에 따라 성직자들은 제단에 바치는 향료 등을 만드는 데에 노력했고 그것들을 의식에 정해진 절차에 따라 사용했다.

이집트인은 이 당시부터 말라카이트(malachite, 청동)를 원료로 초록색 계통의 색들을 다양한 톤으로 뽑아낼 수 있었다. 말라카이트는 아프리카, 러시아의 우랄 산맥일대, 영국의 콘웰(Cornwell)지방, 미국의 아리조나주, 호주 등지에서 생산되는 것으로서 이집트인들은 장신구로서도 이것을 애용하였다.

B.C. 1450년, 이집트의 여왕 하트셉수트(Hatshepsut)는 화장품의 원료가 풍부한 푼트(아프리카 수단 지역)로 대규모 원정을 해서 1세기까지 이집트는 페니키아인이 전세계에 보급한 화장품 원료의 가공을 거의 독점하다시피 했는데, 화장품으로 유황성분이 섞인 납(鉛)종류인 걸리너(galena)와 안티모니(antimony)도 사용했다.

이집트인들의 화장은 자연의 환경으로부터 보호하기 위한 의학적인 기능 이외에도 상징적인 의미도 가졌다. 예를 들면 이집트 인은 코올(Köhl)로 아이섀도와 아이라인을 그렸는데, 이것은 말라카이트와 걸리너, 안티모니의 가루를 동물기름과 섞어서 만든 액체였다.

고대 이집트 메이크업

이집트 여왕 하트셉수트,
B.C. 1477~1456

코울을 이용한 눈화장은 아름답게 꾸미려는 목적 이외에도 곤충을 쫓고 강렬한 태양광선으로부터 눈을 보호하는 수단이기도 했으며 눈부신 태양빛 아래서 사물을 제대로 보기 위한 목적도 가지고 있었고 생리적 필요에 의한 것이기도 했다. 그리고, 눈에 칠한 안티모니나 숯으로 만든 검은 미묵(眉墨)은 눈물샘을 자극하여 사막의 자연환경에서 눈을 보호하였고 이것은 또한 호루스(Horus)의 눈(태양신 'Rah'의 눈)을 상징하는 것이기도 했다.

매는 왕을 보호하는 신성한 새로 생각되었으며, 매의 날카로운 눈은 암흑에 대한 빛의 투쟁을 의미하는 것이었다. 검은 미묵을 칠한 눈은 물고기 형태로 늘여 그렸고 눈꺼풀에는 시나이 반도에서 구해지는 공작석에서 녹청색 화장료를 사용하여 강한 색즈로 표현하였는데, 이는 곤충의 접근을 방지하기 위해서 사용한 것이기도 했다. 눈썹은 검은 색으로 길게 늘여 그렸고 볼과 입술에 사용된 연지는 붉은 황토흙 오우커(ocher)를 양(羊)의 기름으로 반죽해서 붓으로 발랐다. 연지는 입술엔 홍색, 뺨에는 분홍색으로 칠해졌으며 분도 애용되었다.

요즘도 천연 머리 염색약으로 사용되고 있고 문신의 원료로 쓰이는 헤나(henna)는 이집트를 비롯한 중동지방에서 자라는데 이 식물은 부분마다 쓰이는 용도가 달라서 꽃부분의 주황색 즙은 향수와 매니큐어로 사용되었고 잎부분은 머리를 염색하는데 쓰였다. 이 염료는 사막의 먼지로부터 손톱과 발톱을 보호하는 의학적 기능과 함께 상징적 의미도 지녔다.

이집트인의 몸단장은 성별과 계층별로 구분되었는데, 여자들은 희게, 남자들은 갈색피부로 가꾸어졌고 일반 평민들의 몸단장은 제한되었다. 이집트는 기후가 고온다습한 관계로 피부가 상하는 것을 방지하기 위해서 연고를 제조해서 사용하였는데, 이는 태양열로부터 피부의 노화를 방지하기 위해서였다. 이 당시 이집트 제사장들이 만든 화장품 중 가장 인기가 좋았던 것은 멘디시엄(Mendesium)이라는 몰약과 계피를 섞어서 만든 쌔그디(Psagdi)라 부르는 피부연고였다.

이집트인들은 향료를 풀어 목욕을 즐겼고 나트론(나일강의 진흙)으로 몸을 문질렀다. 그 다음에는 '수아부(표백토와 재를 섞은 반죽)'로 각질을 제거하고 향유로 마사지를 하였다. 그리고 강한 태양 빛으로부터 피부를 보호하기 위해 피부를 부드럽게 하는 특성이 있는 지중해 지역에서 자라는 아주까리 종류의 일종인 야생 카스토르(Castor)나무에서 짜낸 기름을 몸에 바르고 피부의 건조를 막기 위해 사막개미의 알을 모아 녹여서 크림을 만들어 썼다.

이집트인은 종교적인 의미에서도 향수를 사용하였는데, 꿀, 포도주, 싸이프러스(편백나무의 일종) 등 16가지 성분을 섞어 제조하였고 이집트의 제사장은 향수의 제조를 감독했으며, 왕을 비롯한 귀족들은 목욕 재계하고 온몸에 향수를 바르는 절차를 거쳐야만 신에게 제사를 지낼 수 있었다.

이집트인은 그 밖에도 식물기름과 라임, 향수를 섞어 클렌징 크림(cleansing cream)을 만들었고 톱밥과 향유를 섞어서 몸에 발라 피부를 가꾸었다. 또한 유향과 테레빈유는 땀이 나는 것을 방지하기 위해 쓰였다.

시대에 따라 인류의 미에 대한 화장개념은 차이가 있는데, 아름다운 얼굴과 고운 피부를 모두 갖춰야 하는 이집트인의 화장개념은 현대의 화장개념과 일치하고 있다. 이집트인의 메이크업은 세련되고 강한 색채감각을 자랑하는데, B.C. 1400년 이집트 중기 왕조의 네페르티티(Nefertiti)왕비는 이집트의 화장을 예술의 경지로까지 승화시켰으며 클레오파트라 시대에 이르러 절정을 이루었다. 네페르티티 왕비는 청색 아이라인와 함께 손톱과 발톱까지도 빨강색으로 치장했는데, 매니큐어의 색깔은 신분이 낮아질수록 색깔이 엷어졌으므로 평민은 투명 랙커(lacquer)만 칠했다.

이집트의 마지막 여왕 클레오파트라는 피부관리와 메이크업, 모발관리, 향수, 액세서리에 이르기까지 완벽한 화장을 했는데, 이러한 그녀의 메이크업은 이집트에서 그간 축적되고 발전된 화장품의 개발 덕분이었다.

클레오파트라 추정 입상, BC 1세기

네페르티티 왕비, B.C. 1333~1331

종교적 의미의 향 사용

이렇듯 이집트의 건조하고 뜨거운 척박한 자연환경, 종교적 내세관, 제사의식, 계급제도, 과학적인 기술과 지식의 발전, 미의식 등은 다양한 화장품의 제조를 가능하게 했는데, 이때 쓰였던 화장품 원료의 많은 부분이 현대에 이르러서도 많이 연구되고 쓰이고 있다. 또한 화장품의 발달과 함께 화장도구도 사치스러운 것이 많았는데 아라비아에서는 옥돌, 유리 향수병을 수입하고 코끼리의 상아에 새 · 물고기 문양을 새긴 화려한 화장품 박스에는 거울, 얼굴과 몸의 털을 깎는 면도기, 향수병, 눈썹 뽑는 쪽집게, 아이라인과 아이섀도를 그리는 상아, 금·은으로 만든 막대기를 넣고 다녔다.

2. 그리스(B.C. 1100~B.C. 146)

1) 문화사적 배경

고대 그리스는 기원전 1100년경부터 기원전 146년까지를 말한다. 기원전 1100년경은 미노스 문명(3650~1170 B.C.), 키클라데스 문명(3300~2000 B.C.), 그리고 미케네 문명(1600~1100 B.C.)으로 특정지어지는 에게 문명(3650~1100 B.C.)이 끝나고 도리아족의 침입이 있었던 때이며, 기원전 146년은 코린토스 전쟁으로 고대 로마가 그리스를 정복한 때이다.

고대 그리스의 전성기는 마케도니아 제축의 알렉산드로스 대왕 시대(B.C. 336~323)로 그가 사망한 기원전 323년부터 헬레니즘 시대(Hellenistic Greece, 기원전 323년~146년 : 고대 그리스 세계와 중동, 서남 아시아의 문화가 융합된 산물)가 시작된다. 헬레니즘은 알렉산드로스 대왕의 정복 전쟁으로 인해 여러 문화가 합쳐지며 형성된 산물이었다.

고대 그리스인은 동족의식은 있었으나 폴리스의 중심으로 하는 독립성이 강하여 통일된 국가를 형성하려 하지 않았다. 도시는 대체로 해안으로부터 멀지 않은 평지에 위치하였으며, 도시는 폴리스의 정치, 군사 및 종교의 중심이었다. 도시 안에는 그 도시의 수호신을 모신 신전이 세워진 아크로폴리스(ἀκρόπολις)가 있었으며, 그 주변에는 아고라(αγορά)

고대 그리스

라는 광장이 있다. 이곳은 시장인 동시에 정치를 포함한 모든 공공 활동이 이루어지는 장소이자 사교의 장이기도 하였다. 주요 폴리스로는 스파르타(Sparta), 아르고스(Argos), 코린토스(Korinthos), 아테나이(Athens), 테바이(Thebes), 메세니아(Messenia)가 있다.

철기 보급에 의한 문화의 향상으로 기원전 1750년 경부터 식민지 운동에 의한 도시국가가 발생되었으며 민주주의가 정착되었다. 그리스 문명은 이러한 도시국가(폴리스)의 민주주의 문화에 영향을 받았으며, 복장에서도 많은 인종으로 이뤄진 자유도시 각각의 성격 차이가 나타났다. 또한 식민지 운동에서 생겨난 노예제도는 상공업, 수공업, 직물업, 장신구, 귀금속업을 발전시켰고 그 소유자인 자유 시민이 부를 축적하면서 귀족문화가 형성되었다.

인간적이며 합리적이며 이상주의적인 그리스 문화는 인간의 능력, 특히 인간의 이성을 중시한 문화로 이것은 그리스인들의 도시국가 생활에서 생겼다. 즉 종교, 학문, 문학, 예술 등 고대 그리스인들의 빛나는 문화는 그들 개개인의 천부적인 재질이 그들의 개인 생활로 표현되었다기보다는 자유시민들의 자발적인 공동생활, 즉 폴리스 생활을 통해서 발현된 것이다. 그리스의 신화는 카오스 시기, 크로노스와 레아의 시대를 거쳐 제우스를 중심으로 올림푸스산에 12명의 주신이 살면서 다양한 신과 함께 인간을 다스린다는 이야기로 서양의 다양한 문화, 예술에 영향을 주었다.

기원전 4세기 중반의 알렉산더대왕(Alexandros, B.C. 356~323)의 동방정복으로 그리스 문화에 동방의 여러 요소들이 혼합되어 형성된 헬레니즘 문화가 동쪽으로는 인도, 서쪽으로는 지중해에 이르도록 전파되었다. 전지역에는 해안선은 매우 변화가 심해서 수많은 천연 항구가 개발되어 있는 지리적 조건은 그리스의 역사과정과 문화형성에 영향을

파르테논 신전, B.C. 447~432

미의 여신 비너스 상, B.C. 130~100

끼쳤다. 그리스의 조각 작품은 균형미와 완성미를 추구하는 예술가들의 정신이 보이는 것으로 그리스 의상에도 그 특성이 잘 나타나 있다.

그리스의 예술, 건축, 조각, 공예는 기하학형과 곡선형의 혼합된 양식으로 이집트와 근동에 영향을 받아 동방의 모티브를 흡수하여 변형, 발전되었다. 건축양식에 있어서 도리아식은 힘차고 소박하며 균형미가 있는 반면, 이오니아식은 가늘고 섬세하며 우아한 느낌이 있다.

2) 복식사적 배경

그리스인들은 온난한 지중해성 기후와 인간의 자연스러운 육체의 아름다움과 율동미를 중요시하여 복식에 있어서도 재단이나 봉제를 하지 않고 신체에 옷감 그대로를 걸치거나 두름으로써 자연스럽게 표현되는 드레이프를 선호하였다. 이 주름은 부드러운 옷감에 의해 창조되기도 하고 옷감을 걸치는 방법에 따라 변화가 생기는데, 이에 대표적인 복장이 남녀 공동으로 입었던 히메이션(himation)으로 장방형의 모직천을 각자의 감각으로 오른쪽 팔만을 자유롭게 해서 신체에 감아 걸쳐 입었다. 그리스의 계급복식은 형태에 차이를 두지 않고 소재, 색상, 장식, 입는 방법으로 계급적 차이를 두었으며 버클형태의 피블라(fibula)를 이용하여 옷감을 몸에 고정시켰다.

기원전 1100년 경에는 요의와 페플로스(peplos)가 주된 의복이었는데, 페르시아 전쟁 이후인 기원전 6세기 경부터는 그리스 의복으로 대표되는 키톤(chiton)과 히메이션이 남녀 혼용의 주된 의복이 되었다. 키톤은 도릭 키톤(Doric chiton)과 이오닉 키톤(Ionic chiton)으로 분류되는데, 소재, 옷감의 크기, 피블라의 수, 착용 방법 등에서 차이를 보인다. 외출 시에는 키톤 위에 히메이션을 둘러 입었으며 남자들은 히메이션의 변형인 작은 크기의 클라미스(chlamys)를 착용하였다. 색상으로는 흰색이 주된 색이었고 자색(紫色)이 귀한 색으로 사용되었다. 신발은 그리스 초기에는 보이지 않으나 후기가 되면서 샌들을 신기 시작하였다.

그리스에서는 자연스러운 인체의 아름다움을 추구하였으므로 세부적인 장식보다는 전체적인 비례와 균형, 조화를 중요시하여 보석 사용을 절제하였다. 필수적인 장신구로는 피블라를 들 수 있는데, 형태는 핀 끝이 보이지 않는 안전핀과 핀 끝이 보이는 햇 핀(hat pin)으로 나눌 수 있고 그 디자인은 점점 장식적으로 되었다. 그리스 여자들의 목걸이, 귀걸이, 팔찌 등은 보석과 금, 은으로 세공하여 정교하게 제작하였으며 의복의 선 장식에는 번개무늬, 소용돌이 무늬, 월계수, 올리브, 아칸더스 잎사귀 등의 자연물의 모티브가 사용되었다. 여기에서 월계수 잎 무늬는 승리와 성공을, 올리브 잎은 평화를 상징하는 것이다.

피블라

히메이션(히마티온)

클라미스

도오릭 키톤

이오닉 키톤

3) 머리 형태

그리스인들은 금발의 컬이 있는 머리를 좋아했고, 여기에 오일이나 향수로 윤을 내었는데 머리뿐 아니라 몸 전체에 사용했다. 그러나 상이나 슬픈 일이 있을 때는 머리를 깎고 부정한 여자의 경우는 벌의 의미로 남편이 머리를 깎는 등, 머리의 아름다움을 중시한 것을 알 수 있다.

또한 이집트와 달리 남녀 모두 머리를 길렀는데, 남자의 머리모양은 컬을 이마 위로 내리는 형태, 앞머리의 컬을 뒤로 곱슬거리게 빗어 넘기는 형태, 앞머리를 짧게 단발하고, 뒤는 길게 타래 머리한 형태, 귀와 같은 길이로 둥글게 자른 형태 등 여러 가지가 있고, 여기에 금속 밴드나 은 장식을 하였다. 초기에는 긴 머리를 즐기다가 후기에는 단발형을 좋아했다.

수염은 초기에는 아주 길게 하거나 텁수룩하게 길렀으나 젊은 사람들은 짧은 것을 좋아했고 후에는 수염을 기르지 않는 것이 유행하였다.

또한 남자들은 밀짚으로 만든 넓은 챙의 뾰죽한 모자인 페타소스(petasos)를 썼는데 이것은 우리가 알고 있는 관과 챙이 달린 모자의 기원으로 여행할 때나 햇볕을 가리기 위해 썼다. 이것은 울이나 동물의 털을 사용한 펠트로 만들기도 했는데 후에는 부인용 모자로 응용되기도 하였다.

그리고 농부나 어부들이 썼던 필로스(pilos)는 알렉산더 대왕 정복 후에 애용된 것인데 테가 좁거나 없는 것으로 둥글고 끝이 뾰족한 형태이다. 펠트로 만들었으며 주로 농부나 어부가 사용하였다. 병사들은 헬멧을 썼는데, 전시 외에는 어깨에 걸치고 다녔다.

남성의 머리 형태와 수염,
히드리아누스 황제

페타소스

필로스

프리기아 보닛

그 외에 프리기아 보닛(phrygien bonnet)이 있는데, 가죽이나 울로 만들었고, 꼭대기가 둥근 후드 모양이었으며 모자가 뻣뻣한 천이었을 때에는 앞을 향하여 구부러진 모양이 되기도 했다. 한 쌍의 옆드림이 귀와 뺨을 내리덮었는데, 앞에서 묶거나 어깨에 내려뜨렸으며 남녀공용이었고 여자의 것은 수를 놓는 등 수식이 가해졌다. 이것은 현재까지 자유를 상징하는 모자 형태로 전해내려오고 있는데, 그 기원은 소아시아의 프리기아인들이 그리스 시대에 쓴 모자로 그 시대에 그리스 인들은 구속의 의미로 노예의 모발을 자르고, 석방의 표시로 일종의 보닛을 씌워주었는데, 그 후 로마시대에는 노예를 석방하는 절차에 사법관 앞에서 백색의 보닛을 씌워준데서 자유의 상징이 되었다.

그리스의 여성들의 머리는 항상 긴 머리로 아름답고 풍부하였으며 향유를 바르고 자연스럽게 뒤로 늘어뜨렸는데 때로는 허리까지 내려오기도 했다. 특히 금발을 좋아하여 잿물이나 노란색 꽃을 우려낸 물에 머리를 감고 온종일 햇볕에 앉아 있기도 하였다. 이것은 남신이나 여신을 표현할 때 금발을 즐겨 사용하고 길고 숱이 많은 제우스 신이나 남자의 타래머리 등이 회화나 조각에 많이 보이는 사실로 알 수 있다. 한편 신부는 결혼하기 전날 머리를 잘라서 남편에 대한 순종을 표시하기도 했다.

초기 그리스 여인들은 앞머리를 곱슬거리게 컬을 하고 옆에는 작은 고리 모양을 만들었으며, 뒷머리는 그대로 늘이거나 목에서 자유롭게 묶는 등 간단한 형태가 유행했다. 머리 위에는 금속이나 리본으로 만든 좁은 띠를 두르거나 화관을 썼다.

후기에는 점차로 머리 형태는 정교하고 화려해져 기원전 4세기경에는 긴 머리를 목덜미 위로 올려 시뇽을 하고 이것을 여러 색깔의 스카프 혹은 금실로 짜서 그 사이 사이에 진주를 끼어 만든 그물로 쌌다. 그 외 머리 핀과 베일도 장식품으로 사용되었다. 핀은 상아나 금속으로 약 10~12cm 정도의 크기로 만들어 금박을 입히거나 보석을 박아서 뒤로 모아진 머리 위에 꽂았다. 베일은 마, 비단, 모 등으로 만들었으며 백색이 가장 많이 쓰였다.

컬과 진주망 , 크리트 여자의 헤어 스타일, B.C. 1700~1550

여인의 웨이브,
아크로폴리스 박물관

여인의 웨이브, 손에 가면을
들고 있는 멜포메니스의 상

여인의 웨이브 및 쓰게,
아프로디테, 아테네 국립박물관

당시 귀족부인들은 보석으로 장식된 관 티아라(tiara), 스테판(stephane : 머리 앞쪽에 초생달 모양의 관을 쓰고 천을 드레이프시켜 머리를 감싸는 형태) 등을 이마 위에 높이 써서 상아나 나무로 만든 빗을 머리 뒤에 꽂거나 좁은 끈으로 고정시켰다. 또한 테라코타(terracotta)라고 하는 관이 높은 모자를 썼는데 이것도 금으로 만든 긴 핀을 머리 뒤에 꽂았다. 아테네의 여성들은 목덜미에 머리다발을 묶는 형을 많이 하였고 스파르타 여성들은 머리를 뒤쪽으로 끌어 올려 리본으로 매는 형을 많이 하였다.

스테판

테라코타

머리핀

그물망 베일

온화한 기후와 여유있는 생활로 특별한 머리 쓰개는 없었으며 필요한 경우에는 히마티온을 머리에 감아 입음으로서 모자 대용으로 사용하였고, 상류사회 여성들은 흰색 면포의 눈부신을 베일을 썼다. 베일은 초기에는 단순히 머리 위만을 덮는 작은 것이었으나, 후기로 갈수록 얇게 비치는 것으로 머리 주위를 둘러썼는데 어깨까지 내려왔다. 색은 주로 흰색이었으며 상중에는 푸른 색이나 붉은 보라색을 사용하기도 하였다. 여성들은 햇볕이 강한 날에는 히마티온을 머리 위까지 쓴 위에 돌리아(tholia)를 썼다. 이것은 좁은 챙이 있고 꼭대기에 작은 원추형의 관이 있는 모자이다.

이상과 같이 그리스인들의 머리 형태는 자연스러움과 우아함을 지닌 근대적인 것으로 후세인들의 머리 형태에 영향을 주었으며 또한 머리에 쓴 보석으로 장식된 아름다운 관도 로마, 비잔틴의 여인들에게 영향을 주었다.

히마티온

돌리아

4) 화장형태

그리스 시대는 이집트 시대에 비해 여성들의 색조화장이 발달하지 못했는데 그 이유는 인공적인 아름다움을 혐오하고 자연 그대로의 꾸밈없는 인간의 모습을 중시하는 헬레니즘 문명의 사상과 남존여비의 사상으로 인해 여성의 지위가 하락했기 때문이었다.

그리스인들은 인위적인 몸단장보다 부분과 전체의 균형에서 비롯되는 조화를 중시했으며 형태와 크기의 조화는 화려한 색보다 조화로운 비율로 인체의 아름다움을 표현했다. 그래서 운동을 통하여 육체를 단련하고 가꾸었다. 이처럼 헬레니즘 사상은 과장되고 화려한 화장을 허상이라고 생각하여 스파르타에서는 리쿠르고스가 화장품을 근절시켰고 여자들의 풍속을 타락시키는 신체 채색물의 사용을 금지시킨 반면, 남자들은 오히려 목욕 후 마사지를 즐겼고 머릿기름과 향유 등을 바르는 것이 유행하였다.

그리스 여인은 정숙하고 겸손한 품성이 요구되었으므로 화장을 별로 하지 않았고, 대부분의 여성들은 남편을 위한 약간의 밤화장 이외에는 화려한 화장을 하고 외출을 하지 않았으며 자신의 자연스러운 모습을 보여주는 것이 가장 아름다운 것이라고 여겨 메이크업보다 헤어스타일에 많은 변화를 주었다. 그리스의 자연스런 메이크업이 탄생한 데는 온화한 자연의 영향도 있었다.

그리스 시대의 임상생리학의 아버지라고 불리는 갈렌(Galen, A.D. 130~200)은 이집트 화장품의 기록을 체계화하여 최초로 약학(pharmacy)과 본초학(herbalism)을 접목시켜 과학화한 후 콜드 크림(cold cream)을 만들었는데, 그의 콜드 크림 제조법은 그대로 전수되어 2천년 동안 팔렸다. 콜드 크림은 피부의 수분증발을 막아주고 피부를 햇빛으로부터 보호해주며 바르면 시원한 느낌이 들어 콜드 크림이라 불리우게 되었다.

그리스의 화장술은 '코스메티케 테크네(kosmetike techne)'와 '코모티케 테크네(komotike techne)'로 나뉘는데, 코스메티케 테크네는 의학에 속하는 학문으로서 의학적인 보호수단으로서의 화장술을 의미했고, 코모티케 테크네는 과도한 장식적인 화장술을 의미했다. 화장이 과도한 인공적인 장식이라고 질시했던 그리스인들에게 동양의 짙은 화장이 영향을 주게 되었는데, 동양에서 전해온 짙은 화장이 아테네를 매료시켰고 탄산납인 백연(白鉛), 석고, 백묵 등으로 얼굴을 하얗게 하고 식물성이나 광물성인 붉은색 분들을 하얀색과 섞어 볼연지로 사용하여 변화를 주었다.

이러한 것들은 채도를 떨어뜨린 후 볼 위에 발랐고 단색으로 쓰였던 붉은 색은 이집트의 무화과나 으깬 나무딸기가 재료로 쓰였다. 주로 궁정인들이나 최상류층 여인들이 화장품을 사용하였고 이들은 화장품의 조제 비법을 약제사를 통해 모녀간에 전수했는데, 이들의 화장술은 이집트 여인들보다 더 정교했으며 여성들 중에는 미간을 좁게 보이게 하기 위해 눈썹을 길고 검게 그리고, 인조눈썹을 사용하기도 하였다. 눈썹과 속눈썹에는 계란 흰자와 암모니아로 처리한 고무를 섞어 발라 윤기가 나게 하고 안티몬으로 검게 표현하였으며, 눈에는 사프란이나 재를 칠했다. 피부는 파에데로테(아칸서스 뿌리에서 얻어낸 일종의 분)를 식초에 섞어 발라 윤택하게 가꾸었다.

헬레니즘 시대(B.C. 3세기~1세기)에는 화장에 대한 금지조치가 완화되었다. 그리스 여인들은 외출시 백연(白鉛)을 사용하였는데, 그리스가 몰락(서기 2세기~5세기)하면서부터는 많은 하층 여인들이 화장을 하게 되었다. 남자들은 목욕 후 올리브 기름과 향수를 발랐으며 그리스에서 가장 요란스런 화장을 한 것은 고급 창녀들로서 코모티케 테크네의 과도한 화장을 하였는데, 피부는 연분을 사용하여 하얗게 하였고 입술은 붉게, 눈은 짙게 꾸몄다. 그리고 연분의 사용은 납중독에 시달리게 했다.

3. 로마(B.C. 8세기~A.D. 5세기)

1) 문화사적 배경

고대 로마는 기원전 8세기경 이탈리아 중부의 작은 마을에서 시작해 거대한 제국을 이루어 로마의 문화, 법, 군사 체제는 서구 유럽, 동구권을 막론하고 현대 사회의 법, 정치, 전쟁, 예술, 문학, 건축, 기술, 언어 분야의 기틀이 됐다.

고대 로마는 왕정에서 과두 공화정으로, 또 점차 제정으로 변모했다. 기원전 7세기경 로마는 지역 중심지로 번영하던 도시 국가로 왕정 체제였다. 기원전 509년에는 왕정이 무너지고 귀족과 평민 계급이 공화정을 세웠다. 로마 제정은 기원전 2세기 말 율리우스 카이사르가 씨를 뿌리고 옥타비아누스에 의해 시작되었다. 트라야누스 황제 시대(98년~117년)에 로마 제국은 최대 영토를 차지하였다.

로마 제국은 기독교 공인 후 교황 선출 문제를 기화로 서로마, 동로마로 분할됐으며 이민족의 침략으로 쇠퇴기에 접어들었다. 서기 5세기경 서로마 제국이 멸망 후 게르만족의 여러 독립 국가로 갈라져 프랑크 왕국, 신성 로마 제국 등 로마의 후계자를 자처하는 여타 서유럽의 정치 세력들이 나타난다. 한편 동로마 제국은 1453년 오스만 제국에 멸망한다.

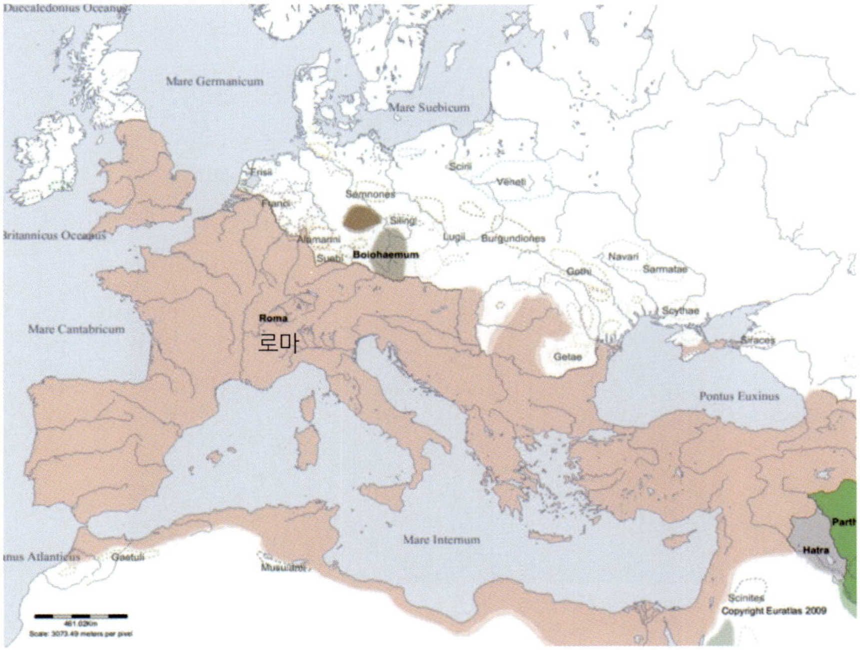

고대 로마제국 가장 넓은 영토 시대, 3세기

로마의 계급은 귀족(patricus), 평민(plebs), 예민(cliens), 노예(servus)로 구성되고 있었다. 귀족은 특권, 지배계급으로서 시민권을 소유하고 있었고 경제적으로 부유한 토지 소유자들이었다. 평민은 비특권, 피지배 계급으로서 병역과 납세의 의무가 있었다. 자유민, 소농, 임금노동자. 수공예자 등이 여기에 포함되었다. 예민은 귀족의 보호아래에서 귀족의 토지를 경작하여 지대를 납부하였으나 재산권은 인정받지 못하였다. 평민이나 해방된 노예가 예민으로 격하 또는 승격되는 수가 있었다. 노예는 주로 전쟁 포로거나 부채로 인해 자유가 박탈된 사람들이었다.

그리스 문명은 지식, 사상, 예술의 통일을 이룬 반면에 로마 문명은 모방적, 전체적, 실질적이었다. 로마 문명의 특징을 들어보면, 그리스 문화를 토대로 헬레니즘, 에투루리아, 이집트 등 선진 문화를 흡수하여 더 심도 있는 문화로 발전하였다. 그리고 일상 생활에서의 실용 가치를 존중하여 추상적이며 명상적인 면보다는 실제적 지식인 토목공학이나 의학을, 창작과 미학적인 면보다는 현실적인 과학 기술과 법률을 더 발달시켰다. 또한 선진 문화인 그리스 문화에 영향을 받은 로마문화를 유럽화시켰다. 더욱이 로마는 서방 문명세계의 두 가지 큰 공헌을 하는데, 첫째 크리스트교를 유럽 문명의 정신적 질서로서 확립하였으며, 둘째 로마법 사상을 통해서 법과 권리의 개념을 체계화 한 것이다.

로마의 콜로세움, A.D. 72~80

2) 복식사적 배경

정치적인 면, 법률적인 면에서 로마인들의 공적은 매우 독자적이나, 로마의 문화는 주변지역과 문물교류의 활성화에 따른 외래문화의 수용으로 각 국의 문화가 혼합되어 나타난다. 로마 문화에 영향을 준 주변 민족들은 그리스, 에트루리아, 아시아, 북유럽 게르만 민족들로, 이들 각 민족문화의 장점을 모방하여 로마는 합리적이고 실질적인 로마만의 문화로 재현하였다.

이 점은 복식에서도 잘 나타나는데, 대표적 로마 의상인 토가(toga)는 권의의 대표적인 형태로 키톤, 히메이션과 함께 에트루리아의 반원형 망토의 디자인을 계승한 것이다. 그리스 남자들의 히메이션은 팔리움으로, 클라미스는 팔루다멘툼이 되었다. 또한 고울족과의 군사적 접촉으로 추운 기후에서 다리를 보호하기 위해 바지를 착용하게 되었다.

로마는 특권을 중요시하였기 때문에 의복자체가 계급의 표식으로 이용되었고 복식에 대한 여러 규칙이 생겨나게 되었다. 로마의 민족의상인 토가는 로마 문명의 힘을 과시하여 그들의 권위를 나타내주는 상징물이었다. 로마 시민의 표식으로 초기에는 남녀가 모두 튜닉 위에 입고 제정시대 이후부터는 지배계급의 남자들만 착장하였으며 직사각형, 반원형, 타원형의 천을 히메이션과 같은 방법으로 착장하였다. 공화국 말기부터는 관복이 되면서 색과 장식선, 입는 방법 등이 엄격하게 정해져 착용자의 신분을 나타냈으며 개선장

토가

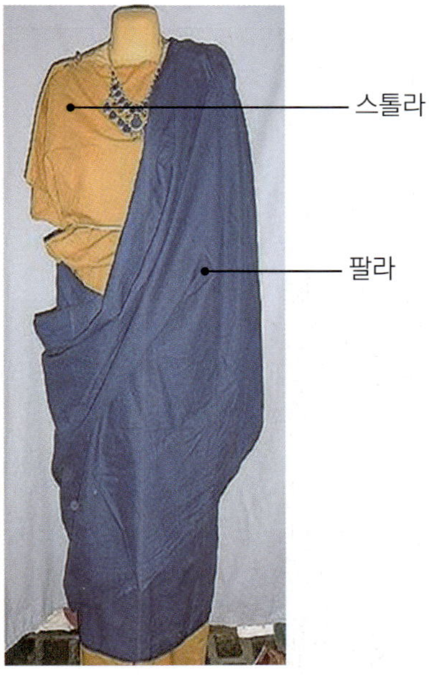

스톨라, 팔라

고
대

군과 황제의 공복에는 적자색 바탕에 자수를 놓은 화려한 것이 사용되었다. 제정기가 되면 토가는 축소되어 소형의 망토 종류로 대치되었으며 토가 아래에 입혀진 로마풍의 튜니카가 겉옷이 되었다.

튜니카는 몸판과 소매를 함께 T자형으로 직선 재단해서 소매를 붙인 것이며 2세기 말경부터는 커다란 소매가 달리고 클라비(clavi: 튜닉의 어깨에서 아랫단까지 색이 있는 수직선의 장식) 장식이 있는 달마티카가 새로운 튜니카로 출현하는데, 이것은 카톨릭의 의례용 의복으로도 남아있다. 여자들은 일반적으로 두 장의 튜니카를 겹쳐 입었는데, 위에 입는 튜니카는 이오닉 키톤과 같은 형태로 스톨라라고 하였다. 스톨라와 함께 입혀진 팔라는 여자의 외의로 몸을 감싸는 듯 두르는 쇼올의 형태였다. 상류층에서 입은 외의인 팔루다멘툼(paludamentum)은 장방형의 모직물로 오른쪽 어깨와 앞 중심에서 고정시켜 입는 형태였다.

모직물, 마직물, 면직물과 함께 교역에 의한 수입 직물이 의복의 소재로 사용되었는데, 섬세한 린넨과 모직물은 주로 상류계층에서 사용되었다. 또한 기원전 2세기 경부터 실크로드를 통해 인도의 목면과 중국의 실크가 로마로 들어오게 되었다. 로마에서는 인동 덩굴, 아칸더스, 월계수 등의 그리스 문양이 더 복잡하고 화려하게 도안되었다. 튜니카나 토가의 선 장식이나 세그멘테(segmentae: 튜닉의 어깨나 옆도련 장식으로 네모나 원모양으로 만들어져 다양한 무늬로 채웠다) 장식이 있었고, 장신구에 채색이나 자수로 문양을 새겼다.

로마의 신발은 그리스 시대보다 정교해져서 샌들, 반구두, 샌들과 반구두의 혼합형, 부츠형태, 그리고 발목까지 덮는 반구두인 칼세우스(calceus)가 있었다. 피블라를 제외하고 공화국시대에는 반지가 남자의 유일한 장식품이었고 모든 손가락에 반지를 끼거나 한 손가락에 여러 개를 끼기도 하였다.

3) 머리 형태

로마인들의 머리 형태와 머리 장식은 그리스와 거의 유사하나 이보다 복잡하였다. 로마 남성들은 대부분 곱슬거리는 짧은 머리의 단순한 형태를 좋아했다. 그들은 머리숱이 적은 것을 수치스럽게 생각하여 가발을 쓰기도 했고 로마 초기 왕정 시대에는 수염을 기르는 것이 유행하였는데 성직자들은 머리와 수염을 길게 길렀다. 또한 남자들도 향수를 사용하고 화장을 하는 등 청결과 몸치장을 중요시 했다. B.C. 3세기~2세기경부터는 머리를 짧게 깎고 머리카락을 곱슬거리게 손질을 하였다. 제정시기에는 다시 연장자나 성직자들이 머리와 수염을 길게 길렀다. 전쟁에서의 승리자나 경기에서 이긴 자에게는 긴 리본과 월계수 가지와 잎사귀로 장식된 월계관을 씌워주었다. 결혼식이나 축제 때에는 화관을 썼으며 황제는 보석으로 장식된 관을 썼다.

도금양 금관(Wreath), B.C 4세기

월계관, 옥타비아누스 황제

월계관, 월계관을 쓴 아폴론이 다프네를 향해 달려가는 모습

로마 남자의 머리 형태

여성에 있어서 머리 빗는 일은 아침에 하는 일 중에서 가장 큰 일로서 향유와 머리분을 사용하여 항상 향기가 나도록 했다. 로마인들도 그리이스인과 같이 컬이 있는 금발을 좋아하여, 상류사회의 여성들의 머리는 숙련된 노비가 향유와 머리분을 사용하여 손질하였고, 황색으로 염색을 하였다.

머리 형태는 시대에 따라 단순한 형에서 복잡한 형으로 다양하게 변화했다. 공화정 시대에는 그리스의 헤어 모드에 기초를 두어 머리 모양을 앞 가르마를 타고 양쪽 머리를 곱슬거리게 늘어뜨리거나 머리 전체를 짧게 컬하거나 또는 그리스 여성들과 같이 목덜미 위에서 시뇽을 하는 등 단순한 형이 주를 이루었다. 왕정 시대에는 정교한 형으로 발전하여 앞머리는 작은 컬이 높게 솟아오르게 하고 뒷머리는 땋아서 늘어뜨리거나 위로 둥글게 말아서 쌓아 올린 스타일을 많이 하였다.

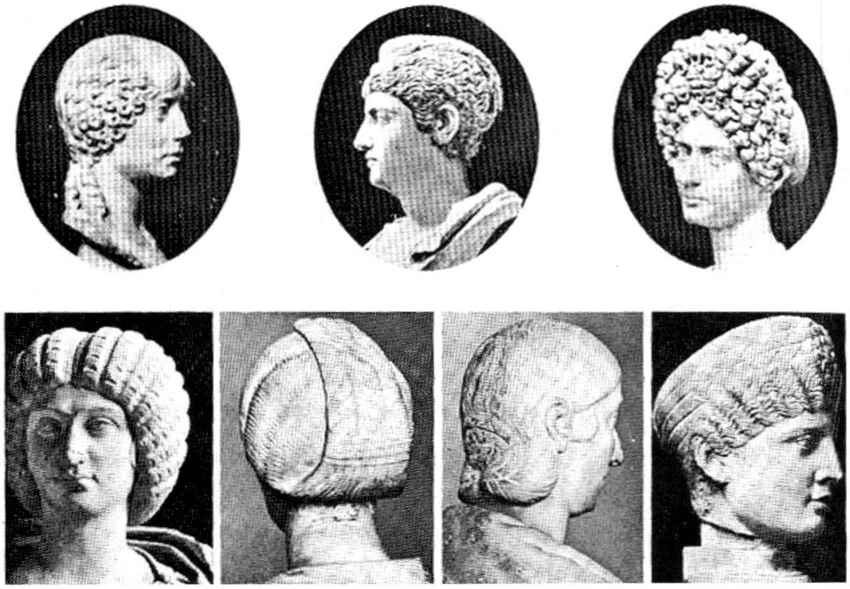

로마 여자의 머리 형태

계속해서 머리 형태는 새로운 것이 나타났으며 여성들은 얼굴에 맞는 머리형을 선택하기 위해 애를 썼다. 여기에 리본, 화환, 금속세환, 장식망, 진주, 보석, 황금 등의 장식품으로 치장하기도 했고 보석 장식의 스테판(stephane)을 쓰기도 했다.

로마인들은 모자를 거의 착용하지 않았는데, 그 이유는 기후 조건상 그다지 필요하지 않았고, 햇빛, 비 등을 피할 때나 여행 등 모자가 필요한 때에는 팔라(palla)나 팔리움(pallium)을 끌어올려 쓰면 되었기 때문이다.

로마 말기에 기독교의 영향으로 여성들은 교회에 들어갈 때 머리 위에 베일을 썼는데 이것은 종교적인 의미를 가지고 모든 계급의 여성들간에 보급되어 종교 감정이 깊어진 중세에는 절정에 달하였다.

결혼하기 전 날 신부는 머리에 적색망을 쓰고, 결혼하는 날은 가발을 붙인 머리 위에 오렌지색 베일을 써서 얼굴을 가리기도 했다고 한다. 오렌지색 베일의 색상은 가정의 신 베스타(Vesta)를 의미하는 것이고, 기독교의 신부는 흰색이나 붉은 보라색을 사용했다. 이들은 베일 밑에 순결함을 상징하는 헤어 밴드를 둘렀다.

머리쓰개로는 그리스에서 사용되었던 페타소스(petasos)가 이 때에는 페타서스(petasus)라는 이름으로 사용되었다. 이외에 머리에는 팔라와 베일을 썼는데, 팔라는 보통 밝은 색깔의 얇은 모나 비단, 마 등의 천을 긴 장방형으로 만들어 가장자리는 지위에 따라 금으

베일

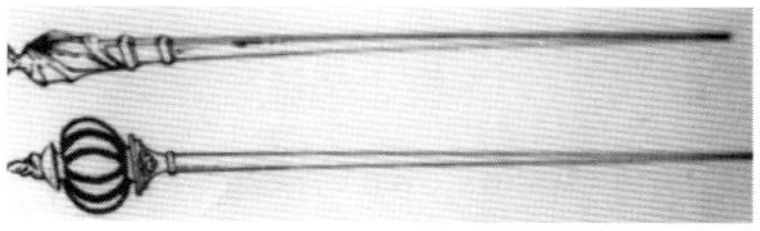

머리핀

로 장식하거나 술을 달아 각자의 취향에 따라 여러 방법으로 둘렀다. 또한 필로스(pilos)라는 원뿔형의 머리에 꼭맞는 펠트직의 모자는 평민이나 노예들이 썼다. 그 밖에 라에나(laena: 소매없는 외투, 망토)나 라세르나(lacerna: 외투, 비옷)에 달린 후드가 방한과 비바람을 막는 목적으로 쓰였다.

머리장식으로는 그리스 여인들이 사용하였던 것과 비슷한 스테판, 디아뎀 등을 더욱 장식하여 썼으며, 이 외 진주나 금속세공을 한 띠, 또는 보라색이나 적색의 천으로 만든 띠를 머리 위에 둘렀다. 그 외에 아름답게 장식한 빗이나 핀을 꽂았으며 때로는 망으로 싸기도 했다. 당시 여성들의 중요한 장식품으로 사용되었던 금이나 은, 상아 등으로 만든 핀 끝에는 비너스나 큐피드, 또는 그 외의 형태를 만들고 그 속에는 향수를 넣었다. 이상과 같이 머리 형태와 머리장식의 다양함은 고대 로마인들이 그들의 미적 감각을 과시할 수 있는 수단으로 매우 중요했을 것으로 생각된다.

4) 화장형태

로마는 그리스의 헬레니즘 사상을 이어받아 육체적인 조화로움을 숭상해서 운동으로 몸을 열심히 가꾸었고, 고대 그리스에서와 마찬가지로 공화정 시대(B.C. 5세기~1세기)의 주부는 투박했으며 제정 시대(B.C. 29년부터)의 여인은 화장을 즐겼다. 그리스의 코스메티케에 해당하는 건강 유지를 위한 무해한 미용술인 아르스 오르나트릭스(Ars ornatrix)와 과도한 화장술인 코모티케에 해당하는데 아르스 푸카트릭스(Ars fucatrix)로 나뉘었으며 로마시대에는 화장품과 화장술에 관한 연구 및 처방이 마술이나 미신 종교에서 벗어나 학문적 원리에 기초를 둔 의학시기를 맞이하게 되었다.

로마는 자유스런 토론 문화와 화려한 목욕 문화를 가졌는데, 시민들은 어디서나 토론을 즐겼고 발열 벽면의 발명, 수로시설의 개량 등으로 공중목욕탕이 번성하여 사람들은 주로 공중목욕탕에서 만나 사교를 했으므로 목욕탕은 위생뿐 아니라 사회적 기능을 겸했다.

여자들은 남자들과 함께 목욕을 하거나 휴게실에서 집안 일에 대해 이야기를 나누었고, 상류계급의 여성들은 노예제도로 인해 시간적인 여유가 많았으므로 자신의 몸을 단장하고 가꾸는 데 많은 시간을 투자했다. 모래와 분, 기름을 몸에 바르는 운투아리움(Unctuarium)을 거친 후에는 체조를 했으며, 증기탕(Caldarium)에서 나온 후에는 때를 밀고 탕에 들어가기 전에는 몸을 헹구었으며 냉탕보다 온탕(Tepidarium)에 먼저 들어갔다. 목욕 후에는 온몸의 털을 제모하고 노예들에게 마사지를 받았다. 그러나 이처럼 목욕문화가 극에 이르렀어도 정작 있어야 할 목욕비누는 전혀 없었고 올리브 오일이 그들이 사용한 전부였다.

남성들은 야윔과 창백함을 사랑과 결부시켰던 고대의 성애관으로 인해 머리모양과 수염을 잘 다듬고, 손발톱을 깨끗이 정리하고, 보기 흉한 털과 구취를 제거했으며, 로마의 특권층 여인들은 피부관리와 메이크업을 모두 선호하였다. 이들은 특히 흰 피부를 좋아하여 얼굴에는 분을 발랐는데, 로마의 쇠퇴기부터는 백연의 과도한 사용으로 인해 얼굴빛이 변색되고, 치아가 검어지고, 땀구멍들이 막히고, 신경이 둔해지고, 전신 쇠약으로 이어지는 체력 저하가 유발되는 등 지나친 화장품의 사용으로 인한 해독은 신체에 유해한 영향을 끼쳤다.

로마 시대의 목욕탕

운동을 하는 여인, 4세기

폼페이 벽화, Archeologico Nazionale, 빌라 디 길리아 펠리체, B.C. 79 이전

로마 시대 폼페이에 살던 어느 부부

로마의 전성시대에는 많은 시간과 인력을 투자하여 신체의 모든 부분을 과도하게 꾸몄는데, 눈은 안티몬이나 사프란으로 검게 화장하고 볼은 아르칸나나 연단(鉛丹)으로 붉게 칠했으며, 머리카락은 금발로 염색하였다. 치아는 의치가 아니면 뿔을 입혔으며 구취제거를 위해 파슬리를 썼고 여드름과 사마귀는 애교 점으로 가렸다. 이처럼 이 시대의 화장이란 물질적 풍요와 여유의 표현이었고 신체적 노화를 감추기 위한 분장의 수준이었다. 남자도 여자와 같이 화장을 하였으며 사랑에 빠진 남성은 창백하고 수척해 보여야 했다.

목욕문화가 극에 달하고 미용업이 사치와 퇴폐로 흐르면서 로마는 쇠퇴기(1세기부터)에 들어서게 되었고, 환경오염과 라틴계 음식의 강한 향신료의 과도한 섭취로 인해 생긴 피부병과 붉은 반점, 구취 등이 생기게 되었다.

Ⅱ. 중세

1. 비잔틴 시대(4~15세기)

1) 문화사적 배경

4세기초 콘스탄티누스 대제가 로마제국의 동부에 있는 비잔티움(Byzantium)에 새 로마를 창건하고 콘스탄티노폴리스라고 명칭한 이래, 행정상으로 로마제국은 양분되어 두 수도를 갖게 되었다. 서 로마제국은 게르만족{스칸디나비아반도와 북유럽에 살던 고트족(서고트족은 에스파냐, 동고트족은 이탈리아에 정착), 반달족(북아프리카 정착), 프랑크족(서유럽 정착), 앵글로색슨족(영국 정착), 롬바르드족(이탈리아 정착)을 통칭하여 일컫는 말}에 의해 유린되어 5세기 말 경에 소멸되었고, 동로마제국은 전통적인 고대의 문명을 계승 보존하면서 1453년 오스만 터어키에 멸망될 때까지 독자적인 발전을 하였다.

비잔틴 제국의 전성기는 유스티니아누스(Justinianus) 황제시대였던 6세기 중엽 경으로 갈리아지방과 브리튼을 제외한 로마제국의 영토를 대부분 확보하였고 법전 편찬, 성당 건립, 양잠법 도입에 따른 견직물 생산 등을 하였다. 수도 콘스탄티노폴리스는 삼면이 바다로 둘러싸인 요새지로서 게르만 민족의 침입에 의해서도 침범당하지 않았을 뿐 아니라

비잔틴 시대, 5~6세기 유럽

소아시아와 발칸반도, 흑해와 에게해를 연결하는 교통의 요지로서 이른바 실크로드의 서단에 자리잡아 상공업의 중심지로 중세 최대의 도시를 이루었다.

성소피아 대성당, 1037

종교는 비잔틴 문화의 주요한 배경이었다. 비잔틴제국의 황제교황주의는 로마 교황과의 대립을 격화시켜 11세기 중엽에는 마침내 동·서 교회로 분리되었고 황제교황주의(Caesaropapism, 세속의 황제가 기독교의 수장보다 더 높은 권위를 가지는 것, Caesar(황제)와 교황(Papa)의 조합어)를 받아들인 동로마는 그리스 정교의 전통을 이어 비잔틴 문화에서 중요한 특징이 되었다. 이러한 종교적 배경은 비잔틴 제국의 교육, 문화, 미술 등에 뚜렷한 영향을 끼쳤다. 종교적 색채는 양식화되어 문양으로 나타났고 신과 인간과의 신비로운 관계를 찬양하기 위해서 성경에 나오는 장면들이 문양으로 사용되었으며 비잔틴 복식에도 영향을 미쳤다.

비잔틴 문화의 특색을 가장 잘 나타내고 있는 것은 미술분야인데, 특히 아름다운 모자이크와 세밀화가 그 대표적 양식이다. 또한 비잔틴 문명은 그리스, 오리엔트, 로마, 마호메트의 영향도 받았으며, 동유럽 문명권의 형성에 중요한 역할을 담당할 수 있었던 것은 지리적 조건과 경제적 번영에 힘입은 동방문화와의 교류이다. 그 중에서 페르시아의 화려한 색채감각과 중국의 견직물은 비잔틴에서 혼합 발달하여 비잔틴의 조형문화, 특히 복식의 특징적인 요소가 되었으며 역사적으로 비잔틴 제국이라고 불리게 된 동로마는 그리스와 오리엔트 문화를 융합한 것이다.

모자이크 미술양식, 예수,
성소피아 성당, 11~13세기경

모자이크 미술양식, 수태고지,
성소피아 성당, 1040

2) 복식사적 배경

중세 복식은 기독교적인 신앙심을 기반으로 육체를 부정하여 신체를 감추었고 동양의 영향으로 화려한 견직물에 금, 은사로 수놓은 자수, 보석 등으로 화려하게 장식한 것이 의복의 주를 이루었다. 또한 종교적인 감정을 표현하기 위해서 색채 조화에 중점을 두어 직물과 문양, 액세서리에 쓰인 색채도 상징적인 의미가 있었는데, 백색은 순결을, 청색은 천국에 대한 믿음과 죄를 씻어 깨끗하게 하는 신성함을, 적색은 신의 사랑을, 자색은 위엄을, 녹색은 영원한 젊음을, 황금색은 덕이나 선행을, 밝은 황색은 풍성함을 나타냈다.

남녀의 대표적인 의상은 튜닉(tunic), 팔루다멘툼(paludamentum), 달마티카(dalmatica)였다. 기독교 문화가 기반을 잡음에 따라 남녀의 구별이 뚜렷하지 않았던 고대 복식과 달리 성별에 따라 의복의 형태가 구별되기 시작하였다. 아직까지 남녀 모두 T자형의 튜닉을 입었으나, 5세기부터 남자의 튜닉은 옷 길이가 짧아지고 옆선이 퍼지게 되었고, 여자의 튜닉은 발 길이까지 길어지고 소매는 넓어지고 허리는 꼭 몸에 맞게 되어 근세 여자 로브의 기본형이 형성되었다.

남녀의 튜닉에는 허리에 띠를 매었으며 클라비와 세그멘티(segmenti) 장식과 함께 화려한 직물의 사용으로 점점 화려해져 갔다. 그 위에 사다리꼴 또는 반원형 형태의 팔루다멘툼을 착용하였는데, 천을 오른쪽 어깨에 장식핀으로 고정시켰으며 왕족은 양쪽 가장자리 중간에 금, 은사로 자수 장식을 하여 보석 등으로 장식된 타브리온을 붙였다. 후에 이것은 왕족, 귀족 또는 사제들만이 착용하는 공식 겉옷이 되었고, 평민들은 팔라, 팔리움을 입었다.

달마티카는 1세기 경 달마티카 지방에서 소수의 기독교인들이 착용하기 시작한데서 유래된 통이 넓은 소매가 달린 튜닉으로 클라비 장식이 있고 기독교가 공인이 된 이후부터는 왕족이나 교황, 사제들 뿐만이 아니라 귀족까지도 모두 착용하여 비잔틴 시대의 가장 대표적인 의복이 되었다. 수직 줄무늬 클라비의 두께로 지위를 나타냈다.

세그멘티 장식이 있는 튜닉

클라비(수직선 줄무늬)장식이 있는 달마티카

중세

타블리온이 붙은 팔루다멘툼,
유스티니아누스 대제, 6세기

테오도라 황후(유스티니아누스 황제비),
6세기

비잔틴 복식의 특징은 그들의 상징적인 문양에서 찾을 수 있다. 즉 원모양, 양, 비둘기, 라틴 십자가, 성서의 장면 등의 종교적 문양을 의복의 전면이나 선 장식, 타브리온 안에 동방풍의 감각으로 장식한 것이다. 비잔틴의 문양은 빈틈없이 정리되어 있으며 평면적이고 무게감이 있어 보이는데 그 특징이 있다.

로마보다는 발을 좀 더 감싸는 형태의 샌달, 부츠, 구두 형의 신발에 보석장식을 하였으며 4세기 경부터 페듈(pedules)이라는 양말을 신었다. 비잔틴은 금은 세공이나 유리 세공업이 발달하면서 보석을 많이 사용하였고 반지는 귀족이나 성직자들의 권위를 나타내는 것이었다.

3) 머리 형태

비잔틴 시대인들은 자연스러운 머리의 컬과 웨이브의 미를 중요시했던 그리스, 로마인들과는 달리 터번을 머리에 감거나, 머리에 쓰는 관이나 장식 등을 중요시해서 머리모양이 잘 나타나지 않는다. 여기에는 전제군주제가 확립되어 특히 관으로 그 권위를 구별한 동방으로부터의 영향이 컸다고 보인다.

남자의 머리는 그리스, 로마인의 머리처럼 목덜미까지 내려오는 스타일이었으나, 점차 짧아져서 이마에 가지런히 내려오도록 깎은 앞머리와 단발 모양의 단순한 형태가 되었다. 고울족이 특히 붉은 머리를 좋아하였다. 평민 남자들은 캡모양의 모자나 페타서스(petasus), 쿠쿨루스(cucullus), 프리기아 보닛(phrygien bonnet)을 썼다. 페타서스는 농부들이 작업할 때 태양광선을 가리기 위해 쓴 챙 달린 모자이다. 쿠쿨루스는 케이프에 달린 후드인데 비잔틴 시대에는 수도승이 주로 착용하였다.

관, 성비탈레 성당의 모자이크,
유스티니아누스 황제, 6세기

페타서스

쿠쿨루스

프리기아 보닛

여성의 땋은 머리와 장식관, 비잔틴 에독시아
여왕의 상아로 만든 장식관, 11세기

터번, 4세기

여성들의 머리 형태는 초기에는 머리를 깎는 것이 금지되어 있었으므로 자연 그대로의 머리를 늘어뜨리거나 양쪽으로 길게 땋아 허리나 무릎까지 길게 늘어뜨렸다. 4세기 경 귀부인들 사이에는 특수한 머리장식으로 터번과 같이 생기고 가장자리에 롤과 패드를 댄 큰 캡(cap)이 유행되었다. 이것은 약 5cm 폭의 황금색 천에 진주를 연이어 붙인 패드를 같은 폭으로 롤 위에 여러 개 붙인 것으로 롤의 색깔은 궁중이나 상류계급은 흑색 비단으로 하고 일반 여인들은 자색이나 기타의 색으로 하였다. 이것을 이마와 귓볼이 나올 정도로 눌러써서 머리카락을 모두 감추었으나 점차 캡이 작아지자 패드의 수도 5개 정도로 감소되었다. 수식으로는 보석으로 만든 머리띠와 빗도 장식품으로 사용되었으며 당시 테오도라(Teodora) 황후는 금과 진주로 장식한 관을 썼다. 또한 금으로 만든 장식 빗도 있었다.

8세기 이후로는 머리를 감싸는 형이 주를 이루어 머리 자체의 형태보다는 부드럽고 얇은 천에 보석으로 장식하거나 술을 단 베일을 붙여 뒤로 늘어뜨리고 금속 밴드로 관처럼 써서 고정시키는 등의 수식이 발달하게 되었다. 이러한 머리장식은 주로 귀부인에 한하였으나 비잔틴 여인들의 가장 중요한 장신구가 되었고 화려한 장식의 의상과 잘 조화되었다.

9세기부터 원형의 베일을 쓰기도 하였는데 베일을 고정시키는 밴드가 사회적 지위를 나타내게 되었다. 베일의 형태는 삼각형, 사각형으로 어깨나 허리, 혹은 발끝까지 오는 것 등 다양하였고, 색은 주로 흰색이었고 때로 붉은 보라색을 쓰기도 했다. 보석 박힌 금밴드는 최상류계급을 나타내고 차례로 금밴드, 은밴드, 최하류계급은 헝겊밴드를 하였다. 금밴드 외에 베일의 앞에 브로치를 고정시키거나 목에 두르기도 하였고 보석관을 쓰기도 했다.

10세기 말~11세기 상류사회의 여성들은 긴 머리를 좋아하여 머리를 자르지 않았으며 때로는 길게 땋아 뒤로 늘어뜨렸다. 머리 위에는 그리스, 로마 여인들이 사용하였던 관에 더 많은 보석을 장식하여 썼다. 이것은 화려한 의복과 조화를 이루어 수세기 동안 유행되었다.

4) 화장형태

중세에 들어서면서 화장은 기독교의 금욕주의의 영향으로 교회의 지배력이 강해져서 여성들의 화장에 대한 인식까지 큰 영향을 끼쳤고 화장을 경시하는 풍조가 생겨났다. 화장은 신이 주신 인간의 얼굴을 가면으로 감추는 행동으로서 신에 대한 모독과 나쁜 언동으로 받아들여져 금기시되었고 영생을 얻는 것에 우위성을 두어서, 죽으면 사라지는 육체를 꾸미는 것을 헛된 것으로 생각했다. 그리고 그리스 철학과 로마의 영향을 받아 화장은 더럽고 저속한 것으로서 음탕함과 매춘을 상징하는 것이 되었다. 때문에 화장은 행실이 나쁜 여성이나 예능인, 또는 연극인들에 의해 행해졌는데, 다만 처녀들의 볼에 정숙함을 표시하기 위해 교회박사이자 제35대 총대주교인 나지안조스의 그레고리우스(Gregorius

Nazianzenus, 329~390)는 붉은 색을 쓰는 것만을 허용했다.

교회는 여성이 신체를 가꾸고 화장하는 행위를 엄격히 제한하고 금지하였는데, 목욕마저도 제한하여 청결을 위한 것과 고해와 영성체 전날의 목욕만을 허용했고 제한된 목욕으로 인한 체취는 향수를 사용하여 해결했다. 여인들은 집에서 혼자 목욕을 하거나 공중목욕탕에서 여럿이 함께 했는데, 하녀가 물통에 뜨거운 물을 붓고 찬물을 섞어 준비한 다음, 천을 덮어 추위와 바람을 막게 만들어서 한증실처럼 만들고 방향초를 이용해 훈증을 도왔으며 서거나 앉아서 목욕을 했는데 머리에는 흰 천을 둘러쓰기도 했다.

2. 로마네스크 시대(9~13세기)

1) 문화사적 배경

콘스탄티노폴리스가 터어키인에 의해서 점령되어 비잔틴 제국이 멸망하는 사이 유럽은 게르만민족의 이동, 프랑크왕국의 건국과 분열, 노르만인의 침입과 노르만왕국의 건국, 십자군 원정 등 유럽과 동방과의 교류는 현저하였다.

로마네스크는 Roman(로마) + Esque(방식)가 합해진 것으로, 로마제국의 건축과 유사한 느낌을 지닌 건축물이란 의미를 가지고 있다. 로마 제국이 동쪽으로 후퇴 후 서쪽의 게르만족 등의 이민족들이 그리스도교를 받아들이며 로마식 바실리카 건축물을 받아들여 발전시킨 것이 로마네스크이다. 즉 게르만족이 로마식의 문화를 발전시킨 것이다.

로마네스크는 성당에 주로 쓰인 양식임에도 돌로 만든 성채를 연상시킬 정도로 건물이 육중한 돌로 쌓아진 것이 특징이다. 창이 작으며, 건축물의 높이가 낮고, 둥근 아치와 천장, 탑과 같은 요소를 많이 사용하였다.

로마네스크 시대, 11세기 유럽

정치적 혼란기가 지나면서 엄격한 신분제를 가진 봉건체제가 성립된다. 봉건제도는 유럽에서 형성된 지방 행정 제도이자 정치·사회 체제이다. 영주와 농노로 이루어진 장원(manor)을 기초 단위로 하여 각 장원의 통치자인 영주(기사)가 상위 영주(대영주)의 가신(vassal)이 되고 대영주 또한 더 상위의 영주의 가신이 되면서 최종적으로 국왕 또는 황제와 쌍무적 계약 관계를 맺어 계층적인 가신 관계가 형성된 체제이다. 주군은 보호를 제공하고 가신은 충성을 제공하며, 영주는 세금과 일정 기간의 군사적 봉사를 제공하고 상위 영주는 토지(봉토)를 제공하는 관계였다. 봉토의 소유권과 충성 계약은 세습되었으며, 혼인과 상속을 통해 이전될 수 있었다.

십자군 전쟁(195~1493)의 영향으로 상공업의 발달이 촉진되어 서유럽 각지에서 모직물 산업이 융성해졌으며 12세기 중경부터 조직된 길드는 봉제 부분에도 영향을 미쳐 단순한 구성에서 보다 세련되고 기독교적인 의복을 제작하는 등 진보되어갔다. 13세기는 봉건사회의 발전기로 기사도와 연결하여 중세문화가 발전된 시대이다. 왕후, 영주, 기사, 농민이란 신분제도가 확립되었고 계급에 따른 복장이 엄격히 제한되었다.

봉건제도가 무르익어 가면서 중세 특유의 높은 수준의 생활을 견지하기 위해서 기사도와 수도원이 출현하게 된다. 기사도는 군주에 대한 충성, 교회와 신에 대한 봉사, 부녀자 등의 허약자를 보호하려는 정신, 관용과 친절을 그 기본 정신으로 하였고, 수도원 또한 순결과 청빈, 순종의 기본 자세를 갖고 크리스트교적 진리에 도달하려고 하였다.

로마네스크 건축물, 독일 트리어의 성 베드로 대성당, 1235

둥근 아치 천장

2) 복식사적 배경

로마네스크 복식은 게르만적 요소를 바탕으로 고대로마 스타일과 비잔틴의 동양적 요소가 융합되어 독특한 스타일을 형성하게 되었다. 그 결과 로마네스크 시대의 후기 복식은 신체 그 자체의 곡선을 부드럽게 살릴 수 있는 형태미와 자수, 다채로운 문양 등의 장식미가 혼합되어 중세적인 독특한 분위기를 지닐 수 있었다.

중세의 봉건제도는 영주 밑에 귀족계층을 형성하고 있는 가신(vassal)들이 서열에 따라 토지, 무기, 말, 보석, 호화로운 의복 등에 차이가 나, 보석이나 의복이 신분을 나타내는 역할을 하였다. 또한 기사계급의 출현과 약한 자를 돕는 기사도 정신은 여성을 존중하고 여성의 아름다움을 예찬한데서 신체의 미를 더욱 가꾸려고 하는 심리를 만들었다. 이 현상은 의복에도 반영되어 점차 복식이 화려해지고 몸에 밀착되는 형태로의 변화 등을 유도하였다.

중세를 지배한 정신적 지주로서의 크리스트교는 복식에도 반영되어 성직자의 복장은 여전히 비잔틴 시대와 같고 종교적 주제의 문양이 사용되었다. 11세기 로마네스크 남녀의 기본 복식은 흰색의 린넨으로 만든 쉥즈(chainse, 속옷) 위에 블리오(bliaut, 겉옷)를 입고 맨틀(mantle, 외투)을 걸치는 것이다.

쉥즈, 블리오, 맨틀, 11~12세기

꼬뜨와 맨틀, 바베트와 필레, 1305~1315

11~12세기 대표적인 남녀 의복인 블리오는 오버 튜닉(over tunic)으로 상하가 분리되어 재단되었는데, 상체는 몸에 꼭 맞고 하체는 길고 넓어서 잔주름이 생기는데, 이것은 인체의 곡선에 따라 나타나는 드레이프를 잘 보여주고 있다.

이 시기에 겉옷은 헐렁한 T자형의 튜닉에서 블리오 같이 몸에 맞는 입체구성의 옷으로 바뀌는데, 이는 북유럽 기후조건에 맞는 밀착형 의복의 추구, 게르만족들의 모피 조각을 재단하면서 얻은 입체 재단법, 그리고, 십자군 전쟁의 영향으로 인해 갑옷 속에 몸에 잘 맞는 옷을 입기 위한 추구가 그 원인이었다.

13세기에는 블리오보다 소매가 좁은 겉옷인 꼬뜨(cotte)가 생겼다. 또한 십자군 원정기간 동안 갑옷을 먼지로부터 보호하고 햇빛 반사로부터 눈부심을 방지할 수 있는 겉옷인 쉬르코(surcot)가 생겨났다. 그리고 이 시기에는 린넨과 실크, 모직물, 담비털, 수달피 가죽 등이 의복 재료로 사용되었다.

13세기부터 앞부분이 뾰족하면서 길어지기 시작한 신발인 크렉코우(crackowes, poulaine)를 신었으며 가죽이나 실크 등에 보석장식, 자수장식을 한 이 크렉코우를 보호하기 위해 나막신인 패튼(patten)을 함께 신었다. 십자군의 원정에서 생긴 풍습으로 주머니를 허리에 차고 다니는 것이 중세기 동안 남녀 모두에게 유행되었다

3) 머리 형태

로마네스크 시대의 남자들의 머리모양은 종래와 같이 짧은 단발이 주를 이루었으나 어깨까지 늘어지는 형도 있었다. 그들은 귀족이나 특수층을 제외하고는 거의 모자를 쓰지 않는 대신 후드와 케이프가 붙은 모양의 얼굴만 내놓는 형이 매우 유행했다. 후드는 로마시대로부터 목동이나 농부 등의 하류층이나 성직자들이 주로 착용해 왔으나, 이 시기에는 특정 신분을 벗어나 남녀공용으로 널리 애용되었다. 형태는 후드와 케이프가 혼합된 형으로 앞이 막혀 얼굴만 내놓을 수 있었다. 또한 후드의 또 다른 유형인 코이프(coif)가 상류층에서 애용되기 시작했는데, 그 형태는 어린 아이의 모자와 같이 턱에 끈으로 묶는 작은 것으로 13세기의 대표적인 모자가 되었다. 농부들은 일광이나 비를 막기 위해 챙이 있는 모자를 쓰기도 했다.

여자는 비잔티움의 영향을 받아 앞가르마를 타서 머리를 두 가닥이나 세 가닥으로 땋아 길게 내려뜨린 형태가 주를 이루었는데, 자신의 머리 외에도 가발이나, 리본으로 감아내려 거의 발까지 닿을 정도로 타래를 드리웠다. 귀부인들은 관을 쓰기도 했고, 베일을 쓰기도 했는데, 머리 위에 한 종류 이상의 원형이나 장방형의 베일을 얼굴이 나올 수 있을 정도로 구멍을 뚫거나 그대로 썼다. 그 길이는 어깨까지 내려오거나 허리까지 내려왔으며 발까지 내려오는 것도 있었다.

로마네스크 시대의 남성

코이프, 1180

이 베일은 여러 색깔의 모, 마, 면 등으로 각자의 취향에 따라 사용했는데 특히 상류계급의 부인들은 비치는 베일에 금이나 은 등의 금속을 붙여 번쩍거리게 했다. 이 베일을 고정시키기 위하여 머리 위에는 여러 가지 띠를 둘렀는데 이것은 계급에 따라 보석, 금, 은, 면 등으로 만들어 사회적인 지위를 나타내었다. 처녀들은 베일은 거의 쓰지 않았으며 리본이나 꽃 등으로 만든 머리띠를 두르거나 관을 썼다.

12세기에 들어오면서 이제까지 길게 땋아 늘어뜨렸던 머리는 위로 올려 꼭 붙게 망으로 쌌으며 여기에 두 개의 띠 바베트(barbette)와 필레(fillet)를 사용하여 머리를 둘렀는데 바베트는 턱을 지나 귀 위로 올려 머리 위에서 고정시켰으며 필레는 이마 위에 둘렀는데 이 필레의 윗 부분은 꽃잎 모양으로 만들었다. 바베트와 필레의 길이는 머리를 다 빗은 후에 재어서 보통 백색 마로 만들었으며 특히 미망인이나 슬픔을 지닌 여성들이 많이 사용하였다.

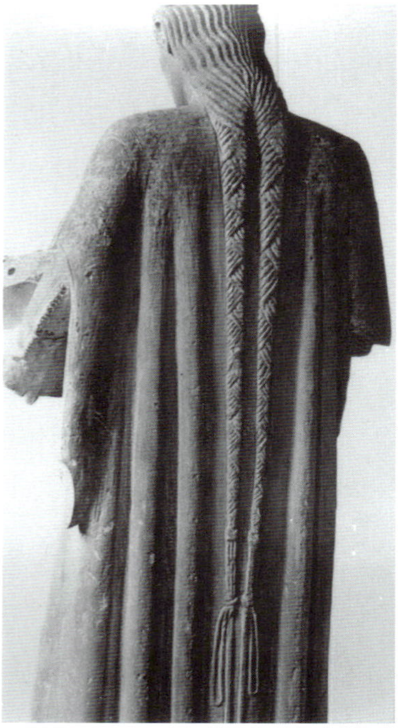

길게 땋은 머리 형태, 성쥴리아상, 14세기 중반

12세기 말에는 윔플(wimple)이라고 하는 장방형의 긴 천을 목 위에 느슨하게 두르거나 머리 위에 고정시키고 그 위에 반원형의 베일을 쓴 머리쓰개가 있었다.이것은 종교적 관습에서 수녀나 미망인에게는 필수적인 것이었고 일반 부녀들은 외출 시나 종교적 행사에만 덮어 쓴 것으로 일반적으로 백색 마나 비단,

머리띠와 베일, 1100

바베트와 필레, 1210

윔플, 1190

면 등으로 만들었으며 한 때는 노랑색이 유행하기도 했었다. 또한 외투용의 맨틀을 머리까지 두르고 가슴에서 끈으로 여민 샤프(chape)가 있었으며, 목둘레를 덮어 얼굴만 내놓은 후드 스타일도 있었는데 주로 서민계층에서 애용되었다.

이상과 같이 머리 전체를 덮은 머리 쓰개는 신체를 많이 가린 의복과 함께 기독교의 영향을 나타내었으며 윔플과 바베트는 중세 후반에도 사용되었다.

4) 화장형태

십자군 전쟁 이후 동양으로부터 안티몬과 향유 등 진기한 화장재료들과 회교도의 화장 풍습이 전해져서 여자들 사이에 아름답게 치장하는 것에 대한 관심이 다시 생겨나게 되었다. 그리스의 자연철학이 아랍과학을 거쳐 유럽으로 들어오면서 의학이 발전되었다. 13세기와 14세기에는 알드브랑댕 드 시엔(1256)의 육체의 식이요법론과 랑프랑 드 밀랑(1296)의 대외과학 등 중요한 의학개론서들이 편찬되었다. 파르(Fard, 화장품)라는 명사가 생겨난 것은 12세기인데, '채색하다'라는 의미를 지니고 있는 프랑스어 '파르주안(Farjwan)' 또는 '파르위동(Farwidon)'에서 파생되었을 것으로 추측된다. 이는 화장에 대한 관심이 시작되어 그에 대한 명사가 생겨난 것으로 본다.

성전에서의 그리스도,
메리 여왕 기도서의 한 페이지, 1310년경

3. 고딕시대(13~15세기)

1) 문화사적 배경

고딕이란 로마네스크에 이어지는 서유럽 미술의 한 양식으로, 16세기 화가 바사리가 고트족의 건축이라는 의미로 붙인 명칭이다. 고딕 예술은 도시 상업이 발달함에 따라 성장된 대학문화와 학문에 의하여 완성되었으며 또한 십자군 전쟁(중세 라틴 교회의 공인을 받은 원정대와 이슬람 군대 사이에 레반트 지역의 지배권을 놓고 벌인 종교전쟁, 1095~1492)으로 인한 동방으로부터의 뛰어난 기술의 제작품들이 유럽으로 들어온 것을 계기로 정치, 경제, 산업적인 면에서의 발전을 가져오고, 휴머니즘이 일어나기 시작한 시대의 미술 양식이다.

초기 양식은 프랑스에서 형성되어 영국, 독일, 이탈리아, 스페인 등 전 유럽세계에 확산되었으며 종교와 연결된 성당, 사원의 건축에 먼저 나타나면서 점차 귀족의 저택, 도시의 공공건물, 공예품이나 귀부인을 위한 장신구에까지 그 영향을 미쳤다. 도시를 중심으로 발생한 고딕 건축은 수직성의 강조, 창문의 형식에서 공통된 특징을 보인다.

지상적 안정감보다는 하늘에 대한 숭배심을 강조하기 위하여 건축의 외관을 첨탑으로 높이 세워 수직성을 강조하며 내부 또한 천장과 창을 높이하면서 첨두 아치의 형태로하여 전체적으로 상승감을 강조하였다. 창은 스테인드 글라스로 꾸몄고 건물 내외의 많은

고딕시대, 14세기 유럽

조각을 장식하는 등 마치 성당 그 자체에 천국의 신비성과 장엄성이 가득 차있음을 느끼게 하는 것이다.

지방 자치도시의 형성과 신분제 의회의 출현에 의해 통일국가로 발전하게 된 영국과 프랑스에서는 표면상으로는 프랑스 왕위 계승 문제였으나 내면적으로는 정치적, 경제적 문제가 더 가해지면서 백년전쟁(1337~1453년)이 발발되었다. 이때 수세에 몰린 프랑스를 구한 사람은 10대의 소녀 잔다르크였다. 백년전쟁에서 활약한 용병군대는 일정 수의 사병을 거느리는 귀족과 국왕과의 계약에 의해서 성립하였기 때문에 귀족과 사병들 사이에는 흔히 신봉건제라고 불리는 사적 주종관계가 발생하였다.

이는 왕권에 의한 국가 통일의 시작을 의미하며 이를 위하여 영국에서는 랑카스터(Lancaster ; 붉은 장미)와 요오크(York ; 흰 장미)의 권력장악을 위한 장미전쟁(1454~1485년)이 전개되었다. 이로 인하여 오히려 영국에서는 상공업이 번영하게 되었는데, 특히 헨리 7세는 상공업을 장려, 시민 세력의 육성을 도모하면서 왕실 재정을 풍부하게 만들었고, 교회 권력 또한 억압하면서 절대왕국을 수립하게 되었다. 이것은 유럽제국이 봉건국가에서 왕권이 강화된 절대국가로의 규모를 갖추게 한 발전 과정이라고 할 수 있다.

첨탑의 성당, 노트르담 성당, 1345

백년 전쟁, 잔 다르크, 1412~1431

스테인드 글라스

2) 복식사적 배경

십자군 운동에 의해 동방에 뛰어난 기술로 짜여진 견직물이 유럽으로 들어오게 되면서 13~14세기를 통해 가장 눈부시게 발전한 것은 직물공업이다. 도시발달과 장원제도의 해체로 생긴 노동력으로 이탈리아의 프랑드르와 피렌체에서 직물산업이 번창하게 되었으며 이것이 고딕 양식과 교차하면서 특징적이고 복잡한 복장 양식을 형성하였다.

십자군의 영향은 복식에 간접적으로 뿐만 아니라 직접적으로 그 형태이나 문양 등에 새로운 기풍을 가져왔다. 즉 군복이 일상복으로 유행하게 되는데 패드(pad)를 댄 조끼 형태의 지퐁(gippon, doublet, pour point)이나 사막의 햇빛, 먼지로부터 갑옷을 보호하기 위한 겉옷인 쉬르코(surcot) 등이 그것이다. 또 사라센 풍의 단추장식이나 군복의 칼자국인 슬래시(slash), 전리품이나 십자가를 간수하기 위한 주머니 등 세부장식이 성행하였다.

십자군 원정에서 비롯된 특징 중 또 한 가지는 각 가문의 상징적인 문장(coat of arms)이다. 문장장식은 13세기 초까지 각각의 군단을 식별하기 위해서 쉬르코 위에 기사의 문장을 붙이거나 전신을 덮는 갑옷과 방패나 말 덮개에 신분을 표시하기 위하여 했던 것으로 일상복으로 입혀진 쉬르코와 지퐁류의 의복에도 나타났다. 또한 13세기에 도입된 파티 컬러드(parti-coloured) 의상은 세로선으로 면을 분할하여 대조되는 색상으로 꾸민 것이다.

이와 같은 문장복과 다채로운 색의 복식은 이 시대에 성행한 스탠드 글라스의 찬란한 색채감각과 연관을 가지고 있다. 이처럼 문장복은 점차 평상시의 복장에 문양화되면서 장식과 신분 상징의 구실을 동시에 하게 되는 것이었다. 또한 문장복은 여자들의 옷에도 나

문장복(parti-coloured), Laver, 1985

우플랑드

타났으며 결혼한 여자는 의복에 오른쪽에 남편 가문의 문장을, 왼쪽에는 친정 가문의 문장을 수놓았다.

고딕 건축의 첨두형 외관은 복식에도 영향을 미쳐 전체적으로 긴 실루엣에 V자형 목둘레, 넓은 소매에 톱니 모양 장식이 있는 우플랑드(houppelande), 앞이 뾰족하고 긴 신발인 크랙코우, 높고 뾰족한 모자인 에넹 등이 나타나, 머리로부터 상체, 스커트에 이르기까지 균형과 조화, 리듬 등을 갖추며 뾰족한 모양을 더욱 강조하였다.

십자군 전쟁의 실패는 교회의 절대적 권리를 무너뜨렸으며 점차 사람들로 하여금 기독교 관념에서 벗어나 자신을 치장하는 데에 관심을 갖게 하였다. 15세기 후반에 등장한 중산계급의 신흥상인들은 구 귀족사회와 기성상인 계급을 동경의 대상으로 삼아 그 생활양식과 의상을 모방하거나 새로운 스타일을 창안하였다. 이 스타일은 1425년 이후의 화려한 의복으로 출현하며 15세기 말의 과장된 스타일의 의복으로 연장된다.

14세기 남자의 기본 복식은 위에는 몸에 꼭 맞는 코타르디(cotehardie)나 패드를 덧댄 푸르푸앵(pourpoint), 혹은 길이가 길고 소매가 넓으며 때로는 소매 끝에 꽃잎 장식을 한 긴 겉옷인 우플랑드를 입고, 아래에는 호즈(hose, 바지)를 입는 것이다. 그 위에 다양한 외투를 입었다.

신발은 일반적으로 전 시대와 비슷한 발목 길이의 앞이 긴 구두인 크랙코우(crackowes, poulaine)를 많이 신었는데 상류층으로 갈수록 앞부리가 더 뾰족하고 길었으며 체인 등으로 앞부리를 발목 부분에 연결시켜 신은 것을 볼 수 있다. 14세기에는 재료와 형태가 다

꼬뜨, 맨틀

코타르디

쉬르코투베르

중세

양한 장식벨트가 대표적인 액세서리로 재산 정도를 나타내는 것이었다. 남자들은 어깨띠 장식(baldric)을 하였고, 장갑과 함께 부채, 파라솔 등이 액세서리로 사용되었다.

여성의 복식은 14세기에는 꼬뜨(cotte; 튜닉형의 옷)가 변형된 코타르디(cotehardie)를 입었는데, 남성의 경우 무릎까지 짧은 길이를 주로 입었고, 여성은 폭이 넓고 긴 길이를 착용했다. 꼬뜨와 비슷하나(영국에서는 구분 없이 쓰이기도 한다) 몸에 잘 맞게 앞 중심과 소매에 촘촘히 단추를 달았고, 팔 꿈치 부분에는 티핏(tippet)이라는 긴 장식 천을 붙였다. 쉬르코투베르(surco-ouvert)는 쉬르코의 변형으로 진동 부분이 엉덩이 선까지 넓고 깊게 파여있어 속에 입은 옷이 보였다.

우플랑드(houppelande)를 위에 입기도 하였는데, 이것은 하이 웨이스트 라인의 소매가 길고 때로는 소매에 꽃잎 장식을 한 긴 로브이다. 초기에는 V형 목선에 속에 입은 코타르디가 일부 보이도록 하였으며, 소매가 좁은 것도 있었다.

로브(robe)는 15세기 이후 여성의 겉옷을 통칭하는 명칭이 되었는데, 이 시기의 로브는 길이가 몸에 맞으며, 납작한 가슴을 강조하고, 스커트 부분은 따로 재단하여 땅에 끌릴 정도로 길고 넓었다.

에넹, 로브, 푸르푸앵

3) 머리 형태

고딕시대의 남자는 가운데 가르마에 컬을 해서 어깨까지 늘어뜨렸고, 그 위에 관을 쓰기도 하였다. 모자는 중세 초기나 로마네스크 시대의 것이 그대로 내려온 것도 있었고, 시대감각에 맞게 변화하여 새로운 형이 된 것도 많아서 복잡한 고딕 문화의 단면을 보여준다. 전자는 챙이 없는 모자인 칼로트(calotte), 토크(toque), 프리기아 보닛(phrygien bonnet)이고, 후자는 샤프롱(chaperon), 샤포(chapeau) 등이다. 14세기에 가장 보편적으로 쓰인 것이 샤프롱으로 이것은 후드와 케이프가 붙은 형태이다.

13세기 후반에 나타난 샤프롱은 릴리파이프(liripipe)라는 긴 꼬리가 달렸는데 14세기가 진행되면서 후드의 꼬리가 코타르디에 붙은 티핏(tippet)과 경쟁적으로 길어져서 넓적다리까지 길어졌다. 이 긴 꼬리를 목이나 팔에 두르기도 하고 꼬리부분에 솜을 넣어 머리에 둘러 도넛 모양의 터번을 만들었는데 이것을 라운드릿(roundlet)이라고 한다. 또 다른 형태의 샤프롱은 케이프를 위로 잡아 올려 주름을 잡으면서 꼬리를 머리둘레에 감아 터번형으로 만들면 케이프 도련의 꽃잎 모양의 가장자리가 잘 정리될 경우 수탉의 벼슬이나 맨드라미 꽃 모양이 되었다. 서민들은 후드만 쓸 수 있고 릴리파이프는 허용되지 않았다. 또한 챙이 없는 슈가로프 햇(sugarloaf hat)이나 챙이 좁은 것, 챙이 넓은 모자를 썼으며 모자에 타조 깃털을 꽂는 것이 유행되었다. 모자 밑에는 흰색 린넨이나 검정색 벨벳으로 만든 코이프를 썼는데 머리통에 꼭맞는 이 코이프는 후에 나이트 캡이 되었다.

14세기부터 의복이 전보다 점차 화려해지고 복잡해짐으로써 머리 형태와 장식에도 새롭고 과장된 형태가 나타나기 시작하여, 여자의 머리 형태와 장식은 고딕 시대에 본격적인 발달을 보이게 되었다. 머리는 길게 땋거나 목덜미 위에서 부드럽게 롤을 하고 머리 위에는 띠를 두르거나 관을 쓰기도 하였다. 특히 여성들은 금발을 좋아하여 황색으로 머리를 염색하였고 올리브 기름과 향수를 사용하여 부드럽고 향기가 나도록 많은 신경을 썼다.

젊은 여성의 머리는 느슨하게 늘어뜨렸고, 기혼 부인은 대개 중앙에서 나누어 땋아서 양쪽 귀 위로 말아서 숫양 뿔처럼 만들었는데, 이것을 양의 뿔(ram's horn)이라고 했다. 템플러 혼(templar horns)이라 불리는

남성의 머리 형태

릴리 파이프가 달린 샤프롱

샤프롱에 둥근 롤을 댄 라운드릿

슈가로프 햇

기사단에서 기인한 뿔처럼 보이는 관을 쓰기도 하고, 코네트(cornettes)라는 머리나 양모로 땋아 만든 뿔모양의 가발을 쓰기도 하여 머리 모양을 뿔모양으로 만들었으며, 그 위에 금, 은, 견사와 보석으로 장식한 그물망을 덮어썼다. 이때 머리를 싸는데 사용된 머리 망과 양옆을 고정시키기 위한 장식은 크레스핀(crespine)이라고 했으며 머리를 감싸기 위한 베일은 크레스피네트(crespinette)라고 했다.

또한 윔플(wimple)이 바베트(barbette)와 함께 수도원이나 일반 부녀의 옥외용으로 사용되었다. 윔플은 턱밑에 꼭 맞도록 하여 목의 형태가 더욱 강조되었으며 바베트와 함께 사용되었던 필레는 더 넓고 빳빳하게 하고 머리 위에는 베일을 써서 마치 위가 평평하고 납작한 챙이 없는 모자를 쓴 것 같이 보였다

이 외 바베트 위에는 백색 비단이나 마로 만든 코이프(coif)도 사용되었는데 이것은 5~7cm 깊이의 챙이 없는 캡으로써 머리 위에 꼭 맞게 썼다. 점차로 종교적인 의미를 가지고 사용되었던 베일은 바베트나 윔플 또는 그 외에 다른 장식들과 함께 이용하여 쓰는 방법이 복잡해졌다. 베일은 금실이나 은실을 섞어 짠 마와 비단 등을 사용하여 더욱 화려해졌는데, 여자는 베일을 쓰지 않으면 교회 출입이 금지되어 있었고, 베일 위에 관을 쓰기도 하였다.

15세기에는 머리카락을 위로 깨끗이 올려 머리 장식 속으로 넣었는데 당시는 이마가 넓은 것이 미인이라고 생각하여 앞머리는 높게 뽑았다고 한다. 한편 베일을 당시의 관습대로 머리에 둘러 가슴과 등 위로 부드러운 주름이 늘어지도록 했다. 전에 사용되던 윔플, 고젯(gorget: 목과 가슴 가리개), 바베트 등은 나이든 여성들만 사용했다.

15세기 후반에 들어오면서부터 상류계급의 여성들간에는 넓이와 높이를 강조시킨 특

양의 뿔과 넓은 이마, 바이에른의 이자보(프랑스 샤를 6세의 왕비), 1393

코네트, 아르놀피니 부처의 초상 중 일부, 1434

크레스핀과 크레스피네트, 1443

징적이고도 과장된 머리장식으로 에스커피온(escoffion)과 에넹(hennin, 헤닌) 등이 생겨났다. 에스커피온은 넓이를 강조시킨 것으로 머리는 양쪽 귀 위에서 망으로 싸 금속 통 속에 넣었으며 머리 위 양쪽에는 가벼운 천에 풀을 빳빳이 먹이고 철사를 대어서 뾰족한 뿔 모양을 두 개 만들어 붙이고 높이 솟은 뿔 끝에는 비단이나 얇은 실로 만든 베일을 붙여 뒤로 늘어뜨렸다. 이때 뿔 사이의 넓이는 90cm 정도였다.

또한 에넹은 고딕시대 여성의 가장 특징적인 모자로서 에넹 부인이 고안해 낸 것으로 고딕 건축의 뾰족함을 가장 잘 살리고 있는데 딱딱한 천으로 원추형의 모자를 만들고 그 위에 원형의 베일을 덮어 옷자락까지 늘어뜨렸는데 그 길이가 300~360cm에 달하는 것도 있었다. 에넹의 뾰족한 외관은 당시의 의복의 갸냘픈 실루엣과 함께 고딕의 형태를 반영시킨 것이라고 볼 수 있다. 이와 같은 높은 머리장식으로 많은 불편이 생겼고 따라서 이 유행을 막기 위하여 그 크기는 쓰는 사람의 지위에 따르도록 하였다. 에넹은 인공적인 실루엣의 모자로 15세기 중엽에 전성을 이루었으나 불편함으로 인해 곧 사라지고 말았다.

이 외에 버터플라이(butterfly)라고 하는 것도 있었는데 이것은 머리에 꼭 맞고 챙이 없는 모자를 머리 뒤에 써서 핀으로 고정시키고 모자의 앞 중심에는 철사로 만든 안테나를 놓아 그 위에 베일을 가볍게 붙인 것이다. 때로는 안테나를 붙이지 않고 직접 모자 위에 붙이기도 하였다. 위와 같은 머리장식으로 안의 머리는 보이지 않도록 머리카락을 뒤로 단단히 빗어 높은 캡을 꼭 맞게 쓰거나 비단 또는 벨벳 등으로 만든 망으로 머리를 싸야만 했다.

15세기 말에 이르러 의복 전체에 르네상스 풍조가 나타나자 중세의 머리 전체를 덮었던 장식은 차차 단조로운 형태로 변화되어 갔다.

윔플, 로베르 캉뱅, 1430~1435

에스커피온, 아르군델 백작부인

에넹(헤닌)

버터플라이, 15세기중엽

4) 화장형태

이 시대에는 여성의 화장에 대한 혐오 풍조와 이상적인 여성의 아름다움에 대한 규범이 있고 그것을 찬미함으로서 화장에 대한 이중적인 태도를 가졌다. 즉 14세기에 자크 드 라 마르슈는 음탕함과 저속한 화장을 근절하는 한편, 결혼 적령기의 처녀들과 보기 흉한 결점 때문에 괴로워하는 여자들에게 화장을 허용했는데, 인위적 수단으로 자신을 붉고 희게 꾸미는 것은 신을 모독하는 속임수라고 여겼다. 그러나 1363년에 기 드 숄리아크의 저서인 외과학에서 구전 풍습과 궁중 사람들의 경험에서 전해진 미용비결을 적은 수사본들이 나오고, 14세기 중반부터는 이탈리아를 중심으로 번성하기 시작한 르네상스 운동의 영향으로 중세의 기독교적인 인식에 변화가 생겨 여성의 화장에 대한 관심이 다시 생겨나게 되었다.

14세기초의 이탈리아 북부의 피렌체 공국의 금융가문인 메디치(Medici) 가문은 금융력을 바탕으로 유럽 여러 국가의 왕족과 혼인을 맺어 기반을 탄탄히 다졌는데, 이러한 당시 유럽국가들 서로간의 왕족결혼으로 인해 이탈리아를 중심으로 고대의 화장이 쉽게 전유럽에 확대될 수 있었다.

이 시대에 유행했던 화장법은 그리스나 로마처럼 피부를 희게 가꾸는 것으로부터 시작되었으며 하얗게 보이기 위해 흰색과 핑크색의 수용성 안료를 사용하였다. 치아도 희게 가꾸었으며 입술과 뺨, 손톱은 붉은 색을 선호했는데, 입술은 공통적으로 볼륨있는 도톰한 형태가 선호되었으며 스페인에서는 장미색 계통의 입술연지가 독일과 영국에서는 오렌지색 계통, 프랑스에서는 진홍색 입술연지가 사용되었다.

이마의 앞머리는 뽑거나 밀어 넓게 가꾸는 것이 이상적인 모습이었다. 이렇게 되기 위해서 웅황(천연으로 나는 등황색 비소 화합물)과 생석회 또는 기름에 끓인 석회의 혼합물을 뽑아내 머리카락에 발라 머리의 털을 제거한 후에 흉한 털이 다시 자라지 않도록 박쥐나 개구리의 피, 식초에 절인 양배추를 태운 재 등을 발랐다. 그리고 눈썹을 가늘고 갈색이며 아치처럼 둥글게 다듬었는데, 이 또한 이마를 더 넓어 보이게 했다. 머리는 검은 색이나 금발로 가꾸었고 재와 계란 흰자, 비누를 혼합한 것으로 감았다. 의상은 투명한 베일이 달린 긴 검은색 헤닌과 정교한 보석이 박힌 목걸이를 하고 있다.

넓은 이마, Maria Portinari, 1470

넓은 이마와 흐린 눈썹, 모나리자, 레오나르도 다빈치, 1503~1506

중세

Ⅲ. 근세

1. 르네상스(14~16세기)

1) 문화사적 배경

르네상스(Renaissance)란 본래 '재생'이라는 의미로 구체적으로는 14세기 경으로부터 16세기에 걸쳐 그리이스, 로마의 고전문예가 부활하여 인간중심 문화가 다시 나타난 것을 의미한다. 르네상스는 넓은 의미의 중세 세계의 붕괴였다. 이 운동은 도시 상업의 부활이 가장 빨랐던 이탈리아에서 제일 먼저 일어났으며 십자군운동 이후 지중해를 무대로 세계 상업이 활발하여 베네치아, 제노바, 밀라노, 피렌체 등의 도시에서 잇달아 르네상스 운동이 일어났다. 사람들의 왕래, 물자의 집산, 동양의 진귀한 물품 수입 등을 배경으로 상업과 무역이 활발히 전개되고 대도시로 성장하여 지중해 무역은 물론 세계 무역에 종사하면서 북유럽 및 남유럽의 중계 무역까지도 독점하게 크게 융성하였다.

르네상스 시대, 16세기 유럽

르네상스 운동의 사상적 측면은 휴머니즘으로 그리스, 로마의 고전, 고대의 문예와 철학에 대한 관심을 깨우치는 운동으로서 현세의 인간사 및 지상에 있어서의 인간의 역할에 관심을 가졌다. 르네상스 휴머니즘은 새로운 학문으로서 고대의 문예, 유물 등을 수집, 조명, 추가설명하여 고전어학을 연구함으로서 구체화되었는데 이러한 학문적 관심에서 인간의 가치와 존엄성을 높이 평가하는 인생철학이 나오게 되었다.

미술에서는 인체의 아름다움에 관심을 가져 나체 그림과 조각이 나오게 되었다. 미켈란젤로는 시스틴성당 천장화인 천지창조, 다비드 조각상 등 인체의 아름다움을 표현하는 작품을 다수 남겼다. 세계는 역량있는 개인의 활동의 장으로 변하여 개성은 자기 자신의 연마에 의해 한없이 개발시킬 수 있다는 개인주의가 출현하게 되었다.

천지창조, 미켈란젤로, 1508~1512

다비드상, 미켈란젤로, 1501~1504

피렌체 대성당

인쇄술의 발명은 서적의 대량생산, 값싼 서적의 보급, 정확한 지식의 전달 등의 결과를 가져왔으며 이로 인해 일반 독서대중이 늘어나게 되고 무지에서 벗어난 인간들은 인격적이고 자율적인 인간으로 성장하게 되었고 새로운 학문과 르네상스의 새로운 사상들이 유럽각지에 퍼져나가게 되었다. 또한 인쇄된 옷 모양을 그린 카드 생산은 새로운 모드의 유행을 유럽에 가속화시켰다.

스페인은 활발한 해상활동으로 강력한 국가를 형성하였으며 네덜란드와 영국, 프랑스도 해상무역으로 국가발전의 계기를 마련하였다. 새로운 무역로의 개발은 신흥 귀족을 등장시켰으며 이들은 의복에 다양한 디자인을 함으로써 계급을 과시하고자 하였다. 이탈리아의 베니스, 밀라노, 플로렌스, 제노바 등에서는 금직(錦織), 벨벳, 레이스 등의 화려한 옷감을 생산했으며 프랑스의 리옹(Lyon)은 직물산업의 중심지가 되었다.

2) 복식사적 배경

르네상스 시대의 복식은 인간자연의 체형 추구를 위하여 남성은 근육의 늠름함에, 여성은 가녀린 몸통과 허리의 풍만함 등에 시선을 집중하였는데, 시대가 흐름에 따라 기교적이고 과장된 장식으로 인위적인 인체미를 강조하였다.

르네상스의 모드(mode)는 다음의 3기로 나눌 수 있다. 1기는 1480~1510년으로 피렌체의 메디치가에 의해 후원받고 있던 예술가들에 의해 로마 예술이 연구되면서 인간성을 중시하여 늠름해 보이는 남성, 둥근 실루엣의 여성을 나타내는 이탈리아 모드이다. 2기는 1510~1550년의 독일 모드로 스위스 용병의 새 모드가 남부 독일 용병에게 전해져 유행된 것이며 슬래시(slash), 퍼프(puff)장식이 특징이다.

그리고 3기는 1550~1600년까지의 스페인 모드이다. 검은 색의 의복을 유행시켰던 스페인 모드는 당시 대서양에까지 진출하여 커다란 부를 손에 넣었던 정치적인 힘이 뒷받침되었던 것으로 러프(ruff)와 패드장식으로 특징지어진다. 기하학의 미학에서 강한 영향을 받아 견고하게 보이는 실루엣과 뻣뻣한 옷감의 사용 등으로 형식성, 엄격성, 경직성 등을 나타내며 스커트를 부풀리는 파딩게일이 처음으로 생겨나 콜셋의 사용과 함께 인체의 선을 인공적으로 만드는 실루엣이 등장하였다.

르네상스 모드의 특징인 슬래시란 '깊이 자른다, 속옷이 보이도록 겉옷을 베어낸다'라는 뜻으로 장식성이 강한 르네상스 의복의 옷감을 일부러 갈라서 만들어진 틈 사이로 흰 속옷이나 빨간색 안감 등 대조적인 다른 색의 옷감이 보이도록 하는 것이다. 1477년 스위스 병사들이 프랑스와의 전쟁에서 승리했을 때 그들의 찢어진 군복과 군기, 의복 등을 기워입은 것이 패션이 되었다는데, 1520년부터 1535년 사이에 절정을 이루었고 1650년까지 유행하였다.

러프, 슬래시, 스페인식 종형 파딩게일을 넣은 드레스, 이사벨라 크라라 유제니아 왕비 1566~1633

푸르푸앵, 코드피스, 틸로의 페르디난드 틸로 대공 1548

러프가 갖는 우아한 선과 규칙적으로 배열된 주름의 리듬은 의상 전체에 주어진 실루엣과 리듬의 조화를 잘 이루면서 르네상스 의복을 더욱 아름답게 하였다. 이 러프 칼라는 이태리에서 창안되어 프랑스와 영국, 스페인으로 전파되었는데 둥근 원형의 러프는 하이 네크라인의 가운을 입은 스페인에서 유행되었고 앞이 갈라진 부채형이나 나비형의 것은 프랑스나 영국에서 선호되었다.

패드(pad)는 원래 병사들이 갑옷 속에 신체 보호의 목적으로 상의 앞면에만 넣기 시작한 것이 일반 시민에게 옮겨지면서 신체의 곡선을 과장하는 취향으로 발전하였다.

일반적으로 남자들은 속에 셔츠를 입고 그 위에 더블릿(doublet, pour point ; 누벼 입은 상의로 소매가 있는 것과 없는 것이 있다)을 입었으며, 그 위에 져킨(jerkin ; 조끼)을 겹쳐 입기도 하고, 아래는 호즈(hose; 바지)를 입었다. 중기 이후 호즈는 윗부분이 양파 모양의 바지인 트렁크 호즈(truck hose)로 되었고, 후기에는 베네시안이라는 품이 넓은 반바지가 나왔다. 또한 맨 겉에는 소매 달린 가운이나 케이프를 입었다.

러프, 더블릿, 트렁크 호즈,
루이 8세 어린시절, 1611

프랑스식 휠(wheel)형 파딩게일을 넣은 드레스,
귀부인의 초상, 1595~1600

푸르푸앵(pourpoint)은 이상적인 남성의 육체미인 근육이 발달한 어깨, 가슴 등을 표현하도록 패드를 넣어 상의를 만든 것이다. 특히, 가슴 부분은 자신의 근육만으로 만족치 못하여 심을 넣어 부풀리고 퍼프 소매와 패드로 어깨를 강조하게 되었고 이를 더 강조하기 위해서 허리를 조였다. 하의도 상의의 크기에 맞추어 바지를 부풀리거나 다리에 꼭 끼는 호즈를 착장하여 강조하였으며, 코드피스(codpiece)로 남성적인 위세를 과시하고자 하였다.

여성복식은 15세기에 바닥에 끌리던 넓고 긴 로브(robe)의 스커트가 스페인 모드에서 유래된 파딩게일(farthingale)에 의해 종모양의 벋치는 형태가 되고, 후기에는 프랑스식 파딩게일에 의해 원통형의 실루엣이 되었다.

여성 가운(gown)은 목둘레는 네모형이나 V자형으로 깊게 파서 가슴을 드러내고, 허리는 콜셋으로 가늘게 조이고, 소매와 스커트는 확대시킨 새로운 스타일이 나왔다. 우아하고 과장된 형태를 만들기 위해 콜셋, 후프(hoop), 러프 등이 필요했다.

신발의 형태는 전 세기와는 달리 앞이 등글며 넓적한 것이 특징으로 슬리퍼형, 구두형, 부츠형 등이 있었다. 슬리퍼나 구두형은 슬래시, 자수장식의 가죽, 비단으로 만들었고 부츠는 실용적인 목적으로 사용되었다. 세기 말에는 처음으로 힐(heel)이 달린 구두가 등장하면서 16세기 이래로 현재까지 계속 사용되는데 슬리퍼형의 굽이 높은 쇼핀느(chopine)가 이탈리아의 베니스에서부터 유행되기 시작하였다.

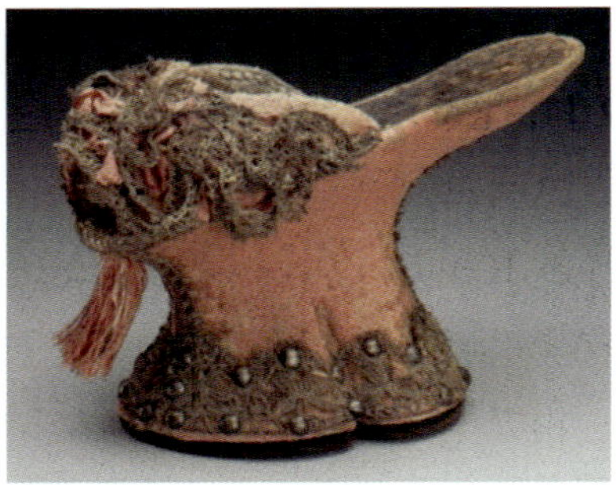

쇼핀느

굽이 두 개 달린 신발

16세기 복식에는 왕족과 귀족계층의 의복에 보석으로 무늬를 장식한 것이 가장 두드러진 특색 중의 하나이다. 목걸이, 귀걸이, 팔찌, 반지 등을 상류층에서 애용하였으며 A자형으로 벌어진 스커트 위에는 보석이 달린 거들장식에 향주머니를 매달았다. 장갑, 부채, 손수건 등이 액세서리도 계속 유행되었으며 부인들의 마스크의 착장은 승마 시 바람막이의 실용적인 목적과 비밀 데이트를 위한 신분 위장의 목적으로 이 시대 이후로도 계속 유행되었다.

3) 머리 형태

중세 말기 이후 여성적인 취향의 우세는 남성에게 영향을 주었다. 남자의 의상이나 몸짓이 여자의 모습과 비슷해져서, 근엄한 수염이 사라지고 머리는 어깨길이가 되었다.

16세기 말로 접어들면서 남자의 머리모양과 장식은 여자의 것에 비하여 극히 간단하고 특별한 것이 없다. 강조된 상의와 함께 대체로 머리는 짧아져서 강한 남자의 인상을 느끼게 한다. 초기에는 전 세기처럼 컬을 하고 가는 장식관을 썼는데 장식적인 금속제로 보석이 박힌 것, 실크로 만든 것에 공작 털과 금박으로 장식한 것 등 그 종류가 많다.

모자는 챙이 없고 관이 높은 토크(toque)를 쓰든지 코이프(coif)나 언더 캡(under cap)을 속에 쓰고 겉에 보닛을 쓰기도 하였다. 말기에는 비버 햇(beaver hat)이 나왔다. 16세기 남자모자는 깃털, 보석, 메달을 붙인 것이 특징이며 깃털뭉치로 장식하는 것은 16세기 이후로 계속 수세기 동안 유행되었다.

여성들의 머리 형태는 중세 말기의 머리 전체를 덮었던 머리 장식이 없어지자 다시 머리의 아름다움이 나타내기 시작하였다. 머리는 좋아하는 색으로 염색을 하였으며 향기로운 머리분을 사용하여 향내가 나고 반짝거리게 했다. 당시 유행된 머리색은 황금색이나 적색이었으며 청색은 하류 계급만 사용하였다. 또한 여러 가지 색의 가발도 사용되었는데 당시 엘리자베스(Elizabeth) 여왕은 80개의 가발을 가지고 있었다고 한다. 길게 늘어 뜨린 머리는 고전적인 방법으로 뒤로 모아 끈으로 묶거나 여러 가지 색의 머리 띠, 화환을 사용하였다.

여성들은 이마를 완전히 두드러져 보이게 올백으로 빗어넘기거나 가운데 가르마를 타고 후드나 보닛을 썼다. 후드(hood)를 쓸 경우 후드에 가려져서 머리카락이 많이 보이지 않았다. 그러나 여자들의 머리장식은 급격히 변화하였다. 초기에는 고딕풍을 연상시키는 에넹이 유행하여 높이가 1m까지 되는 등 전성을 이루었으나 차츰 사라져서 16세기에 이르러서는 아주 없어지고, 이때부터는 앞이마를 드러내 놓고 머리에 꼭 맞는 모자를 썼다. 그리고 발조(balzo)가 나타났는데 이 모자는 머리 전체를 감싸고 목을 강조하여 목이 가늘게 보이게 하였다.

보닛을 쓴 남성, 1520

남성의 머리 형태

토크, 스페인 펠리페 2세, 1570

깃털로 장식한 모자, 프랑스 Charles 9세, 1570

보석으로 장식한 모자, 영국 제임스 1세, 16세기

4) 화장형태

16세기에 들어서면서부터 르네상스는 유럽에서 전성기를 맞았는데 르네상스인들은 현실 세계를 긍정적으로 받아들이고 강한 자아의식과 개성의 자각을 하여 내세보다는 현세의 삶을 찬양하고 인간 자체를 고유의 가치와 원리를 가진 존재로 인식하였다. 따라서 건강한 것을 아름답게 여기기 시작했고 인간의 몸을 스스로 아름답게 꾸미기 시작했으며, 육체의 미를 찬양하게 되었다. 반면 르네상스의 인간주의와 현실주의의 밑바탕에는 불안과 애수와 깊은 종교의식도 포함되어 있었다.

자본주의가 출현하고 종교개혁이 이루어지면서 개인주의와 향락주의가 만연하게 되고 귀족과 부유계층들은 남녀를 불문하고 과장되고 화려한 의복과 화장을 즐겼다. 르네상스가 시작된 이탈리아에서부터 여성의 메이크업은 다시 나타나기 시작하여 화장을 안한 상태로 외출하는 것이 이상하게 여겨질 정도로 화장은 사교를 위한 필수조건이 되었다.

이탈리아의 교수였던 피에트로 데 빠드웨는 몸을 씻는 방법과 분을 바르는 방법 등의 화장법을 '여성의 화장'이란 책에서 다루었으며, 13세기 후반부터 14세기 초에 걸쳐 생존했던 해부학 및 의학의 권위자인 헨리 드 몬드빌과 이탈리아의 조반니 가문은 의학에 관한 저서 중 화장에 대해 경멸하는 입장으로 화장품과 미용술에 대한 책을 썼는데, 이를 계기

엘리자베스 1세 여왕, 1533~1603

모나리자,
레오나르도 다빈치, 1503

이사벨라 데스테, 티치아노 바첼리오, 1534~1536

스코틀랜드 메리 스튜어트 여왕, 1542~1587

스페인 엘리자베트 여왕, 1599

로 이들의 뜻과는 다르게 화장품을 비롯한 화장전반에 걸쳐 이론적인 확립이 이루어지게 되었다. 또한 이 시기에는 새로운 화장품의 제조와 화장술이 성행했다.

과거 상류층이 사용했던 향료사용이 이 시기에 와서는 체취제거를 위한 향수로서 보급되었는데, 이는 중세 이후 페스트의 유행으로 공중욕장이 금지되고 세탁과 입욕의 습관이 거의 사라지게 되었기 때문이었다. 특히 이탈리아에서는 향이 강한 것을 장갑에 뿌리는 것이 유행하여 프랑스와 영국에 전해지게 되었다.

이탈리아의 여성들은 흰 피부를 선호하여 포도주를 마실 때에 넘어가는 포도주가 피부를 통하여 비쳐 보여야 된다고 할 정도였다. 또한 이 시대는 장미색의 피부와 금발의 머리가 선호되었는데, 당시 최신의 화장법으로 피부에는 회화용의 재료를 발랐고, 볼은 낮에는 섬세하고 창백하게, 저녁에는 붉게 발랐으며, 르네상스 시대의 색채는 빨강, 파랑, 짙은 주황, 진보라 같은 짙은 색을 선호하였다. 머리는 금발로 만들기 위하여 일광에 쬐이기도 하고 염색도 유행하였다.

1558년 즉위한 영국여왕 엘리자베스 1세 때부터 영국의 르네상스는 더욱 꽃피기 시작하였는데, 엘리자베스 여왕은 화장하기를 좋아해서 그녀에 의해 새로운 화장법이 성행하였다. 알라바스터(alabaster) 분말과 점토, 마스크팩(mask pack), 백납분 등을 사용하여 흰 피부를 유지하였으며 보이는 신체부분은 모두 하얗게 분을 바르고 이마에는 정맥을 그려서 투명하고 희게 보이게 하였으며, 광택있는 도료를 덧발라 윤기 있어 보이게 하였고, 머리는 염색을 하거나 수백 개의 가발을 번갈아가며 사용하였다. 주름살을 보이지 않게 하는 정도의 이러한 과도한 화장은 귀족사회에 유행되었는데, 남자도 여자 못지 않게 피부를 하얗게 하기 위해 분을 발랐다.

2. 바로크(17세기)

1) 문화사적 배경

17세기 유럽사회는 신앙면, 정치면, 사회면에서 동요가 심했던 시대로 사회의 혼란 속에서도 귀족들은 권위를 강조하고 감정을 극적으로 표현하며 부정형(infinitive from)한 것, 진귀한 것을 좋아하는 취향을 가졌기에 이를 예술양식으로는 바로크(Baroque)라 부른다. 바로크란 '일그러진 진주'를 의미하는 스페인(Spain) 언어로 'barrucca' 혹은 포루투갈 언어로 'barroco'에서 연유되는 것으로 바로크 예술의 특징은 과장되고 복잡하며 곡선을 예술적 표현으로 이용한 것이다.

이와같은 의미에서 바로크 스타일은 르네상스 시대의 정적이고 조화적인 균형의 미를 깨고 움직임이 있는 격정적인 미의 이상을 추구하였다. 그래서 바로크 양식은 자유분방한 율동감이 곡선표현으로 나타났다. 신구교의 대립, 왕위를 둘러 싼 내란 속에서 식민지 획득 경쟁이 격화되었고, 유럽의 헤게모니(hegemony)는 이탈리아와 스페인으로부터 프랑스로 옮겨갔다.

유럽에서는 지리상의 발견에 앞장섰던 포르투갈과 에스파니아가 번영하고 있었으나 17세기 전반기에는 스페인으로 부터 독립한 네덜란드가 동인도 회사, 서인도 회사의 설립 등으로 동양과의 해외무역에서 현저한 발전을 이룩하면서 강대국이 되었다.

바로크시대, 17세기 유럽

또한 네덜란드의 수수하고 시민적인 복장이 유럽에 전파되어 새로운 유행을 일으켰다. 스페인으로부터 독립한 네덜란드는 시민적인 성향의 의복이 유럽에 새로운 유행을 일으키게 되면서 유럽 전체가 넉넉한 스타일의 검정색이 주가 되는 간소한 복장을 입게 되었다.

17세기 후반부터는 프랑스와 영국이 해외 발전을 놓고 각축전을 벌이게 되나 프랑스의 루이 14세가 절대주의의 절정으로 유럽의 패권을 장악하였다. 1661년 루이 14세의 친정이 시작되면서 모든 권력이 왕을 중심으로 하는 절대왕정제도가 확립되게 되었다. 루이 14세는 화려한 베르사이유 궁전을 짓고, 왕가의 문화가 모든 문화의 중심을 차지하며 전 유럽에 프랑스 문화의 영향을 미치게 하였으며 특히 왕비와 궁정의 여자들이 패션 리더를 담당하였다. 넓은 국토와 길드제도에 의해 얻어진 고급 견직물과 레이스, 그리고 발달된 상업도시로 다시 프랑스는 유행의 중심지가 되었으며 패션 잡지인 커스튬 플레이트(costume plate)도 제작·판매되었다.

프랑스 베르사이유 궁전 외부

프랑스 베르사이유 궁전 내부

루이 15세, 1710~1774

퐁파두르, 1721~1764

한편 프랑스의 루이 15세의 정부였던 퐁파두르(Pompadour)는 화려한 의상과 헤어스타일, 화장법을 유행시켰는데, 머리 위에 납가루분 대신 중국에서 수입한 쌀가루(rice power)분을 뿌렸던 것이 유행되어 온 집안에 쌀가루가 날아다녀서 이를 방지하기 위해 독립된 방을 만들어 파우더룸이라고 불렀고, 이때부터 파우더룸은 화장하는 방을 뜻하게 되었다. 이렇게 남녀노소를 불문하고 머리에 흰가루를 뿌린 것은 항상 같은 나이에 머무르고자 하는 소망이 반영된 것이기도 했다. 그리고 1540년경에는 가면(mask)이 연극배우의 출연을 위해서뿐 아니라 신분의 여하를 막론하고 사용되었다.

2) 복식사적 배경

근대 시민복의 발달을 가져온 17세기 전기는 네덜란드의 영향으로 남자 의복에 있어서 기능성, 활동성 등 시민복의 성격을 띠게 되었다. 자연스러운 실루엣과 플랫 칼라(flat collar)를 특색으로 한 견실한 시민조의 네덜란드의 모드는 17세기의 전반 영국, 북유럽 제국, 독일 북부, 미국 등의 신교국에 영향을 미쳤다. 기교적이고 장식적인 것보다 실용적, 합리적인 것을 지향하는 도시 부르주아의 생활윤리를 배경으로 한 네덜란드 복식은 특히 남자복의 근대화를 추진하였으며, 여자복도 베르튀가댕(vertugadin: 스커트를 부풀리게 하는 고래뼈의 테)이 1630년대에 사라지게 되었다. 이런 조류는 서부 제국의 궁정문화에도 변화를 미치게 하였다.

네덜란드식 남자 복식, 웃는 기병,
1624

랭그라브(페티코트 브리치즈),
1650s

후기에는 바로크 스타일 양식이 프랑스 궁정에서부터 나타나기 시작한다. 굽이치는 물결모양의 자유스러운 곡선과 동적인 느낌은 의복의 문양에서 꽃, 잎, 열매, 당초무늬, C형의 곡선 등으로 표현되었으며 꽃, 단추, 레이스, 리본 다발의 과도한 장식으로 특징을 살렸다. 1670년부터 1715년에 이르는 시기의 남자복에는 근대 남자복의 원형이 나타나고 쥐스토코르(겉옷)와 베스트(조끼), 셔츠, 랭그라브(바지), 코트로 이뤄지는 의복이 세트화 되었다.

프랑스모드는 17세기부터 18세기에 걸쳐서 네덜란드보다도 더 넓게 깊은 영향을 유럽에 미쳤다. 17세기의 프랑스 정부는 중상주의 정책의 일환으로서 복식, 특히 레이스 산업을 보호 육성하고 귀족들은 절대왕정의 자본인 정치적 열정을 잃고 모드와 취미에 사는 보람을 구하게 된다. 의복의 소재에서도 귀족과 시민 상류층과의 구별이 없어지게 되면서 귀족들은 스스로 계급적 권위를 지키기 위해서 더욱더 고가의 직물과 장식을 사용하였다.

남자의 의상 품목은 그 종류가 르네상스시대와 변화가 거의 없으며 코트와 크라바트(cravat, 넥타이)가 새롭게 나타났다. 후기에는 스커트처럼 보이는 페티코트 브리치즈(petticoat breches)가 귀족층에서 유행하였다. 바지의 리본 장식과 길고 곱슬거리는 가발은 17세기 남성들이 여성적인 취향인 것을 보여준다. 여자들도 로브에 리본, 레이스로 많은 장식을 하였다.

바로크의 과장된 형태는 신발에서도 보이는데 부츠의 입구가 깔때기 또는 나팔꽃 모양으로 넓게 벌어지고 레이스 장식을 하거나 장미꽃, 토끼모양의 리본 장식을 발등에 하였다. 남자들의 수대, 여자들의 에이프런 착용이 일반화되었으며 손수건, 토시(muff), 부채 등을 들고 다녔는데 이는 장식의 목적과 함께 귀한 것을 소유하고 있다는 과시의 수단으로 사용되었다. 마스크와 함께 1640년대 말기부터 얼굴에 타프타 천으로 여러 가지 모양으로 오려 붙이는 패치(patch)가 유행되었다.

여자의 기본 복식은 바디스(bodice), 스커트, 오버드레스(overdress)이고, 속에 슈미즈, 속바지, 페티코트를 입었다. 15세기부터 여성들의 모든 겉옷을 로브(robe) 혹은 가운(gown)이라 부르게 되었으나, 이때부터는 의복 전체의 의미로 로브나 가운이란 말을 쓰기 시작하였다.

초기인 1625년까지의 가운은 바디스를 콜셋으로 꽉 조였고, 스토마커(stomacher, 가슴과 아랫배에 걸쳐 역삼각형으로 딱딱하게 만든 장식용 판)는 고급직물에 화려한 수를 놓아 가슴과 배를 장식했다. 소매에는 위로 접힌 커프스를 달았고, 칼라에는 섬세한 레이스를 둘렀다. 스커트의 실루엣은 파팅게일을 넣은 원추형, 원통형, 종형이 공존하였다. 스커트는 앞중심이 터져 있어서 안의 페티코트가 보이게 하였다.

중기인 1630년대의 가운은 네덜란드의 시민복의 영향이 나타나 바디스가 허리선 본 위치로 올라가고 딱딱한 바스크(basque)가 없어지면서 몸에 자연스럽게 맞는 형태로 변하였다. 1930년대 레이스와 화려한 직물의 사용금지 법령이 반포된 후 옷차림에서 레이스 대신 길과 같은 옷감으로 만든 컬러가 나타났고, 스커트 실루엣은 자연스러웠다. 1650년대 이후 다시 프랑스 귀족 취향이 반영되어 파팅게일로 스커트를 넓게 부풀리고 옷길이가 길어졌으나 이후 페티코트로 대체되었다.

후기인 1670년대에는 스커트를 뒤로 부풀린 버슬형태의 스커트가 나왔다. 1680년대의 가운은 바디스가 콜셋에 의해 조여져 몸에 꼭 맞고 허리선이 중심

크라바트, 셔츠, 베스트, 쥐스토코르, 브리치즈, 17세기 후기

근세

에서 예각이 되었다. 프랑스에서 콜셋을 겸한 바디스가 고안되었는데, 고래수염을 넣은 바디스란 뜻으로 코르 발렌느(cors baleine)라고 하였다. 목둘레는 많이 파져 어깨를 내놓을 정도가 되는 것도 있고, 휘스크(whisk)나 넓은 버서(bertha) 칼라도 있다. 소매는 긴 것과 팔꿈치 길이보다 짧은 소매가 생겼고 팔꿈치에 여러 층의 레이스를 다는 앙가장(engageants)이 나왔다.

바로크 초기 가운,
아말리아 판 솔름스의 초상,
1632년경

바로크 중기 가운,
Marie de Raet, 안토니 반 다이크
(Anthony van Dyck), 1631

바로크 중후기 가운,
Qeen Dona Mariana of Austria,
디에고 벨라스케스(Diego
Velazquez), 1652-53

바로크 후기 가운, Anne de Souvre,
사이먼 드쿠이(Simon Dequoy),
1695

루이 14세 자신이 패션에 관심이 있었으며 유럽 각 국의 사람들은 프랑스로부터 매달 보내지는 패션 인형(fashion doll)을 고대하고 있었다. 이는 상업 목적에서 생겨난 것으로, 정장, 약식 복장, 여행복, 실내복 등의 새로운 모드를 입은 패션인형은 런던을 시작으로 유럽 각지에 내보내져 새로운 유행을 전했는데, 인형의 옷에는 프랑스에서 생산된 고급 직물을 사용하였다. 이때부터 모드는 프랑스로부터라는 고정관념이 생겨났으며 유럽 귀족이나 교양인들은 경쟁적으로 프랑스어, 프랑스 모드, 프랑스 왕궁의 에티켓을 익혀 국제인이 되려고 하였다.

3) 머리 형태

바로크 시대 남자의 머리모양은 가장 여성스럽고 풍성한 모양으로 나타난다. 초기의 머리모양은 깃의 모양이나 높이에 의해 많은 영향을 받았다. 목 뒤쪽이 높고 빳빳하게 뻗친 휘스크 칼라(whisk collar)가 한동안 유행하였으므로 당시의 신사들은 머리를 짧게 다듬어야만 했고 모자는 별로 사용하지 않았다. 남자의 짧은 머리는 이마에서 뒤로 머리카락을 빗어 넘긴 형과 앞이마가 덮이는 형이 있었는데 전체적으로 곱슬거리게 하였다. 17세기 전반을 통해 수염을 깨끗이 면도하는 것이 일반적이었으나 1630년대 이후 콧수염과 턱수염을 길렀다. 콧수염에 왁스를 발라서 좌우로 벌리는 형태로 고정시킨 예도 있었다.

휘스크 칼라와 짧은 머리의 남성,
로버트 시드니 경의 초상, 1615

남성의 긴 머리, 풀 보텀드 위그,
루이 14세, 1659~1743

17세기 중반부터 어깨에 내려앉는 플랫 칼라(flat collar)가 유행하게 되자 다시 머리를 어깨까지 늘어뜨리게 되고, 멋을 내는 신사들은 머리를 정돈하는 방법에 있어서 여러 가지 기교를 부리게 되었다. 왼쪽 머리다발을 리본으로 묶어 가슴쪽으로 늘어뜨린 것을 러브 록(love lock)이라고 하였으며 양쪽을 늘어뜨리는 것도 있었다. 후기에는 가늘게 땋은 머리에 리본을 달고 아래로 내려뜨린 것, 컬 된 머리를 빗질해서 간추린 것 등 머리카락의 풍성함을 자랑하는 여러 가지 모양이 나타났다.

또한 루이 13세 시대에 프랑스 상류 사회는 궁정의 풍속 가운데에서 가발이 등장하였는데, 이것은 젊은 왕의 대머리를 감추기 위해 사용하기 시작해서 상류사회에 유행하게 된 것이다. 가발은 17세기 후반에 이르러서 화려한 의상과 조화되어 매우 중후하고 거창한 형태로 변화하였다. 머리카락은 각종의 분을 뿌려 갈색이나 연두색, 회색을 띤 흰 색 등으로 착색을 하였고, 이를 포마드로 고정시켰으며, 각종 향수를 뿌렸다. 그러나 무겁고 단단한 가발을 늘 쓰고 있는 것은 매우 견디기 힘든 일이었으므로 실내에서는 가발 대신 린넨이나 울로 된 캡을 덮어 쓰는 풍습이 생겼으며, 외출할 때는 상아나 은으로 장식된 빗을 갖고 다니며 공적 장소에서 머리를 빗는 것을 멋으로 여겼다.

1660년대 이후 18세기에는 페리 위그(peri wig)로도 알려져 있는 풀 보텀드 위그(full bottom wig)가 가장 인기있는 가발이었다. 컬이 있고, 길이가 무척 길어 어깨까지 늘어진 것이 특징이다. 프랑스 궁정에는 200여 명의 가발 만드는 사람이 있었는데, 풀 보텀드 위그는 앞머리를 뒤로 빗어넘긴 형으로 곱슬거리는 머리카락이 어깨와 앞가슴을 내리덮었고, 가루를 뿌려서 썼다. 가발의 재료는 자신의 머리나 염소털, 말총 등이 쓰였고, 염색을 하였다. 밝은 갈색의 가발이 선호되어 값이 제일 비쌌고 제일 싼 것은 검정색이었다.

풀 보텀드 위그는 매우 거대하고 무거워서 활동하는데 지장이 있을 정도였으나 서유럽 상류층에서는 1700년까지 이 가발을 쓰는 것이 필수적인 것으로 간주되었다. 이러한 가발을 쓰려면 자신의 머리는 짧게 깎아야 꼭 맞게 쓸 수 있었다.

슈가로프 햇(sugarloaf hat)은 챙이 좁고 관이 높은 빳빳한 형태의 모자로 17세기 초기에 주로 사용되었으나, 후반에 이르러 가발이 성행하면서부터는 관의 꼭대

풀 보텀드 위그, 루이 14세, 1685

기가 평평하고 낮아졌으며 챙은 넓어졌다. 또한 풍성한 머리형이 유행함에 따라 1690년대에는 모자의 챙이 위쪽으로 삼각형으로 휘어 트리콘 햇(tricorn hat)이 되었다. 이것은 신사의 모자로서 정착됨과 동시에 상류계급과 전문직업 종사자임을 나타내는 표시로서 계습의 상징이 되었다. 후기에 가발이 커지면서 모자를 쓰지 않거나 손에 들고 다녔다. 영국의 경우 남자들은 실내에서도 식사 때나 정식의 모임에서 모자를 쓰는 것이 예의에 어긋나지 않는 것이었으나 국왕이 있는 자리에서는 신하들은 모자를 벗는 것이 예의였다.

여성들에게 있어서 머리형은 칼라 둘레의 영향을 받으며 변화하였다. 17세기 초에 대형의 러프나 부채형의 세운 칼라가 유행할 때 머리모양은 머리 속에 가발을 넣고 포마드로 굳혀서 높이 빗어 올린 후에 보석과 진주로 장식된 아름다운 핀을 꽂았으며 향수를 뿌리고 좋아하는 색깔의 머리분도 발랐다. 높은 머리는 대체로 귀족적인 분위기를 나타내는데, 이에 따라 여자들은 몸가짐에 있어서도 머리가 흩어지지 않도록 조심스럽게 움직여야만 했다.

그 후 1620년대 시민풍의 플랫 칼라의 등장으로 높은 머리는 없어지고 머리카락을 어깨 위로 자연스럽게 컬을 해서 늘어뜨렸다. 컬을 한 머리를 더욱 풍부하게 보이도록 머리 위에 리본을 장식하기도 하고 새털을 달기도 하였다.

1650년대에는 금, 은, 철사와 빗, 가발 보석, 꽃, 레이스, 깃털 등을 사용하여 양옆으로 머리를 불룩하게 하거나, 컬 된 타래머리를 사용해서 머리가 숱이 많아 보이게 하는 머리형이 나타났다. 머리 위에는 커다랗게 리본을 매기도 하고 양쪽에 태슬처럼 가지런히 달기도 하였는데, 이 머리형은 주로 스페인에서 유행했다. 머리 길이는 귀에서부터 2.5cm 이상 내려오지 않게 했으며 가발은 쓰는 사람의 모발과 비슷한 색깔로 했다. 이렇게 복잡한 머리 형태로 모자는 쓸 수 없게 되고 머리 위로 둘러 턱 아래에서 묶는 간단한 후드를 썼다.

1670년대에는 컬이 잘 된 머리로 머리 전체를 화려하고 커다랗게 부풀린 참신한 머리형이 유행을 하였는데, 이것은 '꽃밭' 또는 '양배추형' 등의 이름으로 불려졌다. 귀부인들은 의상만큼 머리형을 중요시하여 전용 미용사를 두었다 한다.

여자들은 일반적으로 남자의 경우와 달리 모자를 많이 쓰지 않았고, 후드 달린 케이프를 입고 외출하거나 레이스 천을 머리에 둘러썼다. 머리 위에 쓴 백색 레이스로 만든 작은 캡은 풀을 빳빳이 먹이거나 테에 철사를 대어 만들어 졌다.

여자 모자의 형태는 초기에 프렌치 후드(french hood)나 메리 스튜어트 후드를 썼고 남자모자와 유사한 챙이 넓은 모자나 슈가로프 햇을 썼다. 이 밖에 승마를 하거나 여행을 할 때는 밀짚이나 펠트, 비버 등으로 만든 높은 모자를 썼는데 여기에는 보석을 박은 띠나 브로치, 깃털 등으로 장식하였으며 모자 안에는 작은 백색 레이스 캡을 썼다.

휘스크 칼라(whisk collar), 1624~25

오스트리아 마리아나 공녀, 1634.

여성의 후드, 1607년경

양배추형 머리, Jacob Ferdinand Voet, Antwerp , 1639-1689

레이스 캡, 1620년경

레이스 캡과 모자, 1610

루이 14세 시대에 들어와서는 귀족적인 의상에 따라 머리형도 기교적으로 되어서 양옆을 크게 부풀렸던 과장된 머리 형태는 점차 자연스러워지고 머리 위에는 퐁탕주(fontanges)라고 하는 새로운 형태의 작고 둥근 캡을 썼다. 퐁탕주는 루이(Louise) 14세의 총애를 받던 퐁탕쥬 부인(Duchesse de Fontanges)의 이름에서 나온 머리장식이다.

퐁탕주, 영국 메리 2세 여왕, 1690s

퐁탕주는 백색마 또는 레이스에 풀을 빳빳이 먹여서 앞면에는 반 접은 부채모양으로 주름을 잡고 이것을 두 개 또는 세 개의 단을 하여 머리 위에 높이 써서 다이아몬드나 진주를 박은 핀을 꽂은 것으로 점차 형태가 변하여 캡 둘레에 좁은 주름을 잡기도 했다. 퐁탕주의 종류는 20여 종이나 되었으며 그 높이는 60cm 정도인 것도 있었다. 여기에 사용된 레이스의 가격은 대단히 비싸서 여인들 간에 사치와 낭비를 조장시켜 한동안 금지 되었으나 다시 유행되어 18세기 초까지 계속 사용되었다. 17세기의 화려한 귀족풍의 의복에 따른 기이한 머리 형태와 장식은 18세기 말에 이르러 극치에 달하였다.

4) 화장형태

바로크 시대에는 중세의 미적 기준이었던 어리고 갸냘픈 여성상이 사라지고, 풍만하고 성숙한 여인이 새로운 미의 기준으로 자리 잡았다. 이는 각 시대마다 고유한 미적 가치가 존재한다는 것을 보여주는 좋은 예시이며, 바로크 시대에는 특히 어린 소녀보다 풍만한 체형의 성숙한 여인이 이상적인 미의 기준으로 여겨졌다. 이후 미인의 모습은 따뜻한 혈색에 크고 검은 눈을 지닌 풍만한 여인으로 나타난다. 티치아노의 《거울 앞의 비너스》는 그 좋은 예이다.

반 아이크의 《아르놀피니 부처의 초상》 중 부인의 얼굴은 중세의 미인의 조건인 빛나는 넓은 이마, 가녀린 얼굴, 머리엔 금실, 진주 등으로 장식하거나 베일을 쓴 모습을 볼 수 있으며 볼연지는 사용하지 않았다. 풍만하고 따뜻한 혈색에 크고 검은 눈의 미인을 그린 티치아노의 《거울 앞의 비너스》는 중세와 바로크의 미인에 대한 기준이 얼마나 다른가를 단적으로 보여준다.

미인이라면, 반드시 금발이어야 했는데 베네치아 여인들은 금발로 물들이는 혼합제 '비온다(Bionda)'를 바른 뒤 넓은 챙만 있는 모자를 쓰고 햇볕에 머리카락을 말렸는데 이렇게 하면 베네치아 금발이라 불리던 엷은 황갈색 금발을 얻을 수 있었다.

거울 앞의 비너스, 티치아노 베첼리오(Tiziano Vecellio), 1553~1554

아르놀피니 부처의 초상, 얀 반 아이크(Jan van Eyck), 1434

화장품을 과도하게 사용하여 진한 화장을 하였는데 갑오징어의 뼈, 복숭아씨, 계피 같은 혼합물로 일주일에 한 번씩 닦던 치아와 분을 바른 광택 없는 흰 얼굴빛은 귀족적 자태를 나타내는 순수함과 섬세함을 부여했다. 피부는 포도주를 마실 때 목구멍으로 포도주가 넘어가는 것이 보일 정도로 투명해야 함을 추구했다.

한편 이때에도 새로운 화장품 제조방법이 생겨났는데, 이탈리아 메디치가의 카테리나(Catherina)는 프랑스의 헨리 2세와 결혼하여 새벽에 왕실 정원에 핀 복숭아 꽃잎과 이슬을 따서 밝은 보름달 아래 아몬드 오일과 섞어 만든 로션을 얼굴에 바르면 혈색이 좋아진다는 가문의 비방을 프랑스 왕실에 전해주었으나, 이는 정작 납가루 분과 비소(Arsenic)를 섞어 만든 독약으로 그녀의 정적을 제거하는데 쓰였으므로 그녀는 1663년에 처형당했고 그 후 이탈리아 정부는 화장품에 납가루의 사용을 금지했으며 1692년 프랑스에 이어 전 유럽으로 확산되었다.

프랑스에서는 혼란하고 무분별한 메이크업이 성행하였는데, 특히 주목을 끄는 것은 패치(Patch: 애교점)의 사용이었다. 당시 패치는 젊고 매력적으로 보이게 한다고 믿었고 주근깨와 여드름을 감추기 위해서 그리고 별자리들을 나타내기 위해서 이용되었으며, 달, 초승달, 별, 혜성 같은 모양을 한 애교점이 인기를 끌었다. 애교점은 붙이는 위치에 따라 의미가 달랐는데, 눈 근처는 뇌쇄적, 웃음으로 생기는 주름위는 '쾌활', 입술 위는 '장난기 있음', 이마 위는 '위엄 있음', 볼 위는 '친절', 입술 아래는 '신중'의 의미를 나타냈다.

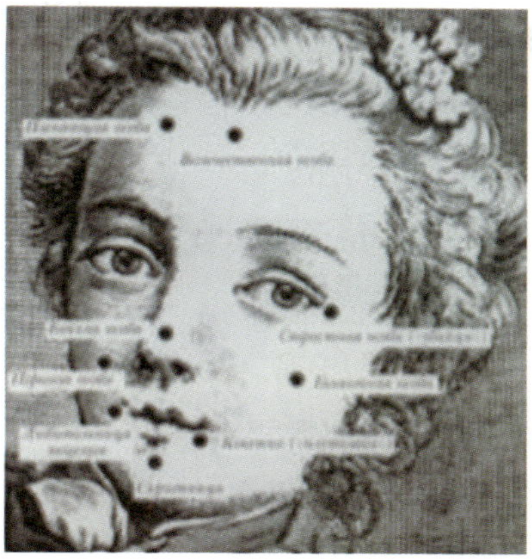

패치

화장하는 여인의 초상, 티치아노, 1514~1515

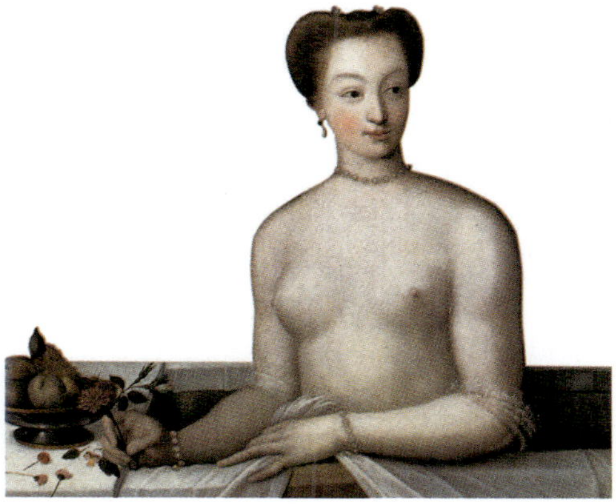

목욕하는 가브리엘 데스트레, 작가 미상

티치아노가 그린 《화장하는 여인의 초상》과 유명한 《목욕하는 가브리엘 데스트레》(작가 미상)의 모습처럼 가슴의 노출이 유행했다. 보르도네가 그린 여인처럼 당시 여인들은 눈에 띄는 곳이면 어디든지 분을 발랐다. 통통한 몸이 선호되었으며 볼록 튀어나온 가슴, 포동포동하고 탄탄한 팔, 어깨보다 넓은 둔부, 가느다란 테를 부착하여 부풀린 스커트 등 관능적이고 부드러운 매력을 추구했다.

귀족들이 사용한 연지의 붉은 빛은 진홍색에서 자홍색, 장미색, 주홍색에 이르기까지 다양했다. 입술 주위는 밝은 색조로 칠했고 광대뼈와 눈 가까이에는 원형으로 둥글게 연지를 발랐다. 중산 계급의 여인들은 볼 위에 연지를 엷게 발랐으나 베르사이유 궁전의 공주들(루이 15세의 딸 앙리네뜨)은 짙게 발랐다. 여인들은 연지를 대단히 중시했으며 주머니

안의 작은 상자에서 화장붓, 거울 등을 꺼내어 장소에 구애받지 않고 거리낌없이 붉은 볼을 그렸으며 화장을 새로 고쳤다. 그러다가 1750년경, 자연과 육체를 보는 시각에 변화가 일기 시작했으며 이러한 바로크 풍의 과도한 치장은 점차 사라져 갔다.

바로크시대의 성직자들과 작가들의 반대에도 불구하고 보통 사람들은 화장한 얼굴을 당연한 것으로 받아들였다. 아름답게 보이고자 하는 여성들의 본능이 바로크의 시대정신과 함께 짧은 시간동안 메이크업의 엄청난 변화를 초래하였고 비현실적인 중세풍의 금욕과 절제는 순식간에 사라지고 여인의 아름다움을 새롭게 평가하기 시작했다. 많은 여자들이 흰 파우더를 쓰는 것을 더 좋아했는데, 상류층의 여자들은 살색(flesh), 핑크의 창백한 메이크업베이스인 백연(분)을 썼다.

화장은 가끔 피부 주름을 가리기 위해 두껍게 발라지기도 했고 화장이 얼굴에만 혹은 얼굴과 목에만 사용되었기 때문에 그 경계선이 뚜렷하게 보였다. 매트하게 화장한 얼굴과 대조되게 에나멜의 번쩍임이 나타나기도 했다. 볼그레한 뺨과 입술이 인기가 있었고 아랫입술은 윗입술보다 커야 했다.

바로크는 현실에 기반을 둔 생명력으로 충만한 '살아있는' 여인을 미인으로 선택한 것이며 짙은 눈썹, 터질듯한 가슴, 통통한 손가락, 풍만한 허리와 둔부 그리고 윤기있는 금발과 화려한 의상과 패물의 장식이 중세의 절제와 균형을 대신했다. 뺨의 연지는 볼의 전면에 넓게 칠했으며 아이섀도는 어두웠다.

또한 17세기초에는 새로운 형태의 음악극인 오페라(opera)가 생겼는데, 오페라는 왕실과 귀족을 위한 새로운 예술로 등장했고 1673년 베니스(Venice)에 일반용 오페라 하우스(Opera house)가 문을 열어 오페라의 대중화가 시작되었으며 프랑스, 독일, 영국 등으로 순식간에 확산되었다.

오페라 하우스는 새로운 대중오락으로서 뿐만 아니라 새로운 유행의 진원지가 되었는데, 20세기초 무성영화가 헐리우드(Hollywood)에서 탄생되고 세계 유행의 발원지가 되는 것과 맥을 같이한다. 오페라 출연 배우는 시민의 우상이 되고 여배우들의 의상, 화장은 새로운 유행이 되었다. 기세페 베르디(Giuseppe Verdi: 1813~1901)의 손에 의해 이탈리아 오페라는 절정에 이르고 무대화장은 더욱 발전되었다.

3. 로코코(18세기)

1) 문화사적 배경

루이 14세가 죽은 후(1715년)부터 약 1세기 간의 18세기는 국제 정치상으로 전반기에 있어서는 프랑스, 영국, 오스트리아 등 세나라가 유럽의 헤게모니(hegemony)를 장악하기 위해서 각축전을 벌이는 한편, 새로운 강대국으로 성장한 프로이센과 러시아가 유럽의 세력모형 속에 뛰어 들어 각각 세력확장과 자기 방어를 위한 최선을 다하였다.

루이 14세의 만년은 거듭되는 전쟁으로 인한 국고의 탕진으로 권력은 쇠퇴해졌다. 베르사이유 궁전의 호화로움, 권력의 압박, 엄한 에티켓 등의 엄격한 생활에 싫증난 사람들은 편안하고 세련된 행동으로 소수의 사람들과 교제를 추구하는 살롱(Salon)문화를 만들었고, 루이 15세 때에는 더 발전하여 로코코 양식을 출현시켰다.

로코코(Rococo)라고 하는 것은 로카일(rocaille)이라 불리는 조개껍질의 세공에서 나온명칭이다. 실내장식과 가구 디자인에서 얻어진 양식으로 조개껍질의 흐르는 듯한 곡선 구성에서 연유되었으며 밝고 화려하며 세련된 귀족 취미의 문화를 가리키는 것이다. 프랑스 혁명까지 계속되는 로코코풍은 말기부터 고전풍의 단순미와 융화되는 변화를 보이는데 18세기 중엽의 폼페이 등의 고대도시 발굴에 대한 관심과 함께 신고전주의라고 불리는 새로운 사조를 형성하였다.

로코코 시대, 18세기 유럽

로코코 살롱, 수비즈 저택의 왕비의 방, 보프랑 설계

로코코 말기에는 프랑스가 문화적으로는 지배적 지위를 갖고 있었으나 정치 경제적으로는 영국이 우위를 차지한 시대였다. 다년간의 해외 식민지를 위한 전쟁에서 영국은 7년 전쟁을 끝으로 프랑스보다 우월한 위치를 차지하게 되었고 산업혁명을 통한 기술과 생산의 혁신적 변화를 겪으면서 자본주의 국가로 발전할 수 있었다.

산업혁명은 영국에서 시작하여 유럽 각국 및 세계의 여러 나라에까지 전파되어 현대인의 물질적 생활을 근본적으로 바꾸어 놓았다. 그리고 합리적이며 질서있고 정의로운 자연법(natural law)인 사상혁명은 18세기에 통해 일어나 과학을 선두로 한 여러 학문분야와 그 밖의 철학과 정치사상에 있어서 비약적인 성과를 가져왔고 그것은 프랑스의 대혁명과 영국의 명예혁명으로 이어지게 되었다.

루이 16세 시대에는 영국에서 발달해왔던 시민복이 산업혁명에 힘입어 귀족들도 입기 시작하여 의상이 점점 실용적이고 간소한 영국풍으로 바뀌어갔다. 1789년 프랑스의 중산층 도시민들은 불평등한 체제를 개혁하고자 하였으며 오랜 전통을 갖는 왕정을 타도하게 되었다.

2) 복식사적 배경

18세기 로코코 모드는 귀부인이 주재하는 살롱문화로 대표된다. 우아하고 섬세한 여성적 취미가 귀족사회뿐만 아니라 경제력을 갖기 시작했던 시민 계급에까지 파급되었다.

남성들의 기본 복식은 코트, 조끼, 바지이다. 코트를 프랑스에서는 쥐스토코르라고 하였다. 쥐스토코르 중 실크나 벨벳 등 값비싼 직물에 금사로 화려하게 수놓아 장식한 것은 아비 아 라 프랑세즈(habit a la francaise)라 하여 프랑스의 가장 공식적인 복식이 되었다. 인포멀 코트로는 프록 코트(flock coat)가 있었는데 노동자계층이 입기 시작하였으

사랑의 고백, 장 프랑수아 드 트루아, 1731

나, 1730년대 이후 신사들이 말을 탈때나 운동할 때 평상시에 편하게 입기 시작하여 모든 경우에 널리 입혀졌다.

코트 안에는 셔츠와 조끼(waist coat)를 입었고, 바지(breeches)는 무릎 바로 아래 길이로 다리통에 꼭 맞게 입었다. 프랑스 상류층에 입는 밀착되는 바지를 퀼로트(culotte)라고 하였다.

아비 아 라 프랑세즈, 퀼로트, Comte de Vaudreuil, Francois-Hebert Drouais 작품, 1758

프록 코트

초기의 남자 구두는 앞부리가 네모난 형으로 버클로 여미게 되어있었으며 1725년경부터는 굽이 아주 낮은 펌프스(pumps)가 유행되었다. 실내용의 슬리퍼, 승마, 사냥, 군대용의 부츠가 있었고 여자들은 중기까지 굽이 높은 신발을 착용하였다. 남자들은 외출 시에 지팡이를 들고 다녔으며 남녀의 토시는 보온의 실용적인 의미와 재력의 표시물로서 허리에 리본 끈으로 매달고 다녔다. 그 외에 부채, 주머니, 패치, 마스크, 손수건, 장갑 등이 애용되었다.

여성의 복식은 17세기말의 버슬 스타일이 유행되었다. 루이 16세 통치기간에는 마리 앙투아네트가 고안한 젖짜는 처녀 옷차림을 연출한 폴로네에즈 가운이 유행하였다. 1790년 프랑스 대혁명 이후에는 인공적인 후프는 없어지고 자연스런 실루엣이 유형하였다. 화가인 와토(Watteau)의 그림에서 유래된 가운의 뒷목 둘레선에 큼직한 두 개의 맞추름이 있는 와토 가운(Watteau gown), 언더 스커트와 오버 드레스가 있고, 속에는 파니에(panier)라는 속치마 받침대를 입은 로브 아 라 프랑세즈(robe a la francaise), 오버 드레스 자락을 위로 걷어 올려 뒷중심과 양 옆에 커다란 퍼프가 모두 3개 형성되는 로브 아 라 폴로네에즈(robe a la polonaise), 마리 앙투아네트가 처음 입은 속에 파니에를 입지 않은 자연스러운 실루엣의 슈미즈 가운(chemise gown) 등이 있었다.

와토 가운, 안도인 와토, 1720

파니에

로브 아 라 프랑세즈, 1760~1770

로브 아 라 폴로네즈, 조지아나 스펜서 부인의 초상, 1770

슈미즈 가운, 바카스 여신으로 변장한 해밀턴 부인의 초상, 1792

로코코를 대표하는 여성들은 프랑스 궁정의 퐁파두르(Pompadour), 두바리, 마리 앙투아네트(Marie Antoinette)이다. 상류 시민 출신으로 뛰어난 미모와 재능을 가진 퐁파두르(Pompadour) 후작부인은 루이 15세의 애첩으로 프랑스의 정치와 문화를 영향력을 행사하였고 1745년에서 1764년에 걸쳐서 로코코를 퐁파두르(Pompadour) 양식이라고 부를 만큼 그녀의 취향은 프랑스 예술 전반에 영향을 끼쳤다. 또한 루이 16세의 왕비 마리 앙투아네트는 18세기 후반을 대표하는 여성이다. 황실 전통 디자이너인 로즈 베르뎅

퐁파두르(루이 15세 정부), 1756

마리 앙투아네트(루이 16세 왕비), 1778

(Rose Bertin)을 기용하여 의복을 만들고 전원생활을 즐기면서 새로운 아이디어를 복식에 도입하여 전 유럽에 유행시켰다.

반면 우아한 살롱 문화의 분위기는 로코코 스타일의 여성복에 집중되는데 꽃, 리본, 루프 등의 흐르는 듯한 장식, 환상적인 대형 머리, 가느다란 몸통, 완전히 부풀린 스커트 등에서 우아한 예술을 만들어냈다. 동양 문화 또한 18세기 복식에 있어서도 영향을 끼친 요소로서 페르시아, 인도, 중국 등의 직물 뿐만이 아니라 건축, 가구, 도자기 등의 예술 작품이 유럽의 예술가들에게 영향을 주었다.

3) 머리 형태

18세기 후반에 들어와서 남성 패션의 가장 중요한 변화는 가발에 있었다. 바로크 시대의 신사들이 대형의 가발을 사용했던 것에 비해 로코코 시대 후반에는 경쾌하고 우아한 모습으로 머리 모양을 꾸몄다.

18세기 초에는 중국을 통해 전 유럽에 전파되어 군인들의 머리형이 되었던 단정하고 편리한 땋은 머리가 일반인에게 보급되었다. 이 머리는 피그테일(pigtail)이라고 하며 본래의 발상은 퉁구스족이나 만주인으로서 17세기 초에 퉁구스의 여진족이 중국 대영토 정복에 성공했을 때, 그들 고유의 풍속인 피그테일(pigtail)을 강요한 것은 유명한 일이다. 17~18세기에 걸쳐 중국은 그들의 예술적 문화로 온 유럽을 매혹시켰다.

또한 머리의 높이를 낮게 하고 뒤에서 한 묶음으로 리본을 매거나, 이 외에 옆머리를 짧게 잘라 비둘기 날개형이나 컬로 다듬고 뒷머리는 크라포(crapaud)라 부르는 검은 타프타 주머니에 넣어 그 윗 끝을 끈으로 조이고 나비 묶음을 한 머리형도 있었다. 이것은 1700년 이전부터 서민들이 사용했던 것으로 1730년대에 들어와서 크라포 부분이 커지면서 품위를 더하여 신사들 사이에서도 유행하게 되었다. 또한 땋은 머리나 주머니 가발, 리본을 그대로 앞으로 돌려 크라바트의 리본으로 묶어 다이아몬드 핀으로 고정시켰다.

17세기의 거대한 가발인 풀 보텀드 위그(full bottomed wig)는 1710년경부터 높이가 줄어들고 길이가 짧아져서 좀 더 편리한 가발이 되었다. 풀 보텀드 위그는 1730년대부터 전문직에 종사하는 사람, 노인, 궁정복에만 이용되고 법관이나 성직자들의 위엄을 위한 것으로만 남게 되었다.

1730년 경에 다시 가발이 유행하게 되었는데 이때 유행한 남자의 가발형을 크게 분류해보면 웨이브와 컬이 있는 형과 머리를 땋아서 리본으로 묶거나 주머니에 넣는 형으로 나눌 수 있다.

카도간 위그(cadogan wig)는 머리를 뒷 중심에서 모아 리본으로 묶고 리본의 나머지 부분을 앞 목에서 브로치로 고정시킨 것이다.

피그테일 위그(pigtail wig)는 길게 땋은 머리를 검정색 리본으로 감아주어 마치 꼬리처럼 보이고 머리 끝과 뒷 목에서 리본을 나비형으로 묶어주었다. 피그테일 위그는 정장이 아닌 복장에 썼고 매우 스마트한 헤어스타일로 간주되었다.

백 위그(bag wig)는 땋은 머리를 검정색 네모난 주머니에 넣고 뒷 목에서 검정색 리본으로 나비처럼 묶어주는 것으로 정장차림에 이 가발을 썼다.

라밀리 위그(ramillie wig)는 머리를 길게 땋아서 뒷 목과 맨 끝, 두 군데를 검정색 리본으로 매어주거나 끝에서만 매어준 것으로 영국의 경우 근위병 장교나 젊은이들이 이 가발을 썼다.

카도간 위그 피그테일 위그 크라포, 백 위그 라밀리 위그

남성의 위그

그 외 까만 리본이 달린 타이 위그(tie wig) 등이 있었다. 이전처럼 복잡하지는 않았으나 종류가 다양해지고 신분과 용도에 따라 여러 가지로 구분되었다.

가발은 루이 16세가 태양왕으로 군림할 때 가장 발달하였고, 머릿 가루는 살롱에서의 에티켓으로 남, 녀, 노소 모두가 갖가지 색의 밀가루를 과도하게 뿌렸다. 가장 많이 사용된 색은 흰색이었으며, 로코코 시대의 방종함과 절도 없음은 이 같은 머릿가루의 사용량에도 잘 나타나서 마침내는 한 해에 200만 파운드의 밀가루를 필요할 정도가 되었다. 1780년경이 되자 머릿가루 사용자는 국민의 식량난을 무시하는 적이라는 낙인이 찍혀 사용을 하지 않게 되었다.

가발의 사용은 프랑스 혁명을 거치는 동안 줄어들어 귀족들도 자기 머리를 기르게 되었고, 목사나 학자 등의 극히 일부 사람만 19세기 초까지 가발을 사용하였다. 가발의 재료는 사람의 머리털이나 소, 염소, 말의 털, 송아지 꼬리, 여우 꼬리, 양모 헤어, 털실, 철사 등이 이용되었다.

모자는 실용성보다는 주로 장식용으로 쓰였는데, 그 중 대표적인 것으로는 모자를 위로 접는 코키드 햇(cocked hat)이 있다. 그 중 트리콘은 테를 말아 올려서 삼각형의 형태를 만든 코키드 햇으로 17세기 말에 나타난 이후 가발에 가장 적당한 모자로 애용되었으나, 루이 15세 때는 낮은 관이 부착되어 가발의 단순한 장식품으로 변형되었다. 또한 바이콘(bicorne)은 테를 반으로 접은 코키드 햇을 말한다. 가발의 유행에 의해 모자는 점점 축소되어 샤포 드 브라(chapeau de bras)라 해서 귀족들이 겨드랑이에 끼고 다녔다. 모자의 테를 접은 코키드 햇은 군인들이 주로 사용했고 일반 남성들은 챙이 평평하고 관이 낮은 언코키드 햇(uncocked hat)과 깃털로 장식한 베레(béret)를 썼다. 비버 햇은 크라운

코키드 햇(tricorne)

코키드 햇(bicorne), 나폴레옹

이 위로 갈수록 약간 좁아지는 형이나 좁은 챙이 달린 것을 썼으며 프랑스 혁명기에는 혁명가들이 프리기아 캡이나 챙이 넓은 펠트모자를 썼다.

18세기의 여자들의 머리모양은 다양한 스타일이 나타났다. 18세기 초까지는 바로크 시대에 유행했던 퐁탕쥬형이 전성을 이루었으나 루이 14세가 사망한 후 퐁파두르(pompadour)형이라는 낮은 머리형이 유행하게 되었다. 이 형은 머리카락을 부풀리지 않고 뒤로 빗어 넘긴 우아하고도 깔끔한 머리형으로 때로는 머리 위에 조화나 다이아몬드, 진주 등의 보석을 박은 리본이나 조화, 금이나 은으로 만든 머리핀, 레이스 캡, 깃털 등의 섬세한 장식을 사용하기도 하였다.

머리 장식으로는 퐁탕주가 없어지자 캡을 썼는데 그 형태와 크기는 여러 가지로, 작은 레이스 캡에서 큰 모브 캡까지 있었다. 비단, 마, 레이스 등으로 만든 작은 레이스 캡은 퐁탕주에서 앞에 높이선 주름 장식을 뗀 것 같은 모양으로 캡의 가장자리는 머리 형태에 맞도록 작은 주름을 잡아 뒤 중심에서 묶었다.

시대의 변천에 따라 이 작은 캡은 점점 커져 모브 캡(mob cap)이 되었는데 이것은 천에 풀을 먹여 레이스나 작은 주름 장식을 붙이고 앞 중심에서 리본으로 묶은 것이다. 이것은 취침용으로도 쓰여져 나이트 캡(night cap)이라고도 했다. 외출시에는 모브캡 위에 크고 넓적한 밀짚으로 만든 모자를 쓰고 그 위로 리본을 둘러 턱 아래에서 묶었다.

1760년경에는 머리형에 변화가 나타나 점차 머리모양이 높아지고 거대해져 갔으며 그 위에 장식을 했다. 여자의 대형 머리를 만드는 데는 두 가지 방법이 있었는데 하나는 짧게 컬 된 머리 속에 패드를 넣고 자신의 머리와 타래머리로 다듬어서 마치 자신의 머리처럼 보이게 하는 것이고 다른 하나는 자신의 머리를 짧게 자르고 그 위에 가발을 쓰는 편리한 방법이었다.

퐁파두르 머리형, 1756

마리 앙투아네트의 커다란 머리형, 1783

레이스 캡, 1720

모브 캡과 밀짚모자, 1740

여성의 머리 형태

이 시대의 취향은 머리형을 예술적이게 하여 로코코의 여왕이라 불리우던 마리 앙투아네트 시대에는 높이와 기교에 있어서 가능성의 극한점까지 도달하였다. 마리 앙투아네트의 머리는 헤어 디자이너 레오나르드 오띠에에 의해 디자인되었고 황실의상 디자이너 베르뎅도 머리형 디자인을 하였다.

모든 계급의 여자들은 여왕의 머리모양을 모방했는데, 그 크기와 복잡함은 상상하기 힘들 정도여서 지나치게 거대한 머리의 높이나 장식 과용은 당시 여자들의 병적인 자기과시를 말해 준다. 머리를 높게하기 위해 캡, 위그, 말털 쿳션, 철사 받침 등의 패드를 머리 위에 얹고 자기 머리로 패드를 덮었으며, 포마드, 밀가루 풀 등을 사용하여 역사상 가장 거대한 머리형을 연출했다.

즉 머리의 높이를 더하기 위하여 가발, 말 털의 쿠션, 철사로 만든 패드 등을 머리 위에 올려 놓고 그 위는 자기 머리로 덮은 것처럼 한 후 뜨거운 인두로 말아 올렸으며 이것을 전분이 들어있는 포마드와 머리분을 발라 전체를 굳혔는데 그 높이는 90cm까지 달하기도 하였다. 머리 위에는 꽃을 장식하거나 베일, 리본, 깃털, 장식용 핀과 빗 등으로 아름답게 꾸며 마치 자기를 살아있는 예술품으로까지 만들려고 하였다. 당시 머리분은 백색, 회색, 밝은 황금색 등을 사용하였으며, 이것은 성장시에 꼭 필요한 것으로 의복의 색과 조화시키기 위하여 세심한 주의를 기울였다.

이 건축적인 머리형을 준비하는데는 오랜 시간이 걸렸기 때문에 귀부인들은 약 10일간, 중류 계급의 여인들은 3개월 정도까지 빗지 않고 그대로 두었으므로 악취를 풍기게 되었다. 그러므로 머리 긁는 도구로 황금이나 상아로 만든 가늘고 긴 빗이나 머리긁기를 가지고 다녔으며 향수도 많이 사용하였다.

과장된 로코코의 머리 장식 풍자화

머리장식의 재료와 명칭은 무한하여 이제까지 사용해 왔던 장식 외에 나무판, 인형, 태양, 달, 별, 심지어는 실물의 과일까지 사용하여 이 배치와 모양에 따라 '아름다운 화원', '사랑의 끈', '여왕' 등으로 이름을 붙였다. 또한 최근에 일어난 사건을 머리장식으로서 표현하기도 하였는데, 예컨대 미국 독립 전쟁 중 승리의 소식이 들리면 '자유'라는 제목의 머리형이 등장하기도 했다. 그 외 유리로 만든 '돛단배', '마차', '병사' 등의 이름이 붙은 거창한 머리장식까지 나타나 사람들을 놀라게 하였고 그 불편한 거동과 외관은 풍속가들의 좋은 화제가 되었다.

지나치게 장식된 머리 형태로 머리쓰개는 별로 중요시 되지 않아 가정에서는 레이스로 만든 작은 캡을 썼고 외출 시에는 머리를 보호하기 위해 부드러운 천으로 만든 대형의 보닛이 레이스, 리본 등으로 장식되어 쓰여졌다. 당시 보닛의 종류는 200여 종이나 되었으며 그 가격은 매우 비쌌다. 또한 폭 넓은 챙을 가진 샤포(chapeau)라는 약식 모자가 1780년대에 유행했는데 이것은 영국의 영향을 받은 것으로 대개 실크나 밀짚으로 만들었고 높은 머리 위에 사용했다. 1780년대 우아한 보닛형의 모자로 포장마차처럼 골조가 있고 섬세한 마직물이나 비단 헝겊을 주름잡아 만든 컬래시(calash)가 있었다. 이 모자는 접을 수 있는 형태로 바람으로부터 공들여 빗은 머리를 보호하기 위한 것이었다.

보닛 이외에 모자도 사용되었다. 1770년대의 것은 작고 둥근 간단한 형태였으나 1780년대에 이르러 점점 커져 어떤 것은 식탁만한 것도 있었으며 넓은 챙은 철사를 끼어 빳빳하게 하여 우아하게 곡선을 그리며 올라갔다. 모자는 주로 면, 비단, 레이스 등으로 만들었다고 하며 크기에 비하여는 가벼웠으리라 생각된다. 1786년경에는 샤포와 보닛의 두 가지를 겸해서 쓴 것도 생겨서 깃털, 리본, 꽃 등의 장식을 하고 베일로 덮기도 했다.

근세

여성의 보닛, 1780

컬래시, 1770~1780

로코코 시대 여성의 모자

세기 말에 이르러 귀족풍의 화려한 의복과 광신적이고도 환상적으로 높이 다듬어진 머리는 프랑스 대혁명에 의한 복장의 간소화와 함께 무너져 모발을 자연스럽게 꾸몄으며 높은 머리는 관중이나 공식적인 행사 때만 하게 되었다. 또한 머리형이 간단해 짐에 따라 유행의 관심은 머리 형태에서 모자 등으로 옮겨져 19세기에는 더욱 다양하게 변화되어 갔다.

4) 화장형태

18세기에는 청순, 간소, 우아하며 기교적인 로코코 양식이 유행하게 되는데, 이는 귀족의 부르주아적 감상과 이국적 취향을 반영하고 있다. 과학의 진보와 함께 예술미가 풍부한 로코코 시대에는 의상뿐 아니라 화장양식에도 실용성과 청결 관념보다는 예술성에 우위를 두었다.

로코코 시대에 이르러 화장품의 제조는 더욱 활발해졌고 화려하고 무분별한 화장은 극에 달했다. 1770년 영국에서는 영국 귀족에 의해 영국 최초의 비누와 화장수회사가 생겼으며 1774년 프랑스 파리에서는 향수와 화장품 가게가 생겼고, 프랑스 남쪽 지중해 연안의 풍부한 꽃 생산지를 중심으로는 향수 제조가 발달했는데, 이밖에도 화장품은 여러 직업에 의해 비전문적인 방법으로 제조되어 마술적인 처방과 함께 선전되었다.

그리고, 18세기 유럽의 지나친 화장은 남녀 귀족 모두에게 유행하여 화장을 하기 전과 후의 모습이 다르게 보이는 분장의 수준이었는데, 남성도 백납분을 하얗게 바르고 볼과 입술에 루즈를 발랐는데 얼굴의 건강하고 자연스러운 홍반보다는 인공적인 붉은 화장이 선

플럼퍼

마리 앙투아네트, 1785

패치

호되어 백분을 먼저 바르고 그 위에 빨강을 바르는 붉은 화장법은 18세기말까지 계속되었다. 또한 눈썹은 검게, 혈관은 아름다운 푸른색으로 치장하였으며 패치를 붙이는 것도 매우 유행하였다. 패치는 둥근 모양 외에도 별, 십자가, 색색의 동물형들이 사용되어졌는데, 표면에 고무를 입혀 방수한 검은 견, 또는 종이의 작은 조각이 이용되었고 귀부인들은 여기에 다이아몬드를 박기도 하였다. 가면은 18세기 후반까지 사용되었는데, 가면 위에도 패치가 사용되어 패치의 사용은 극치를 이루게 되었다.

또한 눈빛을 촉촉하게 보이기 위해 가지과에 속하는 식물인 벨라도나(belladona)의 즙으로 동공을 확대하기도 하였고 쥐의 피부로 인조 눈썹을 만들어 아교로 붙였으며 이가 빠져 뺨이 들어간 부분에는 플럼퍼(plumper)를 넣어 뺨을 통통하게 만들었다. 또한 영국 여인들은 적색황화수은으로 안료를 만들고, 백납으로 흰색 분을 만들었으므로 이러한 화장품의 유해한 성분 때문에 일어나는 피해가 속출하였다.

남성들도 여성과 마찬가지로 백납분을 사용하여 얼굴을 희게 가꾸었고 볼과 입술에 루즈(rouge)를 칠한 후 뺨에는 패치를 붙였는데, 이런 남성이 세련된 신사로 간주되었다. 색채에 있어서도 경박한 향락이 유행하여 창조적인 충동을 나타내는 혼합색인 엷은 자주와 어두운 노랑, 엷은 장미빛, 바랜 초록색 등이 선호되었다.

이러한 지나친 사치 풍조에 대해 영국의 잡지에서는 화장한 여인들을 채색된 그림이라고 비난했으며 영국 국회는 규제를 만들기도 했다. 1789년에 발발한 프랑스 혁명으로 인해 귀족사회가 붕괴되어 건강함과 자연스러운 아름다움이 강조되는 메이크업으로 변환되어 18세기 말에는 백납분이나 벨라도나, 적색황화수은 대신 붉은 포도주의 찌꺼기나 장미 꽃잎에서 추출된 붉은색 등의 자연적인 색채의 메이크업 용품이 나타나게 되었다.

Ⅳ. 근대(19세기)

1. 엠파이어 시대(1799~1814)

1) 문화사적 배경

나폴레옹 시대라고 불리는 1799년부터 1814년까지의 유럽의 역사는 프랑스의 역사라고 할 수 있다. 프랑스혁명 이념은 프랑스의 실제적인 정치상황에 적용되어 제도로서 확립되었으며, 나폴레옹의 다양한 전쟁의 승리로 프랑스혁명이 유럽 각지에 전파되면서 프랑스에 국한된 지역적인 것이라기보다 전 유럽에 걸쳐진 일반적인 현상이 되었다. 19세기 전체를 통하여 구질서의 보수파와 신이념의 개혁파 사이에 투쟁이 계속된 결과 거의 모든 유럽지역에서 혁명이 승리하였다. 오늘날 프랑스 대혁명이 내세운 자유, 평등, 박애의 정신은 여전히 정치, 사회철학으로서 민주주의 체제의 기본이 되었다.

19세기 유럽

나폴레옹 황제, 1812

나폴레옹 대관식, 1807

미국과 프랑스 혁명이 일어나고 있을 무렵, 영국에서는 산업상의 큰 변혁이 시작되고 있었다. 이 산업혁명은 자본주의를 완성시키고 농업적이던 유럽사회를 산업사회로 전환시킴으로써 유럽의 경제와 사회, 정치에 큰 영향을 미쳤다. 영국의 산업혁명은 제일 먼저 면방적업(cotton spinning)과 광업에서 시작되었다. 인도산 면직물 수입으로 하층민도 면직물을 쉽게 사용할 수 있었다. 또한 기계의 발명 또는 개량은 면직물에 대한 방적, 방직 기술을 향상시켰다. 면직물 공업에서의 기계 등장, 동력으로서 증기기관의 이용은 근대적인 공장 출현과 생산 양상을 변화시켰고 제철공업에 있어서도 각종 발명과 기술의 혁신으로 모든 분야에서 진보가 현저히 나타났다. 또한 교통 수단의 혁신은 도로와 운하의 발전을 가져와 근대산업에 필요한 원료 및 생산품의 빠른 수송으로 시장이 발달하였다. 교통수단의 혁신에 이어 통신기관에도 혁신적인 발명이 있었으며 우편제도 및 전화의 발명으로 파급되었다.

19세기의 유럽문화는 성숙단계에 접어들면서 다양한 발전상을 보인다. 다양하고 화려한 문학과 예술을 꽃을 피우게 되었고 자유주의, 민족주의, 사회주의 등 현대사상의 큰 조류가 형성되어 발전하였으며 그 외에 자연과학 및 근대적인 학문의 발달도 현저하였다.

2) 복식사적 배경

19세기에는 산업혁명의 완성기로 왕실과 귀족 중심의 궁중 패션이 일반 시민의 대중적인 패션으로 전환되었다. 엠파이어 스타일 시대는 나폴레옹 황제가 즉위하여 통치하였던 시기이다. 나폴레옹의 정복 활동으로 국력을 다시 키운 프랑스는 고대 복식의 실루엣이 다시 복식에 활용되었고, 프랑스 혁명 이전과 같이 부르주아 계급의 권리가 보증되었다.

테일 코트(저녁)

프록 코트

색 코트

모닝 코트

노퍽 재킷

오버 코트

19세기 남성의 복식은 공식적인 이브닝 웨어인 허리선이 잘리고 뒤가 갈라지는 연미복인 테일 코트(tail coat), 허리선까지 몸에 꼭 맞고 허리선부터 퍼지는 프록코트(frock coat), 오늘날 테일러드 재킷과 유사한 색 코트(sack coat), 비공식적인 일상복이었던 앞쪽이 사선으로 내려가고 뒤가 갈라지지 않는 모닝코트(morning coat), 스포츠 재킷인 노퍽 재킷(norfolk), 커다란 오버코트(over coat) 등이 있다.

남자들은 부츠를 많이 신었고 정장용으로는 슬리퍼형의 구두가 애용되었으며 여자들은 힐이 없는 가벼운 슬리퍼가 유행하였다. 대표적인 액세서리로는 시계줄 장식, 장갑, 지팡이, 파라솔, 토시, 비단 백 등이다.

슈미즈 드레스,
나폴레옹비 조세핀 황비, 1808

슈미즈 드레스,
밀스 몰리엔(Miles Mollien), 1811

신고전주의(Neoclassism)이라고도 하는 이 시기에 여성들은 황비 조세핀에 의해서 흰 머슬린의 얇은 하이 웨이스트의 슈미즈 드레스가 유행되었다. 자연으로의 귀향을 주장하여 콜셋, 빠니에 등으로 몸을 조이지 않고 팔을 드러내놓으면서 신체의 선이 투명하게 보이는 듯한 드레스를 여자들이 가장 선호하였다.

이와 같이 매우 얇은 로브 위에는 외의로 캐시미어 쇼올을 걸쳤으며 이는 로마시대의 스톨라와 팔라를 연상시키는 것이었다. 1812년 경부터 나폴레옹 제정이 몰락하기 시작하면서 복식도 사회의 불안한 상태가 반영되어 말기적인 스타일이 나타나게 되고 1820년 경이 되면서 혁명을 모르는 젊은 세대들이 복장의 유행을 주도해가면서 전환기를 맞게 되었다.

3) 머리 형태

19세기 초 남자의 머리형은 로마인 같이 보이려는 스타일이 유행하여 부루터스 커트(brutus cut: 부루터스는 고대 로마의 정치가로 캐사르의 암살주모자임)라고 하는 짧은 머리형이 유행이었다. 앞머리를 짧게 자른 뱅(bang) 스타일은 나폴레옹의 헤어스타일에서 볼 수 있다. 남자는 관이 높은 검정색이나 회색 모자를 많이 썼는데 정장에는 비버햇이나 바이콘햇(bicorne hat)을 썼다.

여자의 머리 형태와 장식은 19세기 초 나폴레옹 대관식 이후 엠파이어 스타일로 복식의 실루엣이 심플해짐에 따라 점차 낮아지고 간단해지기 시작하였다. 18세기 말 이후 머

남성의 머리 형태, 1805~1810

티투스 커트, 레카미에 부인의 초상,
Jacques-Louis David, 1800

포크 보닛, 19세기 전반

리를 짧게 깎아 티투스(Titus: 로마 제국의 10대 황제 이름)형으로 하거나 곱슬거리는 컬을 부분적으로 늘어뜨리고 머리를 뒤쪽으로 높게 치켜 빗고 리본으로 묶는 그리스 시대의 헤어스타일이 유행하였다.

한편, 이렇게 간단한 머리 형태와는 별도로 가발도 많이 사용되었으며 머리에는 염색을 하고 또 여러 가지 색깔의 머리분도 발랐다. 당시의 머리분의 색깔은 흐린 핑크가 가장 유행되었으며 이외에도 회색, 청색, 보라색 등도 사용했다.

머리 쓰개로는 가정에서는 주로 새틴, 레이스 등으로 만든 모브 캡을 썼다. 보닛과 모자는 전 시대 보다 크기가 작아졌으며 또한 이때부터 머리에 묶는 위치에 따라 보닛과 모자가 구별되어 턱 아래에서 묶는 것만을 보닛이라고 했다. 보닛의 크기와 형태는 여러 종류로 머리에 꼭 맞게 써서 머리카락은 거의 보이지 않았다.

당시 가장 유행되었던 보닛은 포크 보닛(poke bonnet)으로서 그 형태는 앞 챙이 돌출한 특징을 가졌으며 주로 새틴, 머슬린, 레이스, 벨벳, 비단 등으로 만들었다. 여기에 조화나 리본 등으로 예쁘게 장식하였으며 겨울에는 털을 달기도 하였다. 이 외에 작은 터번도 유행하여 깃털로 장식된 터번, 리본이나 꽃 등으로 장식된 밀짚 터번 등이 쓰였다. 또 얇은 긴 베일을 머리 위에 써서 가슴 앞으로 길게 늘어뜨리기도 했다.

4) 화장형태

19세기 초기에 들어오면서 프랑스 혁명과 자연주의 사상의 대두로 인위적이로 유해한 화장품의 과도한 사용을 자제하려는 분위기가 확산되었고, 19세기 산업혁명으로 화학분야도 급속히 발전하여 화장품 성분과 제조술이 개선되고 품질이 개량되었다.

조세핀 드 보아르네, 1763~1814

엠파이어 시대 패션리더는 나폴레옹 1세 황제의 아내인 조세핀 드 보아르네(Josephine de Beauharnais, 1763~1814)로서 이 시대 여성들은 그녀를 본받아 화려한 분위기를 자아내기 위해 얼굴은 하얗게 하고 붉게 볼터치를 하였으며, 갈색의 자연스런 눈썹과 주황빛의 진하지 않은 입술화장을 하였다.

조세핀은 미망인이었으나 미인이었고 사교계의 여왕이었다. 6살 어렸던 나폴레옹이 그녀를 사랑하게 되면서 나폴레옹의 미래를 보고 나폴레옹과 결혼하였으나 그를 사랑하지 않아 바람을 피웠다고 한다. 사치벽이 심했고, 빚도 많이 졌는데, 오히려 이런 것 때문에 당대의 유행을 선도하였다.

조세핀이 바람을 피우는 것을 안 나폴레옹이 화를 내었고, 그녀에 대한 사랑이 식어갔으나, 그녀는 그때부터 나폴레옹을 사랑하게 되면서, 바람기를 사죄하고 이후 정숙한 아내로 살았다. 그러나 전남편과의 자식은 있으나 나폴레옹과의 자식이 없자 결국 이혼당하게 되었다. 그러나 나폴레옹은 조세핀에 대한 재정적 지원은 충분히 해주었다. 이후 나폴레옹은 오스트리아 황녀 루이즈와 재혼한다. 그러나 나폴레옹을 완전히 정복한 여성은 조세핀 밖에 없다는 말이 나올 정도로 나폴레옹은 그녀를 사랑했고, 조세핀의 패션 감각은 여러 여인들에게 영향을 주었다.

2. 로맨틱 시대(1815~1850)

1) 문화사적 배경

루이 18세(루이 16세의 남동생)

로맨틱 스타일 시대는 프랑스의 나폴레옹이 실각하여 추방당하고 루이 18세에서 샤를르 10세와 루이 필립으로 이어지는 왕정으로 되돌아간 시기이다. 영국은 1837년 빅토리아 여왕이 즉위한 후 건축, 미술, 가구, 의상에 있어서 위대한 빅토리아 시대가 개막되었다.

유럽의 여러 나라들은 혁명에 의한 정치적 사회적 개혁이 계속되었고 작가나 예술가들의 활동이 대중의 의식에 영향을 주었다. 영국의 시인 바이른(Byron)은 혁명에 참여하였고 찰스 디킨스(Chales Dickens)는 소설 속에서 가난한 공장노동자들의 비참한 삶을 묘사하였다.

유럽 사회는 정치적인 혁명에 의해 사회전반의 급진적인 변화를 겪으면서도 정서적으로는 상반되는 감성중심의 낭만주의가 싹트게 되었다. 이와 같은 사회적 정치적 격동 속에서 시인과 음악가 미술가들은 낭만주의의 새로운 표현양식을 전개시켜 나갔다. 시인 워즈워드, 키이츠, 쉘리, 바이른 그리고 소설가 월터 스코트(Walter Scott)경은 영국의 낭만주의 문학을 주도하였고 독일의 하이네, 프랑스의 빅토르 위고는 문학사상과 사회풍조에 크게 영향을 끼쳤다. 영국의 젊은이들은 월터 스코트의 소설에 나오는 주인공(Amy Robsart와 다른 주인공들)과 같은 옷차림을 모방하여 스코틀랜드 체크무늬의 드레스가 크게 유행하였다.

낭만주의는 문학뿐만아니라 음악에서도 베토벤, 슈베르트와 같은 대가들이 낭만음악을 창시하였고 건축에서는 중세 고딕양식이 부분적으로 부활하였다. 낭만주의 사상은 인간이 충동에 따라 자연스럽게 행동하는 것, 야성적인 것, 억제되지 않는 것 등을 강조하였다. 따라서 과장된 정서적 표현이나 지나친 감상은 자제를 잃고 바른 판단을 저해하는 요인이 되었다.

자본주의 사회에서 자산을 모은 부유한 시민계층은 1820년대부터 혁명기에 열을 올렸던 정치에는 관여하지 않고 문학, 음악, 미술에 몰두하면서 사회전반의 낭만적인 분위기가 고조되어 무도회, 오페라 관람이 성행하였다.

2) 복식사적 배경

1820년 경부터 네오 클래시즘에 대한 반항으로 로코코의 경향이 다시 일어났다. 부르주아 기반 위에 서게 된 왕권복고기 초기이며 나폴레옹 정권이 실각당하면서 시작된 시대를 말한다. 부르봉 왕조를 계승하는 루이 18세(재위, 1814~1824년), 샤르르 10세(재위, 1824~1830년)에서 7월 혁명에까지 프랑스는 왕정과 구귀족의 반동 세력이 강화되는 시기이다.

혁명을 모르는 젊은 세대들은 역사적인 감상을 16세기 르네상스 시대로의 기본적인 실루엣으로 돌려 화려하고 부풀림이 많은 소매, 환상적이고 과장된 칼라 등이 새로운 모드로 등장하면서 의상에는 복고조가 나타났다.

남자들은 어깨가 넓어 보이는 양의 다리형 소매, 조끼의 라펠과 목에 감은 크라바트에 의해 상체에 볼륨을 나타냈다. 코트는 테일코트(tail coat)와 프록코트(frock coat)를 많이 입었고, 조끼, 셔츠, 크라바트를 입었다. 바지는 무릎길이의 브리치스가 없어지고 긴 길이를 입게 되었다. 코트는 그레이트 코트(great coat), 박스 코트(box coat), 체스터필드 코트(chesterfield coat) 등을 입었다.

로맨틱 가운(X-letter style)

여성들은 웨이스트 라인이 제 위치로 돌아왔고, 스커트의 옷자락이 넓어지면서 페티코트를 다시 입게 되었다. 허리를 가늘게 하는 콜셋의 유행과 함께 옷자락은 주름장식, 레이스, 리본, 조화, 자수 장식 등으로 화려하게 장식되었다. 1830년대 부인들은 신로코코의 스타일로 넓어진 스커트를 위해 7장의 페티코트를 입었다. 1840년대는 어깨를 넓게 보이려고 소매를 과도하게 부풀려 X자형의 실루엣이 되도록 하였다.

남자들은 부츠와 앞부리가 네모난 구두를 신었고, 여자들은 힐이 없는 발레 슬리퍼를 신었다. 지팡이와 파라솔, 토시, 에이프런, 가장자리에 레이스 장식이 있는 손수건이 액세서리로 사용되었다.

3) 머리 형태

1825년경부터 혁명에 의해 겨우 싹이 튼 고대풍의 양식은 귀족세력의 부활로 다시 로맨틱한 귀족풍의 복식이 재현되었다. 여인의 연약한 표정에 크게 부풀린 의복을 입은 자태에 다시 아름다움을 느끼기 시작하여 가는 허리를 강조하고 스커트를 확대시켰다. 이 시대의 이러한 낭만주의는 머리 형태와 머리장식에도 나타났다.

남자들의 실크햇은 크라운의 높이와 챙의 폭이 해마다 변하였는데 이 시기에는 크라운의 높이가 굴뚝처럼 높아졌다. 챙의 넓이는 그다지 변하지 않았고 챙이 위로 말려 올라간 모양이나 편평한 모양을 1850년대 남성들은 좋아하였다. 챙이 아주 넓고 관이 캡 모양으로 둥글고 부드러운 펠트 모자는 농부들이 주로 썼다.

실크햇

보닛, 19세기 전반

아폴로 놋

여성의 머리 형태, 1833

소시지 컬, 1837

여성의 보닛과 모브캡, 1843

여성의 머리장식품, 1848

여성들의 머리 형태는 고전적인 머리 형태는 없어지고 머리의 양 옆이나 뒤에 가발을 붙여 크게 결발을 했다. 그 형태는 여러 가지로 대표적인 것은 가르마를 타서 양쪽 옆머리가 관자놀이로부터 둥근 롤을 만들어 볼로 내려와 양쪽 귀를 덮는 것, 뒷 머리를 땋거나 꼬아서 위로 고정시킨 것 등이 있었다. 이 외 머리를 높이 올려 큰 빗으로 고정시키고 꽃, 깃털, 등으로 장식하는 정교한 아폴로 놋(appollo knot)을 하거나 좋아하는 형태의 가발을 쓰기도 했다.

이렇게 복잡한 머리가 유행됨에 따라서 여러 가지 모양의 머리 핀과 빗이 사용되었다. 특히 빗은 금이나 에나멜 등으로 크게 만들어 실용적인 것 이외에 장식품으로 쓰이기도 하였다. 이 외 이마 양쪽에 곱슬거리는 가발을 달고 레이스, 리본 등으로 아름답게 꾸며 밝고 화려한 분위기를 나타내었다.

비비 보닛, 1834~1838, 1842

1840년대 이후에는 가운데 가르마를 타고 양쪽에 소시지 컬(sausage curl)이라는 귀를 덮고 뒤통수에는 둥글게 뒷머리를 말아 붙인 스타일이 유행하였다. 여기에 꽃을 달아 장식하기도 하였다.

이 외 깃털, 조화 또는 금이나 은으로 만든 망을 장식품으로 사용했다. 낮아진 머리에 따라 보닛과 모자의 크기와 장식은 감소되었다. 즉 모자는 앞 챙이 좀 더 짧아지고 약간 뒤로 쓰여져 앞 부분의 머리카락이 보였으며 챙에는 흑색이나 백색의 레이스 베일이 일종의 장식으로 어깨에 늘어뜨려졌으며 이 모자 안에는 전 시대부터 사용되었던 백색 모브 캡을 썼다. 모자의 재료는 주로 밀짚이나 튤, 사, 크레이프 등으로 만든 것이 가장 많았으며, 레이스, 베일, 깃털 등으로 장식했다. 이 외에 전시대의 포크 보닛에 이어 비비 보닛(bibi bonnet)이 유행했다. 이것은 종, 횡으로 길게 또는 넓게 만들어 턱 아래에서 묶었으며 여기에 작은 조화나 레이스의 주름으로 얼굴을 둘렀으며 1870년대까지 유행하였다.

4) 화장형태

프랑스는 루이 18세, 샤를르 10세, 루이 필리프 1세로 이어지는 왕정복고시대였으며, 영국은 1837년 빅토리아 여왕이 직위하였다. 프랑스는 나폴레옹 1세가 실각되고 왕정복고가 이루어지면서 표면적으로는 평온하였으나 왕이 자주 바뀌고 혁명이 일어나면서 정치적으로는 안정이 되지 않는 시기였다.

이 시대에는 왕정복고로 과거 귀족들의 영광을 다시 재현하고자 하는 조류가 강하여 의상이 화려해지고 머리모양도 커졌다. 머리모양은 소시지 컬과 같이 여성스럽고 로맨틱한 스타일이 인기 있었다.

로맨틱 시대는 감성적이고 이상주의적인 미학을 강조하는 시대로 이 시기 화장법은 감성적인 미와 우아함을 반영하여 자연스럽고 부드러운 아름다움을 추구했다. 피부는 밝고

레오폴 1세의 아내 오를레앙의 루이즈마리, 1812~1850

깨끗한 느낌을 중요시했으며, 자연스러운 혈색을 강조하기 위해 분홍색이나 복숭아색의 블러셔를 사용했다. 눈은 과도하게 강조하지 않았지만 가벼운 색상으로 음영을 넣는 것이 일반적이며 입술은 빨간색이나 핑크색으로 강조하였다.

화장은 프랑스 공주였다가 벨기에 레오폴드 1세의 왕비가 된 오를레앙의 루이즈마리의 초상화를 보면 흰 얼굴에 밝은 갈색의 눈썹, 붉거나 갈색의 아이섀도, 연한 주황빛이나 갈색의 입술, 주황이나 분홍빛의 볼터치로 전반적으로 붉은색의 색조화장을 한 것으로 보인다.

3. 크리놀린 시대(1848~1870)

1) 문화사적 배경

나폴레옹 3세(나폴레옹 1세의 조카)

크리놀린 스타일시대는 프랑스의 루이 나폴레옹 3세가 초대 대통령과 황제로 즉위한 1848년부터 1870년대까지를 말한다. 나폴레옹 3세는 나폴레옹 1세의 업적을 회상하는 국민들의 기대에 부응하기 위해 전쟁수행과 식민지 개척 등 전쟁수행과 식민지 개척 등을 이어 나갔다. 1855년 파리 세계 박람회의 개최는 루이 14세 이후 프랑스가 다시 한번 예술 공업 외교의 중심지임을 과시하는 것이었다.

1848년에서 1870년에 이르는 기간 동안 독일과 이탈리아의 민족적 통일에서 실현된 내셔널리즘의 승리는 전 유럽에 혁신적인 정치적 발전을 가져왔고 아메리카 대륙에서는 남북전쟁(1861~1865년)의 결과 중산층의 힘이 자라나고 값싼 노동력과 기계에 의한 산업발달이 진행되었다. 영국은 빅토리아 여왕의 재위기간(1837~1901년)동안 경제적인 대국으로 발전하였고 부르주아 계급이 정치적인 영향력을 구사하게 되었다.

과학기술의 획기적인 발달과 생활수준의 향상은 사상적으로 낭만주의에서 리얼리즘 시대로 이행시키는 요인이 되었다. 상류계층에서는 계절따라 산이나 해변으로 놀러다니는 풍습이 생겨나고 등산, 경마, 스케이팅 등 운동을 즐기면서 스포츠용 의복이 발달하였다.

재봉틀의 발명은 1850년대 이후 의상에 직접적으로 영향을 미친 커다란 사건이었다. 1855년이후 재봉틀의 대량생산이 가능해지면서 손바느질은 차츰 사양길에 접어 들었다. 재봉틀의 발명은 의복 디자인에도 영향을 미쳐 손바느질로는 어려운 턱, 주름장식 등이 의복에 많이 이용되었다.

이 시대 의상의 유행에 뚜렷하게 기여한 인물은 루이 나폴레옹과 결혼한 스페인 출신 유제니(Eugfnie) 왕비와 영국인으로 파리에 의상점을 처음으로 개업한 찰스 워스(Charles Worth)이다. 유제니 왕비는 타고난 아름답고 우아한 매력으로 해서 많은 추종자가 왕비를 모방하였으므로 루이 나폴레옹 통치기간 동안 왕비는 직접 의상유행에 커다란 영향을 주었다. 유제니 왕비의 전속 의상제작자인 워스는 의상 디자인에 뛰어난 재능을 지녀 프랑스 리용의 직물공업의 부흥에 한 몫을 하였다.

여성의 머리 형태와 햇, 1870년대

로 자연스럽게 늘어뜨리는 형이 유행하였다. 1860년대 일반 여성들은 유제니 황비와 같은 붉은색 머리색을 만들기 위해 머리염색약과 탈색제를 사용하였다. 당시 유행하였던 머리 장식품은 계절과 의복의 색채에 따라서 비단, 벨벳, 리본, 레이스, 깃털 등으로 화려하게 장식했으며 이 외 머리빗, 생화, 조화도 사용했다. 이렇게 다양한 머리 장식품은 젊은 여성들에게 유행되었다.

가정에서는 주로 작은 레이스 캡을 썼으며 외출 시에는 작은 모자나 보닛을 썼다. 밀짚이나 벨벳, 실크 등으로 만든 보닛은 전보다 크기가 작아지고 형태도 변하였으며 최대한 머리 뒤로 써서 머리카락이 많이 보였다.

4) 화장형태

프랑스는 루이 나폴레옹 3세가 쿠데타로 제정을 복구하여 제2제정 시기가 되었다. 이 기간동안 파리는 대로와 광장, 공원 등 도시계발계획을 하여 거대 도시로 탈바꿈을 하는 중이었고, 호화로운 황실 행사와 롱샹경마장의 사교모임, 국제 박람회 등이 이어지면서 프랑스혁명 이후 주춤했던 럭셔리 취향이 부활하였다.

19세기 중반부터는 화학과 기술의 발달로 향수는 여전히 애용되었으나 두꺼운 화장은 연극이나 무대에 한정되었고, 일반여성들은 화장하는데 있어 위생과 청결을 중요시 여기

유제니 황후, 1826~1920

프랑스 유제니 황후와 그녀의 시녀들, Franz Xaver Winterhalter, 1855

게 되었는데, 주택들에 샤워실 또는 목욕실이 갖추어지면서 목욕하는 횟수도 많아졌다.

흰 피부를 선호하여 여인들은 햇볕에 그을리지 않도록 얇은 베일을 썼으며 미용팩과 필링효과가 있는 향유, 카카오 기름, 고추냉이 기름 등을 이용하였다. 또한 1829년 프랑스에서는 겔랑(Guerlain)이, 1852년 영국에서는 베샴(Beecham)이, 1886년에는 미국의 헤리엇 험버드(Harriet Humbard)가 현대적 의미의 화장품을 제조하게 되었다.

영국, 빅토리아 여왕, 1819~1901

이 시대의 패션리더는 루이 나폴레옹 3세 아내인 유제니(Eugenie de Montijo, 1853-1670) 황후이다. 그녀는 찰스 프레드릭 워스(Charles Frederic Worth)를 궁정 쿠튀리에에 임명하는데, 이때부터 워스는 진정한 의미의 첫 번째 쿠튀리에로서의 지위를 확보하며 파리 오트 쿠튀르의 아버지로 불리게 된다. 또한 유제니 황후는 한 번 입은 옷은 다시 입지 않아 여행할 때 300벌의 옷을 가지고 가기도 했다는데, 이 때 옷을 넣은 가방이 루이비통이었다고 한다.

유제니 황후는 피부 미백과 노화에 대해 상당히 신경을 쓰며 모든 비책을 사용했다고 한다. 유제니 황후의 초상화를 보면, 갈색의 눈썹화장을 사선으로 아래로 처지게 그리고, 볼터치가 거의 보이지 않을 정도로 약해졌고, 옅은 갈색의 입술을 한 것을 볼 수 있다.

영국의 빅토리아 여왕(Victoria, 1819-1901)은 1861년 남편이 죽자 상심하여 화장을 안하게 되었는데, 이런 여왕의 파리한 모습이 오히려 유행이 되어 창백하게 보이게 하기 위해 비소로 얼굴을 표백하였고, 파운데이션은 얼굴의 결점을 보완하는 정도로 사용했으며, 야외에서는 찰필로 눈을 크게 그렸고 화장의 색조는 자연스럽고 가벼운 정도로 터치했다. 품위있는 예술적인 분위기를 자아내기 위해 창백하고 초췌한 모습으로 납빛 안색에 볼을 움푹 들어가게 하는 모습이 유행하였다. 그래서 얼굴빛도 빈혈이나 폐결핵에 걸린 것처럼 만들기 위해 누렇고 푸른 계통의 색으로 꾸몄다. 또한 마르고 연약해 보이기 위해 레몬과 식초만을 먹고 밤 늦게까지 책을 읽었다.

4. 버슬(Bustle) 시대(1870~1909)

1) 문화사적 배경

티에르 대통령

1870년부터 1914년 제1차 세계대전이 일어나기 전까지 표면적으로는 큰 전쟁이 없이 평온하였던 시대이다. 영국은 빅토리아 여왕시대의 연속과 에드워드 국왕시대(1901~1910년)로 식민지 개척에 앞장서 해가 지지 않는 나라로 최대의 번영을 누리던 때이다. 이탈리아와 독일이 통일을 이룩하여 열강에 참여하였고 아메리카 대륙에서는 산업사회로의 발전과 공황을 겪으며 새로운 전통 확립에 부심하였다. 프랑스는 티에르(Adolphe Thiers)가 1871년 프랑스 공화국 제2대 대통령에 취임하였다.

서유럽에서 산업화가 빨리 이루어진 나라는 영국, 프랑스, 독일로 이러한 강대국들은 산업발전에 의한 새로운 시장개척과 원료공급의 확보를 위해 식민지 쟁탈에 나서게 되었다. 따라서 유럽 강대국들은 제국주의 정책에 있어서 경제적 이해관계를 외교적으로 조정하여 세력평형을 유지하게 되었고 이로써 잠정적인 평화의 시대가 열렸다. 유럽 강대국들의 경제적인 풍요는 복식에 있어 물질주의와 향락적인 취향을 가져왔다.

1870년대 산업의 발전이 비약적으로 이루어져 생활의 변혁을 가져왔으므로 제2차 산업혁명이라고 부른다. 그 시기에 인공염료와 레이온 등이 대량생산되었다. 19세기에는 지나친 낭만주의적 감상에 대한 반발로서 출발한 리얼리즘이 사회를 비판하고 고발하는 건전한 운동으로 발전하여 이러한 사상을 담은 문학작품들이 시대사조에 영향을 주었다.

프랑스에서는 인상파 화가들의 활동이 예술에 기여한 바가 컸으며, 건축분야에서는 1880년에서 1890년 사이에 유럽과 미국의 건축가들이 현대사회에 알맞는 건축물을 설계하려는 노력을 기울인 결과 기능주의라는 새로운 건축운동이 일어나 르네상스 이후 주목할 만한 건축양식을 만들어내어 크로미윰, 유리, 강철, 콘크리트 등의 현대적인 재료를 구사한 효율적인 건물을 짓게 되었다.

이와 같은 새로운 건축소재의 개발과 현대생활에의 적응은 의복의 구조와 기능성에 대해서도 영향을 주었다. 산업발전의 결과 여성들도 가정생활 외에 직업을 갖게 되었으므로 직장여성의 증가로 거추장스런 드레스 대신 테일러드 슈트가 인기있는 의복이 되었다. 또한 여유가 생긴 중산층은 테니스, 크로켓, 자전거타기, 수영 등의 스포츠를 즐겼으므로 운동하는 데 적합한 의복의 개발에 주력하게 되었다.

2) 복식사적 배경

나폴레옹 3세의 퇴위로 제2제정시대를 마친 프랑스는 정무장관 티에르가 대통령으로 취임하면서 공화정시대를 맞이하였다. 파리 코뮌의 혁명이 실패한 후 왕당파와 공화당파의 대립이 계속되면서 부르주아 계층이 프랑스 공화정치의 기초를 세우게 되었다. 이런 변동기를 맞이하면서 한때 영국으로 옮겨졌던 1870년대의 모드는 다시 파리를 중심으로 엘레강스한 분위기의 문화를 형성하였다. 1870년대의 산업발전은 제2차 산업혁명으로 인공염료와 레이온(rayon)등이 대량 생산되면서 옷감의 종류와 색상이 다양해졌다.

남성복은 1870년대에 들어서면서 한층 더 간소화되는데 산업혁명시대에 어울리는 실용적이고 정형화된 것으로 수수하게 만들어지면서 오늘날의 남성복 모드의 기초를 이루었다. 남성복은 기성복이 널리 보급되었다. 현대 남성복과 거의 비슷한 색 슈트(sack suit)나 턱시도(tuxedo) 등 디너 자켓이 나왔다. 1895년대 프랑스 남성의 전형적인 옷차림은 체크무늬 바지에 모닝 코트를 입고 크라운이 높은 실크햇을 쓰고 지팡이를 드는 것이다. 디토 슈트가 소개되면서부터 코트는 슈트(suits)로 불리게 되었다. 남성들은 코트, 조끼, 셔츠, 타이, 바지, 외투를 입었다.

1870년대부터 일어나던 여성 모드의 주류는 버슬 스타일로 빠니에를 이용하여 허리 뒤에서 드레스의 자락을 높이 끌어올리는 모양이었다. 1880년대 중기의 모드는 간소화되고 합리적인 근대 스타일로 전환되어 상체에 딱 맞는 테일러드 슈트가 유행하였다. 일부 계층에서 생활화된 스포츠는 여성복의 기능을 촉진하였으며 재봉틀의 보급과 대량생산에 의한 천의 가격인하, 민주사회의 확대로 1880년대 말 패션 잡지에 집에서 옷을 만들 수 있는 페이지가 생기게 되었다.

버슬 스타일, 1870

3) 머리 형태

1879년에 버슬이 유행하면서 남자들의 머리카락 길이는 더욱 짧아지고 콧수염과 턱수염을 기르는 것이 일반적인 경향이었다. 카이저(Kaiser : 독일어로 황제라는 뜻)이라는 이름이 붙은 양끝이 위로 말아 올라간 콧수염은 염색을 하거나 왁스를 바르는 등 손질을 하여 사용했다. 남자 모자는 실크 햇을 정장에 썼으며, 중절모자는 일상복에, 밀짚으로 된 모자나 캡 형태의 모자는 스포츠용으로 썼다.

여자들은 버슬이 유행함에 따라 머리 형태와 머리장식은 더욱 정교하고 다양해져 퐁파두르 형으로 앞에서 뒤로 머리카락을 빗어 넘기거나, 이마 위에는 작은 컬을 하고, 컬을 한 머리를 뒤 어깨에 늘어뜨리거나 굵게 땋아 뒤통수에 둥글게 꼬아 묶는 쪽진머리 형태의 시뇽(chignon)을 하거나 머리 위로 높게 올렸으며 여기에 꽃을 꽂거나 아름다운 빗과 핀 등을 꽂았다.

당시 유행되었던 모자는 챙이 넓지 않은 작은 펠트 모자나 밀짚 모자로 앞이마쪽으로 기울게 썼다. 관 위에는 리본, 레이스, 꽃 등으로 화려하게 장식하였고 크게 시뇽을 한 머리 뒤로는 레이스, 리본줄을 늘어뜨렸다.

1880년대에 와서는 보닛은 크기가 좀 더 작아졌고 장식도 적어졌다. 이때 모자에는 천연새를 모자의 형태에 따라 챙 위에 장식하는 유행이 생겨났다. 이에 따라 매년 500만의 천연새가 희생되자 새의 매매가 금지되었으며 모자 상인들은 그 대신 거위나 닭 털을 여러 색깔로 염색을 하여 리본, 레이스, 벨벳 등과 함께 사용하였다.

남성의 머리 형태와 실크햇, 1875

여성의 보닛, 1880

19세기 남성의 머리, 모자, 수염형태

19세기 여성의 머리 형태

4) 화장형태

19세기 말 의학과 유기화학이 급속히 발달하면서 새로운 화합물에 관한 연구업적이 발표되었고, 1866년에는 산화아연을 만들어 냄으로서 유럽뿐만 아니라 미국에서도 백납분보다 훨씬 안전하고 새로운 분을 공급하게 되었다.

왕족이나 귀족의 전유물이었던 크림이나 로션 등의 화장품이 일반인들에게 널리 보급되었으며 질도 향상되고 제품도 다양해졌다. 이밖에도 증기목욕, 염모, 탈모, 매니큐어 마사지 등이 행해졌으며 상류층의 영성들은 아름다운 피부를 위해 터키풍의 목욕탕인 '하맘(hamam)'이라는 곳에서 오랜 시간을 보내기도 하였고 파우더와 향수를 많이 사용하였다.

메이크업은 훨씬 자연스러워졌다. 눈을 길고 가늘게 아이라인을 그렸으며 입술은 주황이나 빨강색 등 정열적인 색을 선호하였으며 볼연지와 입술화장은 여전히 메이크업의 중심이 되었는데, 이 시기에는 볼연지의 위치가 볼 위쪽으로 바뀌었다.

이 시대의 패션리더는 오스트리아의 프란츠 요제프 1제의 아내인 엘리자베트 황후(1837~1898)이다. 뛰어난 미인으로 유명했으며, 다이어트에 집착하여 허리를 19~20인치를 유지하며, 유럽 왕실 중 가장 허리가 가늘었다고 한다. 시시(Sissi)라는 애칭으로도 유명하다. 그녀는 흰 얼굴에 진한 갈색 눈썹, 뚜렷한 눈매, 갈색이나 옅은 붉은색의 입술과 옅은 붉은색으로 넓게 칠한 볼터치를 하였다.

오스트리아, 엘리자베트 황후, 1865

오스트리아, 엘리자베트 황후, 1898

5. S-letter 시대(1890~1910)

1) 문화사적 배경

윌리엄 모리스

1890년경에는 버슬은 사라지고 유럽 시작으로 전세계에 아르누보(Art Nouveau)의 미술양식이 모드계에도 영향을 미치기 시작하였다.

1890년부터 일어났던 신예술 운동인 아르누보는 프랑스와 벨기에를 중심으로 유럽에서 일어났다. 윌리엄 모리스(William Molis)에 제창된 이 미술공예운동은 굽이치는 곡선을 이용한 장식상의 새로운 양식이었다. 이 양식은 세공품, 가구, 건축, 실내장식 뿐만이 아니라 여성 의복에도 영향을 보였는데 식물의 줄기처럼 흐르는 듯한 C자형, S자형의 곡선 표현이 그것이다.

아르누보 스타일 건축, 카사 바트요(Casa Batlló), 안토니오 가우디, 1904~1906

2) 복식사적 배경

1895년부터 나타나는 새로운 콜셋은 복부를 납작하게 누르고 가슴과 힙을 과장되게 나오도록 고안하여 S자형 스타일을 만들어내고 레이스, 리본 장식 대신 곡선의 식물문양을 문양화하였다. 스커트의 모양은 단순하나 소매 디자인에 초점을 두어 여러 형태의 소매가 등장하며 외출시 옷자락을 손에 잡고 걸으면서 보이는 페티코트 프릴 장식의 흔들림은 엘레강스를 추구하는 여성들에게 관심의 대상이 되었다. 그 대표적인 의상 스타일이 깁슨 걸 스타일(Gibson girl style)로 미국에서 유행된 기성복이며 하이네크에 양다리형 소매(leg of mutton sleeve)나 퍼프 소매로 어깨를 넓히고, 허리는 가늘게 조였으며 스커트는 종형을 이루었다.

1900년에 개최된 파리의 만국박람회는 당시 디자인의 기초를 이루었으며, 푸아레와 비오네(Vionnet)라는 신인 디자이너를 발굴하였다. 타고난 시대 정신과 풍부한 예술적 감정이 풍부했던 푸아레(Poiret)는 프랑스에서 벨 에포크시대를 열었고, 1870년대부터 다리를 보이는 모델을 공개하면서 인위적인 디자인을 없앤 비오네는 독창력 있는 디자이너였다. 1913년에서 1914년에 걸쳐서는 지금까지의 콜셋을 이용한 신체에 꼭맞는 스타일 대신 드레스에 여유를 주면서 신체를 풍성하게 보이도록 하는 스타일이 유행하였으며 제1차 세계대전으로 복장은 빠른 속도로 모던한 스타일로 변하였다. 영국을 중심으로 발달한 남성의복은 쟈켓, 조끼, 바지를 한 세트로 하여 오늘날 남성복 모드를 확립하였다.

S자형 드레스

영국 여성의 테일러드 슈트, 1892

깁슨 걸 스타일

콜셋

3) 머리 형태

1890년대 들어와 스커트의 폭은 좁아지고 의복이 점차 단순화됨에 따라 머리 형태도 간단해 졌으며 가정에서 사용되었던 레이스나 벨벳의 작은 캡은 거의 없어지고 나이 많은 부인들만 사용했으며 보닛도 없어졌다. 또 모자는 실용적인 것으로 변해갔으며 특히 밀짚으로 만든 맥고 모자가 유행하였다.

머리 스타일은 루이 15세 정부였던 퐁파두르 머리 형태를 19세기 스타일에 접목해 크기가 커지고 볼륨이 있는 퐁파두르 스타일이 유행하였다.

퐁파두르 머리형과 맥고 모자, 1897

장식된 모자

폼파두르 머리 스타일

4) 화장형태

1860년부터 영국의 공예 작가인 모리스(Morris)에 의해 공예의 실용성과 사회성을 강조하고 새로운 미술 수공예 운동이 일어나 새로운 예술 양식인 아르누보(Art Nouveau) 양식이 정립되었다. 이 예술사조는 파스텔조로 여성, 식물의 넝쿨, 꽃과 줄기, 동물의 자태와 같은 유기적인 생명체를 주요 모티프로 유려한 곡선을 대칭적으로 표현하였다. 대표적 작가로는 안토니 가우디(Antoni Gaudi, 1852~1926)와 알폰스 무하(Alphonse Mucha, 1860~1939)가 있다.

패션에서는 미국의 삽화가인 깁슨(Charles Dana Gibson, 1867~1944)이 많은 영향을 주었다. 깁슨이 그린 그림의 여성들은 모두 비슷한 패턴의 헤어스타일과 화장, 의상을 입고 있어 깁슨 걸이라고 하여 패션계에 많은 영향을 주었는데, 그의 삽화에 있는 여성의 화장을 보면, 눈썹은 일직선으로 가다 끝을 아래로 꺾었고, 눈은 그윽하게 보이도록 넓게 아이섀도를 했고, 입술은 선명하게 그렸으나 그리 진하지 않은 것을 볼 수 있으며, 볼터치는 많이 나타나지 않는다.

또한 알폰스 무하의 그림에서는 상향의 눈썹, 그윽한 주황빛의 아이섀도, 거의 보이지 않은 옅은 볼터치와 주황빛 입술의 삽화가 있고, 상향의 눈썹, 옅고 그윽한 아이섀도, 검은 아이라인, 넓고 옅게 칠한 붉은 볼터치, 옅거나 반짝거리는 주황빛 입술의 삽화 등이 있다. 이것들의 특징은 진하지 않은 화장을 한 그 시대의 여성상을 표현한다. 그러나 다양한 그 시대의 화장품 케이스가 나타나는 것을 볼 때 여성들은 화장에 많은 신경을 썼음을 알 수 있다.

길슨 걸의 화장법

조디악, 알폰스 무하, 1896

봄, 알폰스 무하, 1896

19세기 화장품 케이스, 메이크업 박스

V. 현대

1. 1900년대

1) 문화사적 배경

20세기 초 서구는 19세기 말의 영향이 그대로 나타나는데, 이 때 유럽의 선진공업국가들은 해외 식민지를 개척해 부를 축적하여 제1차 세계대전 전까지 풍요와 성장을 거듭하고 있었다. 이때가 바로 벨 에포크(belle epoque) 시대로 그 당시 유행한 아르누보(art nouveau) 스타일이 이 시대의 성격을 잘 나타난다.

장식미술에서 아르누보란 자유로운 개성의 예술을 위해 반복이나 모방을 거부하고 자연의 모든 유기적 생명체 속에 있는 보다 근본적인 조건으로 돌아가고자 한 것이다. 그래서 이것은 장식 모티브를 자연의 유기적 형태에서 얻고 그 속에 내재되어 있는 근본적인 정신의 세계를 보고자 하였는데 이것은 주로 곡선으로 표현되었다. 그러나 19세기 말의 아르누보는 1900년 파리 만국박람회에서 그 정수를 보여준 후 사라지기 시작했고 20세기 초에는 새로운 방향으로의 전환이 시작되었다.

20세기 유럽

아르누보 건축양식 Victor Horta, 1895

20세기는 인류 역사상 과학과 기술이 가장 급속도로 발전하던 시기였다. 급속한 과학과 기술의 발전으로 중산계급이 대두되었고, 자동차와 비행기, 그리고 전화와 활동사진 등이 실용화되었다.

과학과 기술의 발전과 신세기의 초라는 이미지로 '새로움'이 첫번째 가치기준이 되었다. 이런 새로움은 지금까지의 감각적인 것에서 사색적인 것으로, 과잉장식에서 단순한 것으로, 형식적인 것에서 기능적인 것으로의 변화를 가져왔다. 예술에도 이러한 경향은 나타난다. 즉 음악계에서는 스트라빈스키, 드비시, 쉔베르크 등의 근대파의 음악과 탱고가 나타났고, 장식미술에서는 아르데코가 나타났으며, 회화에서는 인상파, 입체파, 야수파 등이 나타났다. 이사도라 덩컨은 현대발레를 선보였고, 1909년 러시아 발레단은 동양적 이미지의 선풍을 가져왔으며, 모드에서는 콜셋을 없앴다. 그러나 아르누보의 풍요로움은 1914년에 제1차 세계대전으로 막을 내렸다.

2) 복식사적 배경

S-letter style, 1910

1900년 초는 전 세기말부터 유행했던 아르누보풍의 화려하게 장식한 S-letter style이 유행되었다. 이것은 부풀은 가슴을 강조하고 허리를 가늘게 하며 힙은 부드러운 곡선으로 하여 옆에서 보면 S자형의 실루엣을 이룬 것이었다. 그러므로 이런 형태를 내기 위해 각종 콜셋과 패티 코트 등의 속옷이 착용되었다.

머리 형태도 느슨한 곡선형태의 가르마 없이 빗어 올린 머리인 퐁파두르가 나타났다. 이때 주목을 받은 사람은 미국의 패션 일러스트레이터 깁슨(Gibson)으로 그의 일러스트에서 나온 S-letter style을 깁슨 걸룩(Gibson girl look)이라 불렀다.

3) 머리 형태

1900년 초는 퐁파두르 스타일(Pompadour style)이 유행하였는데 이것은 본래 프랑스의 국왕 루이 15세의 정부였던 퐁파두르(Marquise de Pompadour, 1721-64)가 유행시킨 머리 형태로 그녀의 이름을 따서 퐁파두르라고 부르게 된 것이다. 퐁파두르가 처음 나타난 당시 이 머리 형태는 가르마를 하지 않고 머리카락을 두상에 딱 붙여 빗어 올려 머리 뒤에서 정리해 양쪽 귀 밑으로 애교머리를 내놓는 방식으로 나타났다. 그러나 20세기 아르누보 시대에 유행했던 퐁파두르는 18세기에 나타난 것과는 다르게 느슨한 형태가 인기 있었고 여러 가지 변형이 나타났다.

즉 앞머리는 이마 위로 빗어 올리고 기다란 뒷 머리는 뒤에서 올려 높이 고정시켰는데 가끔은 랫(rat)이나 스위치(switch)와 같은 머리 다리나 인공 패드를 머리 속에 집어 넣어 부풀리는 효과를 주었다. 또한 부풀리는 효과를 줄 때는 백 콤(back-comb) 효과를 주었으며 뒷머리는 시뇽으로 했다. 금박이나 보석으로 장식된 거북이 껍질이나 호박으로 만든 빗이 머리 모양을 유지시키는데 사용되었다. 앞머리는 볼륨 있게 뒤로 빗어넘기고 웨이브를 주어 매력적으로 보이게 하였다. 패드나 시뇽은 이마 가까운 곳이나, 머리 꼭대기 혹은 목의 중간 높이나 낮은 곳에 다양하게 부착되었다.

이 퐁파두르 스타일의 머리 형태는 아르누보의 풍요로움과 곡선미가 머리 형태에도 나타난 것이라 할 수 있다. 이 머리는 아직도 곱게 치장된 장식적 스타일을 벗어나지 못하고 있는데, 이것은 이 시대의 풍요로움이 머리 장식에도 나타나고 있는 것이였고, 아르누보 양식의 곡선미는 느슨하고 부드럽게 치켜올린 머리 형태의 전체적 실루엣에서 나타난 것이다. 그러나 이 머리 형태는 20세기 이전보다는 무척 단순화되었고, 이것은 전시대의 과잉장식적 머리 형태에서 단순한 형태로 가는 첫 단계에 나타난 스타일이었다.

퐁파두르, 1721~1764

퐁파두르 머리형, 1907

마샬 웨이브, 1907

또한 1907년에는 마샬 웨이브(Marcel wave; 헤어 스타일링기의 열에 의해서 일시적으로 모발에 변화를 주어 물결 모양을 만드는 방법, 파리의 미용사 마샬 그라토〈Marcel Grateau, 1852~1936〉에 의해 고안됨)가 유행했고 앞머리를 적갈색으로 물들이고 작은 리본이나 생화를 꽂는 머리도 유행하였다. 머리는 낮보다 저녁에 더욱 정교하고 화려하게 빗었으며 옥석을 박은 빗이나 꽃, 리본, 깃털 등을 사용하였다. 이때 빗은 머리 뒤에 꽂거나 옆에 꽂았다.

모자는 19세기말 이후 다시 커지기 시작하였으며 그 형태와 크기는 다양해졌다. 초기에는 타조털을 많이 장식한 메리 위도우(Merry widow)라는 벨벳으로 만든 모자와 버섯모양으로 크게 만든 모자가 유행했다. 1908년 밀짚이나 비단, 새틴, 레이스 등으로 만든 모자는 점점 크기가 커져 어깨 넓이보다도 더 넓어졌다.

1908~1910년에는 넓은 모자 위에 긴 베일을 둘러 오픈 카를 탈 때 바람과 먼지로부터 머리와 모자를 보호했다. 그 베일의 길이는 2m에 폭 60cm 정도였고, 일반적으로 백색이나 크림색을 사용했다.

4) 화장형태

19세기 중반부터 산업사회가 등장하여 산업의 기반이 마련되고 19세기 말부터 내분비액과 호르몬이 생화학적으로 규명되는 일들이 활발해지면서 화장품의 제조가 활발해지고 비누도 등장하게 되었다. 그리하여 여성들 전용의 화장품을 만드는 기술이 발달하게 되었고 여성들이 아름다운 이상형의 조건을 청결한 건강함에 두면서 화려하게 꾸미는 화장보다는 깨끗한 피부 위에 자연스럽게 하는 화장이 19세기 말에 이어 계속 유행되었다. 따라서 피부를 희고 깨끗하게 가꾸는 기초화장품인 크림이나 로션류가 애용되었으며 화려한 색조화장을 하는 여성은 제한된 계층의 여성들이었다.

그러던 중 1909년에 파리에서 전람회가 열리면서 외국의 여러 문화적인 요소들이 전시되고 러시아 발레단 디아길레프(Diaghilev)의 공연이 있었다. 현재와 같이 외국, 특히 동양의 문화를 접해볼 기회가 많지 않았던 그 당시의 시대상황에서 서양인들의 눈에 화려하고 새로웠던 러시아의 문화와 색채는 그들에게는 하나의 충격이었다.

러시아 발레단의 동양적인 신비로운 색채가 가미된 의상과 무대는 서양인들의 감각에도 커다란 영향을 미쳐서 오리엔탈 붐을 일으키게 되었다. 이러한 영향을 제일 많이 받고 활

폴 푸아레(Paul Poiret)의 동양적인 스타일의 의상과 메이크업

발하게 활동했던 디자이너는 프랑스의 폴 푸아레(Paul Poiret)였는데, 그는 동양적인 색과 스타일의 의상들을 많이 발표했고 자신의 집에서 파티장식와 손님들의 의상까지 동양스타일로 한 큰 파티를 연 적도 있었다. 또한 의상 디자이너로서는 최초로 디자이너 라인의 향수와 화장품을 만들었다. 이러한 그의 사업은 실패에 그쳤으나 디자이너로서 최초로 화장품사업이 토탈 패션산업으로 시도되었다는 점에서 그 의의가 평가되고 있다.

한편 이러한 동양적인 색조의 영향으로 화장의 색조도 강해져서 눈화장은 동양인처럼 길고 검게 그리고, 아이섀도는 황색, 입술 화장으로는 분홍색이나 붉은 색 등 강한 색들이 유행하게 되었는데, 이는 대부분의 여성들보다는 일부 패션 리더들에 의해 행해진 유행이었다.

2. 1910년대

1) 문화사적 배경

제1차 세계대전 후 여성들에게는 많은 변화가 있었다. 직업을 가지게 된 여성의 수가 늘어나면서 여권의 목소리가 높아지기 시작했다. 전선에서 혹은 그 뒤의 여러분야에서 남성의 직장에 진출한 여성들의 생활양식은 한층 행동적으로 되어있었고, 그들은 참정권을 요구하고 자유연애의 기치를 들고 공공연히 담배를 피우기 시작했다. 이것은 1918년 영국에서 집을 소유한 30세 이상의 기혼여성에게 참정권을 부여하게 되는 결과를 낳았다.

제1차 세계대전

여성운동, 1913

2) 복식사적 배경

1914년에 일어난 제1차 세계대전은 일상생활의 전 분야에 큰 영향을 주었으며 특히 의복과 머리 형태, 머리장식에도 그 영향이 나타났다. 의복은 활동적이고 실용적인 것이 일반화되고, 콜셋은 없어졌으며 단순한 실루엣에 색깔도 흑색이나 갈색, 회색 등을 사용했다.

그러나 20세기를 특징짓는 현대복식으로의 변화를 처음으로 시도한 사람은 폴 푸아레(Paul Poiret)였다. 그가 발표한 호블 스커트(hobble skirt)는 위는 여유가 있으나 무릎에서 발목까지는 극단적으로 꼭 끼어 걷기 힘든 것이었다. 그러나 그는 중세 이래 5세기 동안 여성의 육체를 강제로 조이게 하던 콜셋을 없애고 새로운 여성의 매력을 창조했다는 점에서 현대복식의 개척자라고 할 수 있다.

또한 1909년 러시아 디아길레프 발레단의 파리공연은 복식에도 많은 영향을 미쳐 푸아레는 그의 의상에 빨강, 오렌지, 코발트, 바이올렛 등의 밝고 강렬하고 정열적인 색조로의 혁신을 이룩하였고, 기모노 슬리브의 '공자'스타일, 이브닝코트, 페르시아 여종을 연상시키는 하렘 팬츠(harem pants), 인도풍의 터번 등 독특한 동양적 이국풍의 분위기를 연출해 내었다.

1911년에서 1913년에 걸쳐 직장여성이 늘어남에 따라 남자복과 유사한 테일러드 슈트가 여성적인 호블 스커트와 공존하였다. 테일러드 슈트는 속에 블라우스를 받쳐입었고 스커트는 발목 길이에 아래로 갈수록 좁아지는 형태로 스커트 도련의 앞중심을 트기도 하였다.

폴 푸아레

호블스커트, 폴 푸아레, 1913

디아길레프 발레단

테일러드 슈트, 1909

또한 전쟁 이후 스커트 길이가 종아리 길이까지 올라가고, 배럴(barrel) 실루엣의 코트가 유행하고, 자동차 여행용 의복도 생겨나면서 여성들의 의상이 많이 단순해졌으나 아직 기능적인 복장이 되지는 못하였다.

3) 머리 형태

제1차 세계대전(1914~1919)이라는 시대적 배경 속에서 상하 계층을 막론하고 많은 여성들이 남성을 대신해서 군수품 공장과 여러 분야에서 일을 해야 했다. 따라서 머리 형태는 성적 매력과 권위의 표시로 장식되던 것에서 단순하고 손질하기 쉬운 합리적인 것으로 발전하게 되었다.

이때 유행을 탄 머리 형태가 보브 스타일(bob style)인데, 보브 스타일이란 뒷머리는 짧고 직선적인 브런트 커트(blunt cut)를 하고 앞머리는 일직선상으로 짧게 내리는 것을 말한다. 본래는 네델란드인들의 전통적 머리 형태로 서양에서는 주로 어린 소년들이 이 형태의 머리를 하고 다녔었다.

보브 스타일의 머리 형태가 처음으로 서구 여성에게 나타난 당시 보브란 '자른다(cut)'의 별칭으로서 전술한 것과 같은 지금의 단발(dutch bob)과 쇼트 커트(shingle bob)를 총칭하는 것이었다.

보브가 처음 나타난 것은 20세기 초반인 1910년대이다. 이때는 과학과 기술의 급격한 발전으로 기능주의가 대두되어 과잉장식과 허식을 벗어나 단순함과 기능성을 추구하는 방향으로의 전환이 나타났다. 이러한 단순함과 기능성에 대한 추구는 머리 형태에도 나타나 보브 스타일이라 불리는 짧은 단발머리가 출현하게 되었다.

이것을 처음으로 여성들이 하게 된 것은 1914년에 탱고 댄서로 유명했던 아이렌 캐슬(Irene Castle)이 보브 스타일을 하고 춤을 추게 되면서부터였다. 또한 그 당시 유명한 현대 발레리나였던 이사도라 던컨(Isadora Duncan)이 춤출 때 자연적인 신체를 드러내는

아이렌 케슬과 보브, 1914

이사도라 던컨

그리스식의 튜블러한 단순한 의상에 보브 스타일의 머리를 한 것도 역시 보브 스타일이 인기를 끄는데 한 몫을 했다.

또한 보브 스타일이 인기를 끌게 된 가장 큰 원인은 제1차 세계대전과 여성운동이라 할 수 있다. 전쟁 중 여성들이 종군간호사 등으로 참전을 하던가, 가정에 없는 남성들을 대신하여 공장에 나가서 일을 하게 되면서 단순한 스타일의 머리가 편리한 것으로 인식되었고, 전후 직장을 가진 여성들이 늘어남에 따라 남녀평등 사상이 나타나게 되어 남성과 똑같이 짧은 머리를 하게 된 것이다. 1918년 영국에서는 집을 소유한 30세 이상의 결혼한 여성에게 투표권을 부여했는데, 이런 남녀평등을 주장하는 사회상황 속에서 보브 스타일은 더욱 인기를 끌게 되었다.

그러나 이런 짧은 머리가 처음부터 쉽게 받아들여진 것은 아니었다. 왜냐하면 여성의 긴 머리는 여성스러운 우아함과 아름다움의 상징이었기 때문이다. 그래서 고대 이집트 시대와 짧은 머리가 잠시 유행했던 엠파이어 시대를 제외하고는 서양의 역사에 있어서 여성이 남성과 같이 짧은 머리를 한 적은 없었다. 그러므로 이때의 여성들은 단발을 할 마음의 준비가 되어 있지 못했다. 그래서 앞과 옆은 단발 스타일로 하고 뒤는 길게 남겨두고 말아서 안으로 넣는 스타일이 나타나기도 했다. 또한 자신의 머리가 잘려나가는 것을 보고 기절하는 여성들이 많아 미용실에 약을 미리 준비하는 경우도 있었고, 미용실에서 여성들이 울고 나가는 경우라든가, 남편에게 죽임을 당할 것이라며 집으로 돌아가지 않겠다는 여성들도 있었다고 한다.

또한 이런 짧은 보브 스타일의 머리를 여성들이 꺼려하게 된 다른 이유는 다음에 유행할 스타일이 무엇일지 모른다는 점도 있었다. 왜냐하면 그 당시 유행은 개성의 표현이라기보다는 패션 저널이나 신문의 기사나 사진에 따른 것이었기 때문이다.

그리고 기독교적 사상의 영향도 있었다. 고린도전서 11장 15절에는 '만일 여자가 긴 머리가 있으면 자기에게 영광이 되나니 긴 머리는 쓰는 것을 대신해서 주신 연고니라'라며 여성은 머리를 잘라서는 안된다고 기록되어 있다. 또한 보브 스타일을 반대하는 종교론자들은 예수의 발을 자신의 머리로 닦은 막달라 마리아를 상기시키며, '오늘날의 더럽혀진 자매들은 이와 같은 장면의 어느 곳에 서 있을 수 있을 것인가?'라며 공격을 하였다. 그러나 유행의 힘은 대단한 것이여서 이런 모든 우려 속에서도 보브 스타일은 무척 유행하여 20년대의 대표적 머리 형태가 되었다.

즉 보브 스타일은 기능주의의 영향으로 단순함과 기능성을 추구하던 20세기 초의 시대상황과 댄스 붐, 그리고 제1차 세계대전 후 직업을 가진 여성들의 수가 늘어남에 따른 여성해방운동의 영향으로 나타난 머리 형태였다. 이것은 이전에는 여성의 아름다움의 상징이던 긴 머리를 싹둑 자르고 짧은 머리형에서 아름다움을 느끼게 된 것으로, 양식적 특성면에서 볼 때 여성이 과잉장식을 벗어나 단순하고 기능적이며 스마트한 형태의 짧은 머리를 하게 되는 계기가 되었다.

또한 이 당시 유행했던 모자는 챙이 넓고 깃털 장식을 한 커다란 모자나 크라운이 높고 챙이 좁은 모자, 토크(toque)형의 모자 등이 있었다. 베일은 얼굴의 일부를 가리는 것에서부터 긴 베일을 모자의 뒷부분에 드레이핑(draping)하거나 머리 전체를 덮는 것 등이 있었다.

4) 화장형태

1914년에 발발한 제1차 세계대전은 화장품 산업분야에 많은 변화를 가져다 주었다. 전쟁과 함께 화장품 산업도 군수 산업으로서 참여하게 되면서 산업화가 본격적으로 진행되었고 이로 인해 화장품의 대량생산이 합법화되었다. 입술과 볼에 같이 쓸 수 있는 액체 루즈가 1915년에 만들어졌고 1916년에는 산화티타늄이 발견되어 파우더의 품질이 더 좋아졌으며 제1차 세계대전 후에는 스틱형의 립스틱이 개발되는 등 현대적 개념의 화장품이 이 때부터 등장하게 되었다. 또한 인공적인 색소가 합성되면서 색상이 다양하게 개발되었고 립스틱뿐 아니라 아이섀도, 마스카라, 색 파우더 등 다양한 색조 제품들이 선을 보였다.

이렇게 화장품의 종류와 품질이 다양해진 것은 전쟁동안 여성들이 군수 공장에서 일하면서 사회활동이 많아지고 직업을 가짐으로써 여성들의 생활과 관념이 바뀐 탓도 있었다. 이 때부터 여성해방운동이 본격적으로 시작되었다. 피임의 권리를 찾는 풍조도 생겨나면서 여성들의 사회활동 기회는 더욱 늘어나게 되었다.

찰리 채플린의 뮤즈, 테다 바라

폴라 네그리

그리하여 여성 자신의 수입원이 생기자 아름답게 꾸미는 데 드는 비용이 늘어나기 시작했는데, 이러한 현상은 생계전선에서 남성과 경쟁해야 하기 때문이었다. 이때부터 미용 클리닉과 미용을 위한 성형술들이 성행되었는데 일부 과감한 패션리더들은 주름 제거 등 미용을 위한 성형 수술을 받았으며 이로 인해 여성들의 사회활동 기간은 더욱 길어지게 되었다. 미용 클리닉은 초기에는 주로 경제적으로 여유가 있는 여성들이 이용하였는데 이곳은 여성들이 피부관리를 받고 머리와 화장을 다듬는 등 요즘의 토탈 미용샵 역할을 했으며 이 사업은 미국에서 성행하였다.

그리고 19세기까지는 S자형의 굴곡 있는 몸매를 만들기 위해서 여성들은 코르셋으로 신체를 속박해야 했으나 폴 푸아레(Paul Poiret)에 의해 소년 같은 튜블러한 원통형의 플래퍼 스타일(flapper style)이 유행하자 여성들은 코르셋으로부터 신체적으로 해방될 수 있었다. 또한 운동을 통해서 여성들은 몸매와 피부를 건강하게 가꾸는 풍조가 퍼졌고 따라서 보기 좋게 그을린 피부가 선호되었다. 이런 분위기가 만들어지는 데는 현대 무용가인 이사도라 던컨의 영향으로 파급된 율동 체조의 영향도 컸다.

이렇게 여성들이 여성해방운동과 사회 참여의 배경에서 자신의 신체에 대해 관심을 가지게 된 반면, 테다 바라(Theda Bara)와 폴라 네그리(Pola Negri)같은 배우들은 눈에 콜(Köhl)과 마스카라를 발라 눈매를 더욱 신비롭고 그윽하게 표현함으로써 관능적인 매력을 발산했다.

한편 다양한 색조제품들이 선을 보이게 되자 의상의 색과 맞추어서 화장 스타일을 연출할 수 있게 되었으며 미용과 의상의 유행트렌드를 다루는 정기 간행물이 더 많이 나오게 되자 유행의 주기는 점차 짧아지게 되었다.

3. 1920년대

1) 문화사적 배경

1920년대는 모더니즘이 자리를 잡아가는 다이나믹한 시기였다. 자동차는 급속도로 보급되었고, 린드버그가 뉴욕 파리간을 무착륙 비행했으며, 허리우드는 '황금의 사일런트 시대'를 맞아 채플린과 미키 마우스, 그리고 그레타 가르보가 인기를 끌었다. 또한 1925년 파리 국제장식미술관에서 열린 '현대장식미술, 산업미술 국제박람회'는 아르데코(art deco)의 정수를 잘 표현했는데 이것은 오스바토 란카스타가 말한 바와 같이 '현대적이며 기능적인 것'이었다. 즉, 20년대는 전쟁동안 억눌렸던 모든 문화 예술이 활기를 띠면서 젊고 신선한 분위기가 되었다.

크로쉐 햇

1920년대 패션과 여성상

클라라 보우

글로리아 스완슨

영국에서 싱글을 이튼 크롭이라고 부른 이유는 이 머리 형태가 영국의 이튼 캘리지(Eton College)의 남학생들이 하고 다니던 머리 형태와 똑같았기 때문이다. 이 머리 형태는 옆과 뒤를 짧게 쳐 주고 옆 가르마를 타서 한쪽으로 빗어 넘긴 것이었다.

미국에서는 싱글을 보이시 보브라고 불렀는데 쇼트 커트가 처음 나타난 당시에 보브란 '자른다(cut)'의 별칭으로서 지금의 단발과 쇼트 커트를 총칭하는 것이었다. 그러므로 보이시 보브는 지금 우리가 생각하는 단발인 보브의 한 종류가 아니라 쇼트 커트의 형태였다. 즉 '남자같이 짧은 머리'란 뜻이 었다. 그러므로 싱글, 이튼 크롭, 보이시 보브는 비슷한 형의 쇼트 커트에 대한 별칭으로 사용되었다.

이 쇼트 커트 형태의 머리는 남녀평등에 대한 의지를 드러낸 것이었다. 이 머리에 대한 가정적, 사회적, 종교적 압력이 있었으나 많은 여성들이 이 머리를 하게 된 것은 그만큼 여성들의 힘이 커졌다는 것을 의미한다. 또한 과학과 기술의 발전으로 단순함과 기능성을 중시한 기능주의와 20년대 유행했던 재즈 댄스의 붐도 쇼트 커트의 유행에 한 몫을 했다. 즉 싱글은 단순하고 기능적이며 재즈 댄스에 어울렸는데 특히 미국의 흑백 혼혈의 재즈 댄서인 조세핀 베이커의 싱글은 이것이 유행을 하는데 박차를 가하게끔 했다.

재미있는 일은 1920년대에 쇼트 커트가 유행을 하면서 미용실이 거의 문을 닫을 지경이 되고 이용실이 무척 흥했다는 것이다. 왜냐하면 머리형이 남성과 같았으므로 대부분의 여성이 미용사보다 경험이 있는 이발사를 찾아가 머리를 깎기를 바랬기 때문이다. 그래서 1924년 미국 도리 시티의 이발학교는 '보이시 보브는 미용실이 쇠퇴하도록 하고 있다. 보이시 보브는 테이퍼 커트(taper cut)로 하는 것이므로 이발사도 커트를 할 수 있다. 이는 이발사의 지위를 높여주고 있다.'라고 광고를 내었다.

즉 20년대 중반에 나타난 쇼트 커트는 일종의 보브이나 보브 스타일을 강조해서 더욱 짧고 층이 나게 자른 싱글 컷트로 양식적 특성면에서 볼 때 여성이 남성적 스타일의 머리 형태를 하게 되어 머리 형태상에서 유니섹스 스타일(unisex style)이 나타나게 되는 계기가 되었다.

또한 이때는 마샬 웨이브(Marcel wave)가 일반적으로 사용되어 짧은머리를 곱슬거리게 컬을 했다. 또한 짧아진 머리에 따라 모자의 크기도 작아졌으며 또한 장식도 적어지게 되었다. 20년대에 가장 유행한 모자는 크로쉐(cloche)로 이것은 검정색의 펠트로 만들어졌는데 머리의 형태에 따라 푹 눌러 쓰는 모자이다. 이 모자는 브리튼형, 버섯형, 종형의 모양에 베이지색이나 검정색의 펠트 직물로 만들어 겨울과 여름을 불문하고 드레시한 복장에도 스포티한 복장에도 이브닝용으로도 사용되었다.

4) 화장형태

20년대는 자유로운 말괄량이 스타일인 플래퍼(flapper) 스타일이 특징적으로 자리잡았고 이런 스타일의 의상으로 인해 하얀 얼굴 위에 어린 아이처럼 커다란 눈과 작고 귀여운 입술모양으로 표현되는 베이비 룩(baby look)의 화장형태가 생겼다. 또한 정신적으로는 여성해방 운동과 함께 자유 연애 사상 등 활동적이고 쾌락적인 가치관이 확대되면서 여성들의 화장의 색조나 스타일도 더 진하고 대담해지기 시작했다. 그리하여 전쟁기간 동안에는 피부를 하얗게 꾸미고 눈매를 약간 뚜렷하게 하는 정도였으나 여성의 화장이 보편화되면서 눈과 눈썹의 라인도 더욱 뚜렷하게 다듬고 색을 입히는 인공적인 화장 패턴이 일반 여성들에게 널리 확산되었다.

또한 대중영화가 급속히 보급되고 확산되면서 여배우들의 화장스타일은 일반인들의 화장패턴에 절대적인 영향력을 끼쳤는데 특히 부와 명성을 얻은 헐리웃 영화스타의 영향력은 대단한 것이었다. 그들은 눈썹을 뽑아 아주 가늘게 다듬고 눈썹용 연필로 세심하게 그렸으며 눈은 코울과 인조 속눈썹을 사용하여 뚜렷하게 보이도록 하였고 입술은 진한 색으로 작게 화장하였다. 20년대의 대표적인 스타들로는 클라라 보우(Clara Bow), 콜렌 모레(Colleen Moore), 글로리아 스완슨(Gloria Swanson), 루이스 브로크(Louise Brooks) 등이 있었다.

4. 1930년대

1) 문화사적 배경

1929년에 있었던 뉴욕주식 시장의 대폭락으로 세계적인 경제공황이 시작되어 실업과 인플레가 늘어났고, 직장을 잃은 많은 남성들은 여성들이 가정으로 돌아오기를 바랬기에 여성운동은 퇴조를 보였다. 그러나 이후 미국의 루즈벨트 대통령이 뉴딜(New Deal)을 시작하여 테네시강 유역개발(1933~1938)을 함으로써 대공황은 조금씩 극복되어 갔다.

예술이나 건축에 있어서는 기능주의가 적용되었으며 장식예술분야는 아르누보에 이어서 아르데코양식이 나타났다. 또한 초현실주의와 모더니즘이 이 당시의 예술의 흐름을 지배했다. 이런 상황 속에서 1939년 제2차 세계대전(1939~1945)이 발발했고 모든 문화는 거의 정지 상태가 되었다.

대공황(Great Depression)

2) 복식사적 배경

1928년경이 되자 보이시 스타일은 쇠퇴하기 시작하였다. 더욱이 1929년에 닥친 경제 불황은 이를 가속화시켰다. 1929년 비오네(Madelene Vionnet)가 내놓은 바이어스 스커트의 이브닝 드레스는 종래의 드레스가 무시했던 여성의 부드러운 실루엣을 되살렸다. 그러므로 30년대는 길고 슬림한(long & slim) 우아한 드레스가 유행을 하여 20년대의 젊은 세대 복식은 막을 내렸다.

30년을 대표하는 디자이너는 엘자 스키아파렐리(Elsa Schiaparelli)였다. 그녀는 30년대 여성의 이상형으로 남성스러운 매니시(mannish)한 타입을 원했다. 즉 여성의 신체 커브를 무시한 1920년대의 모드와는 달리 어깨를 패드로 강조하고 바스트를 살리며 웨이스트를 자연스런 위치로 한 클래식한 라인을 제창했다. 또한 드레스의 기상천외한 모티프로 유명한데 해골 스웨터, 사무용 책상 서랍 모양의 포켓을 단 슈트, 하이힐을 거꾸로 쓴 듯한 모자 등이 유명하다. 화가 반돈겐, 초현실주의자인 달리, 콕토와 베라르, 조각가 쟈코메티 등 예술가들이 제공한 아이디어를 활용하여 모드계의 초현실주의자로 불리웠다. 베라르의 발상으로 내놓았던 로즈 바이올렛 색조는 '쇼킹 핑크'로 알려져 그녀의 대명사가 되었다. 그 밖에 지퍼를 처음으로 디자인에 도입했고 스커트처럼 보이는 바지 퀼로트(culotte)를 외출복으로 만들었다.

비오네
바이어스 드레스

롱 & 슬림 스타일
Gilbert Adrian, 1930년대

현대

스키아 파렐리 초현실주의 작품

초현실주의 작품, 나르키소스의 변형, 살바도르 달리, 1937

1930년대는 여성의 신체 곡선을 부활시킨 화려한 색채의 길고 슬림한 스커트가 유행했다. 그러므로 이 시기에는 신비하고 매력적이며 기지에 차고 개성적인 그레타 가르보나 마를린 디히트리 같은 여성이 이상상이였고, 드레스는 개성과 성의 고유성을 회복한 엘레강스 스타일(elegance style)이 유행했다. 머리 형태 또한 이때는 어깨 길이의 여성스럽고 우아한 퍼머넌트 웨이브가 유행했다.

3) 머리 형태

1930년대가 되어 경제 공항이 되자 의상은 로맨틱하게 되고 머리 형태도 부드러운 퍼머넌트 웨이브 스타일이 유행하게 되어 철없어 보이는 보이시 스타일은 자취를 감추고 성숙한 여성상이 인기를 끌었다.

퍼머넌트 웨이브 스타일(permanent wave style)이란 자연 상태의 두발에 대해서 물리적, 화학적인 방법을 가하여 두발의 구조나 상태를 오래 지속되는 웨이브 상으로 아름답게 변화시키는 것을 의미하며, 헤어스타일링을 완성시키기 위한 하나의 수단으로 사용되고 있다.

이 퍼머넌트 웨이브의 역사는 고대 이집트로 거슬러 올라갈 수 있다. 열대의 고대 이집트인들은 퍼머넌트 웨이브를 하는 그들 나름대로의 방법을 가지고 있었다. 그들은 머리를 젖은 진흙으로 세팅하고 태양 아래에서 말린 후 진흙을 빗어내는 방법을 취했다.

그러나 1906년에 런던의 미용사인 찰스 네슬(Charles Nestle)은 '물과 샴푸와 모든 환경의 영향에서 견딜 수 있는 처치'를 발표하고 '퍼머넌트 웨이브'라고 했다. 이것은 알칼리와 열의 원리를 이용한 것으로 '히트 웨이브', 즉 열퍼머였다. 이 방법은 클립에 두발을 말고 그 위에 붕사와 물을 페이스트 상으로 개서 발라 그것을 은박지 등으로 싸고 일일이 가열하는 것이었다.

물론 1870년에 프랑스의 마르셀 그라토(Marcel Grateau)에 의해서 마샬 웨이빙(Marcel waving)이 먼저 개발되었다. 이것은 집게와 같이 생긴 아이론의 열에 의해서 일시적으로 두발의 분자구조에 변화를 주고 웨이브를 형성하는 방법이었다. 이것은 일시적인 웨이브는 줄 수 있었으나 머리를 감으면 이 웨이브는 다시 풀려서 본래의 머리 모양으로 돌아갔다. 그러므로 네슬(Nestle)의 히트 웨이브는 획기적인 방법이었다. 그러나 이것은 시술하는데 무려 12시간이 들었고 비용이 많이 들었으며 열을 이용해서 위험했으므로 많이 사용되지 못했다.

가열방법으로는 전기나 증기 등의 열을 기계적으로 이용한 머신 웨이브(machine wave)가 사용 되었는데 이 방법은 가열에 의한 것이므로 순간적으로 온도가 100℃ 이상이 되어 두발을 손상시키거나 모발을 훼손하는 등의 문제가 생기기 쉬웠다. 이러한 결점을 보완하기 위하여 1931년에는 히팅 기구로 전기를 사용하지 않고 특수한 금속으로 만든 히팅 클립(heating crip)을 이용하는 퍼머넌트 웨이브가 도입되었으며, 1932년에는 케미칼 퍼머넌트 웨이브(chemical permanent wave)라고 하는 특수약품의 화학반응에 의해서 얻어진 반응열을 이용한 머신리스 웨이브(machineless wave)가 고안되었다.

특히 1936년 영국의 스피크만(J. B. Speakman)교수에 의해 두발 케라틴의 화학구조를 이용해 열을 사용하지 않고 시스틴 결합을 끊을 수 있는 연구가 완성되었는데, 이 연구에 의해서 콜드 퍼머넌트 웨이브(cold permanent wave)가 개발되어 퍼머넌트 머리를 많이 하게 되었다.

이 콜드 웨이브(cold wave)의 방법은 시술시간이 2~3시간으로 짧고 열로 인한 위험이 없이 간단한 약품 처리로만 퍼머넌트 웨이브를 얻을 수 있기 때문에 퍼머넌트 웨이브의 대중화를 가져오게 되었다.

즉 1930년대의 퍼머넌트 웨이브는 경제불황으로 여성스러움을 요구하는 시대상황과 과학의 발전으로 나타난 머리 형태이다. 이것은 컬이 있는 머리 형태를 원하는 여성들에게 반영구적인 부드러운 웨이브 머리를 할 수 있게 한, 획기적인 머리의 형태와 시술방법에서의 혁명이었다. 퍼머넌트는 머리를 간편하게 간수할 수 있으면서도 아름다움을 줄 수 있으므로 현재까지 여성들에게 애용되고 있다.

또한 경제공황 시기에 사람들은 현실의 어려움을 영화의 화려함에서 찾고자 하여 헐리웃의 영화가 전성기를 맞게 되었고 이때부터 영화가 화장, 머리모양의 유행에 큰 영향을 끼치게 된다. 1934년 진 할로우(Jean Harlow)의 백금 색의 머리가 유행하여 많은 여성들이 탈색을 하고 옅은 색깔의 머리를 선호했고 염색시대가 열리게 되었다.

백금색 머리, 진 할로우

퍼머넌트 웨이브,
그레타 가르보, 1931

베레

터번

1930년대에는 가운데나 옆가르마를 하고, 커다란 웨이브를 만들어서 귀 밑으로 한 개의 롤을 만들거나 시뇽으로 만드는 것이 시작되었다. 1930년대 중반까지는 32년 경 그레타 가르보가 영화 안나 크리스티에서 했던 머리 스타일인 페이지 보이 보브(page boy bob) 스타일이 전세계 사람에게 유행되었다. 이것은 옆가르마를 한 어깨까지 내려오는 단발로 완만한 웨이브를 귀 안쪽으로 굽어지게 한 것이다.

머리카락은 더 길어졌고 여성들은 여러 방법으로 이를 정리했다. 젊은 여성들은 앞과 옆에 핀을 꽂고, 머리를 뒤로 길게 풀거나, 페이지 보이 보브와 같은 미국 영화배우의 스타일을 좋아했다. 이런 머리 스타일을 롱 보브(long bob)라 불렀고, 점차적으로 유행하였다. 더 세련된 머리 스타일은 패션 잡지에서 '빅토리아 풍' 또는 '에드워드 풍'으로써 묘사된 우아하게 들어올려진 모양이었고, 빅토리아와 에드워드 시대로부터 영향을 받은 스타일이었다.

모자는 작고 관이 얕으며 챙이 한쪽만 뒤집어진 것을 눈을 가리도록 쓰거나, 비스듬히 쓰거나 했다. 1930년대 초에는 베레를 많이 썼는데 모자를 비스듬히 쓰고 앞이마에 짧은 베일을 늘어뜨렸다. 이 당시 도시의 멋쟁이 여성들에게 모자는 필수품이었다. 점차로 터번도 유행하게 되었다. 화려한 스카프를 삼각형으로 접어서 머리에 쓰고 턱밑에서 잡아매는 방법은 이 시대에 시작되었다. 또한 퍼머넌트를 셋트하기 위해서 셋팅 로션을 사용하게 되고, 모발의 색깔에도 변화를 볼 수가 있었다.

4) 화장형태

1930년대는 1929년의 경제 불황과 1939년의 제2차 세계대전으로 인해 이상향으로 도피하고자 하는 심리로서 성숙하고 세련되며, 강하면서도 신비로운 분위기를 연출하는 화장법이 유행하게 되었다.

피부색은 더욱 커버력 있는 파운데이션으로 바르고 눈썹은 가늘게 다듬고 눈썹 연필로 아치형으로 그렸으며 입술은 짙은 여러 가지 색으로 크게 그렸다. 눈썹을 정교하게 다듬는 데는 한 쪽을 다듬는 데만도 미용실에서 한 시간 이상이 소요되었기 때문에 경제적으로 여유 있는 사람들만이 이렇게 다듬을 수 있었다. 그리고 검정과 푸른색의 마스카라는 눈매를 더욱 깊이있게 표현하여 신비로운 분위기를 더하게 했다.

이 시기는 그 어떤 시기보다도 헐리웃의 영화에 등장하는 배우들이 아름다움의 기준으로서 그들의 화장스타일의 영향이 컸는데, 제일 주목받았던 대표적인 헐리웃의 스타는 그레타 가르보(Greta Garbo)였다. 그녀의 푹 들어간 눈과 가는 아치형의 눈썹, 툭 튀어나온 광대뼈로 인해 생기는 음영의 모습은 신비로운 이상형으로서 시대적으로 불안했던 이 시기에 주목을 받았다. 그 밖에 마를린 디트리히(Marlene Dihitrich)도 눈썹을 가늘고 정교하게 다듬었으며, 조안 크로포드(Joan Crawford)는 입술을 과감하고 섹시하게 그리는 화장법을 유행시켰다.

그레타 가르보

마를린 디히트리히

조안 크로포드

영화현장에서 배우들의 분장을 담당했던 메이크업 아티스트 맥스 팩터(Max Factor)는 여배우들의 화장 스타일이 일반 대중에게 큰 영향을 끼치게 됨에 따라, 1936년 런던에 미용살롱을 열어 유행하는 화장 스타일을 더욱 보편화시키기에 이르렀다. 이렇게 여배우나 미용살롱뿐 아니라 보트르 보떼나 마리 끌레르, 보그(Vogue)같은 여성잡지들을 통해 미용관리법이나 화장에 대한 정보가 순서와 재료까지 세세하게 소개되었다. 또한 날씬해 보이기 위한 미용법과 매니큐어와 패티큐어 등 새로운 미용 테크닉이 나타났으며 이와 함께 제품이나 도구분야도 체계적으로 정립되어 갔다.

5. 1940년대

1) 문화사적 배경

1939년에 시작된 제 2차 세계대전이 1945년에 끝날 때까지 세계의 문화는 거의 정지 상태였고, 인류는 전쟁의 고통에 시달렸다. 그러나 전후 20세기 후반으로 접어들면서 서구는 UN을 결속해 세계대전의 위험에서 벗어났고 경제적으로도 풍요로운 사회로의 도입을 하게 되었다. 그러나 세계는 미국과 소련을 중심으로 하는 양극화 체제에 놓이게 되어 두 초강대국을 사이에 둔 팽팽한 이념 대립이 시작되었다.

제2차 세계대전

여군과 핀 업 걸

전후 세계문화의 중심은 미국으로 옮겨갔고, 미국은 정치, 경제적으로 부유한 나라가 되었으며, 이러한 사회 분위기는 사람들의 사고체계에도 변화를 가져와 전반기의 권위주의적 사고가 대중중심의 자유로운 사고로 변화하기 시작하였다.

2) 복식사적 배경

제2차 세계대전 직후까지는 패드를 넣어 어깨를 올린 밀리터리 룩(military look)이 지배적이였다. 국제 간의 대전은 모드계에도 침체를 가져와 전쟁중에는 계속해서 이러한 복식이 유지되었다. 영국이나 미국에서는 패션에 대한 규제가 무척 심해져 의류 판매가격과 스타일 수를 제한하여 의류 제조업자들은 일정한 숫자의 값싼 의복을 생산해 내도록 강요당하였다. 국민들에게 쿠폰을 발행하여 1년에 1인당 40장씩 배급했는데, 슈트 한 벌을 사려면 쿠폰이 80장이 필요했다고 한다. 결과적으로 2차대전은 시민복의 근대화를 유도하여 과거 어느 때보다도 단순하고 기능적인 복장을 일반대중에게 보급시켜 패션을 특수 계층만의 것이 아닌 일반대중에게도 확대시켰다.

그러나 1947년 크리스찬 디올(Christian Dior)은 뉴룩(new look)을 발표하여 전쟁동안 남성화되었던 복식에서 탈피하여 여성의 엘레강스를 불러 일으켰다. 뉴룩은 어깨를 부

밀리터리 룩
Edward Henri Molyneux, 1949

뉴룩
크리스찬 디올, 1947

현대

드럽게 하고 가슴과 허리의 자연적 곡선을 그대로 표현하며 스커트는 플레어로 한 것이었다. 이것은 전쟁 중 기능적이고 남성화되었던 딱딱한 분위기의 복식에 대한 자연스러운 반발이었다. 머리 형태는 넓은 스커트 폭과는 반비례적으로 짧은 쇼트 커트가 유행했다.

3) 머리 형태

1939년부터 1945년까지의 제2차 세계대전 시기에는 30년대 유행을 그대로 따랐으나 전쟁으로 인해 머리 형태는 간소화되었고, 모자는 장식용이 아니라 머리 보호용으로 쓰게 되었다. 전쟁 중 공장, 사무실, 농장 등에서 일하는 여성들은 작업이 간편하기 위하여 머리를 터번이나 천으로 묶는 것이 일반적이었다. 전쟁이 끝날 무렵에는 파리에서 리버레이션(liberation)이라고 이름지어진 꽃과 깃털, 리본으로 높이 장식된 모자가 발표되었다. 머리 형태도 스타일보다는 위생면과 실용면에 치중을 했다.

1944년부터 여자들이 모자 대신에 스카프를 쓰는 것이 유행되었는데 턱에서 매어 쓰거나 스카프를 머리 꼭대기에서 매는 것은 공장노동자들이 머리를 간단하게 하기 위해 스카프로 잡아매는 스타일과 비슷하였다. 모자는 자주 쓰지 않았으나 가장 유행되었던 것은 베레였고, 챙이 넓은 모자는 이마 위에 비스듬히 써서 한쪽 눈을 가리고 다녔다. 모자에 한 개의 깃털을 꽂거나 얼굴을 가리는 베일이 달린 본넷형의 모자도 있었다.

전쟁이 끝난 후 디올의 뉴룩은 머리에서 발끝까지 패션을 바꾸어 놓았고 머리도 되도록 작게 보이도록 했다. 머리 형태는 두상에 딱 달라붙는 시뇽 형태였고, 모자는 작은 필박스(pill box)나 베레가 유행하였다.

터번

베레

40년대 여성의 모자

이때 유행한 머리 형태는 퐁파두르인데 1900년대에 유행한 것과는 달리 긴머리가 아닌 어깨 길이의 머리로 앞머리는 백 콤(back comb)을 넣어 위로 빗고, 핀을 꽂았으며, 안에는 패딩(padding)을 하지 않았다. 혹은 이 머리를 올리지 않을 경우에는 페이지 보이 보브스타일을 많이 했다.

1948년과 1950년 사이는 세미 숏트 시대이고, 47년에 이어 머리를 작게 손질하는데 주안점을 두었다. 40년대 후반의 헤어스타일은 더욱 더 부드러워졌고 손질하기 쉬웠다. 긴 머리 헤어스타일은 짧은 머리보다 나이 들어 보인다고 생각되었다. 1949년도의 가장 극단적인 커트는 매우 짧고 귀의 앞쪽으로 머리를 빗으며, 이마에 불규칙한 모양의 커트를 한 픽시 커트(pixie cut)였다. 이어 세기 후반으로 가면서 다양한 머리 스타일의 시대로 접어들게 된다.

4) 화장형태

1940년대 초는 1939년 발발한 제2차 세계대전을 겪으며 3가지 여인상이 나타나는데, 하나는 전쟁에 나간 남성들과 함께 참전을 한 강한 여성들이었고, 둘째는 궁핍한 가정 경제에도 남자들 대신 경제활동을 하며 가정을 잘 이끌어나간 일반 여성들이었고, 또 하나는 전쟁 중 관능미를 내세운 핀 업 걸(pin up girl)들이었다.

전쟁에 나간 여성들은 남성들이 미처 채우지 못한 전쟁터에서의 역할을 잘 이행하였고, 이러한 강한 여성들은 사회에 이상적인 모습으로 비추어졌다. 군복을 입고, 자신의 일을 하는 여성의 모습은 여권신장의 역할도 하게 되었다.

가정경제를 책임져야 했던 일반여성들은 전쟁기간 동안 내핍 생활 중에서도 자신을 아름답게 꾸몄다. 예를 들어 물자가 귀해져 여성들이 스타킹을 구하기 어렵게 되자 일부 여성들은 종아리 가운데에 마치 스타킹을 신은 것처럼 줄을 긋기도 했으며 화장품이 비싸고 귀해지자 포도주와 꽃잎 등 주변에서 쉽게 구할 수 있는 재료로 직접 화장품을 만들어 사용하기도 하였다.

전쟁으로 인해 나타난 또 다른 여성형은 관능적인 모습과 화장을 한 핀 업 걸들이었다. 그들의 화장은 섹시하면서도 생동감 있는 형태였는데 눈썹은 두껍고 또렷한 곡선적인 형태였고, 속눈썹에는 마스카라를 칠하고, 인조눈썹을 덧붙였으며, 연필로 입술을 크고 선명하게 그리고 립스틱으로 입술 안을 메꾸어 칠했다.

이렇게 자연스럽고 선명한 눈과 관능적으로 강조된 입술 화장과 함께 매니큐어와 패디큐어도 대담한 색으로 매치시키는 스타일이 유행했으며 당시에 인기가 있었던 핀 업 걸들은 베로니카 레이크(Veronica Lake), 리타 헤이워드(Rita Hayworth), 베티 그레이블(Betty Grable) 등이 있었다.

제2차 세계대전 중의 여군

핀 업 걸(리타 헤이워드, 베티 그레이블)

1940년대 메이크업, 리타 헤이워드, 소피아 로렌, 비비안 리

이 당시 미국은 유럽보다는 전쟁에서 비켜서 있었으므로 영화 산업을 비롯한 소비산업이 호황을 누렸다. 그리하여 미국의 최대 상업도시인 뉴욕은 새로운 패션의 중심지로 떠올랐으며 헐리우드에서는 컬러 영화가 제작되면서 기능과 색조가 다양한 화장품들을 제조하게 되었다. 따라서 여성들은 더욱 정교하게 눈썹을 그릴 수 있었다. 또한 피부를 완벽하게 커버해 주며 방수 효과가 있는 팬 케익이 나와서 여성들의 화장은 더 두꺼워지게 되었으며 눈이 움푹 들어가 보이도록 아이섀도를 펴 바르고 어두운 색상의 파운데이션을 사용하여 음영을 주는 등 얼굴을 더욱 입체적으로 다듬었다.

한편, 전쟁이 끝나면서부터는 하얀 톤의 피부 위에 눈썹을 두꺼운 곡선형으로 그리고 아이라인도 더 부드러워지는 등 부드러운 여성스러움이 다시 등장했는데 이러한 현상은 40년대 초에 나타났던 강한 여성형의 스타일에 대해 나타난 반대급부의 유행 스타일이었다. 이런 현상을 가속화시킨 것은 크리스찬 디올의 뉴룩으로 곡선형의 눈썹과 끝을 치켜올린 아이라인, 그리고 붉고 작은 입술이 전쟁으로 사라졌던 여성스러움을 다시 부활시켰다.

6. 1950년대

1) 문화사적 배경

전후 세계는 전쟁 시의 동맹과는 관계없이 미국과 소련을 중심으로 이념을 사이에 둔 냉전체제가 되었다. 유럽은 국제 사회에서 2류 국가로 물러났으나 전쟁의 위험에서 벗어나게 되었다.

무엇보다도 이때는 미국의 우위성이 확립되던 시기로 과학과 기술의 도약적 발전으로 풍요와 번영의 시대로 접어들었으며 문화적 면에서도 미국이 세계를 리드하게 되었다. 가

1950년대 미국의 번영

정용 전자제품과 자동차 산업은 역사상 가장 큰 호황을 이루고 있었고 특히 텔레비젼의 보급은 사람들의 생활에 강력한 영향력을 행사하게 되었다.

또한 풍요의 시대에 젊은이들은 스스로 돈을 벌 수 있게 되었고 축음기, 레코드, 트랜지스터 라디오, 소프트 드링크 등이 잘 팔려 나가게 되었다. 광고주들은 이들을 위한 상품을 개발하게 되었고, 로큰롤과 트위스트, 새로운 비어들과 같은 그들만의 문화가 나타나게 되었다. 이때 유명한 가수로는 척 베리(Chuck Berry)와 엘비스 프레슬리(Elvis Presley)가 있었다. 미국의 이러한 팝(pop)문화와 영화예술 등은 특히 미국적 문화로서 세계에 영향을 미쳤는데 순수예술의 분야에서도 이때부터 미국의 역할이 커지기 시작했다.

그러나 이 시기의 경제적 풍요 속에는 '획일화'와 '동질화'의 양상이 자리잡고 있었으며 구성원 개개인은 집단윤리와 소속감을 강요하는 거대 조직사회의 한 부속으로 전락하고 있었다. 즉 20세기가 표방한 모더니즘(modernism)은 기능주의를 기반으로 했기에 개인의 개성을 무시하고 모든 것을 기능위주로 단순화, 기계화, 획일화, 동질화시켰다.

그러므로 이런 모더니즘의 기계적 사고에 대한 반항적 조류가 나타나게 되었는데 므든 얽매임에 대한 거부를 바탕으로 새로운 전망과 실재를 도피적 방법으로 추구하는 비트족(Beats : 1950년대 학계와 지식층에 나타난 집단으로 재즈와 블루스에 대한 사랑, 흑인속어사용, 마리화나 피우기와 섹스, 동양 종교에 대한 관심 등을 나타내었고 비트 스타일의 의복은 거의가 검정색으로 구성되었다. 미국대학을 중심으로 나온 이들의 생활은 후에 히피족의 표본이 되었다)이 한 예이다. 이것은 기능성을 위주로 한 기계적 획일성, 동질성의 모더니즘을 탈피하여 개성의 자유를 찾고자 한 움직임이였다.

앨빈 토플러의 저서인 '제 3의 물결'에서는 우리가 현재 일렉트로닉스와 컴퓨터 시대인 제 3의 물결을 맞고 있다고 지적했다. 이 제 3의 물결은 고도의 과학기술에 의존하면서 반산업주의적인 특성을 가지며 새로운 문명의 창조와 더불어 의식구조를 변화시키게 되었다. 다종다양하며 재생가능한 에너지 자원, 마이콤 기술에 의한 다품종 소량 생산의 새로운 생산방식과 가족제도, 탈 획일화의 미디아 등의 영향으로 제 3의 물결의 사회의 특징인 규격화, 분업화, 동시화, 집중화, 극대화, 중앙집권화와는 다른 개성의 존중, 다양화, 가족중심 등의 새로운 생활방식이 나타나게 되었다. 이런 제 3의 물결은 1970년대 부터 특징적으로 나타나기 시작하나 1950년대 후반부터 이러한 조짐이 나타나기 시작한다. 즉 탈모더니즘으로의 움직임이 시작된 것이다.

2) 복식사적 배경

1950년대 패션은 2개의 커다란 조류가 있었다. 그 하나가 디올 발렌시아가, 지방시 등 파리 오트 쿠튀르 디자이너들을 중심으로한 룩(look), 라인(line)을 추구한 하이패션이었

크리스찬 디올의 라인 알파벳 시대(A라인, H라인, Y라인)

발렌시아가

샤넬 슈트, 1954

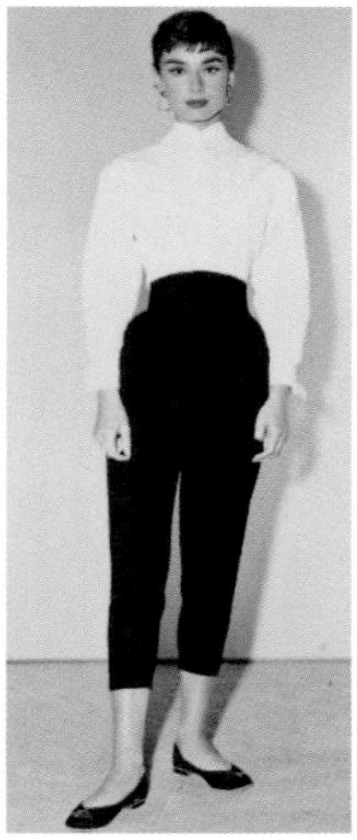

사브리나 팬츠,
오드리 햅번, 지방시

테디 보이즈, 1950년대

비트족

고, 다른 하나는 미국의 틴에이져 패션인 스트리트(street) 패션이었다. 지금까지의 패션은 기성세대를 중심으로 한 하이 패션이었지만 이 시기에 청소년 하위 문화가 등장하여 새로운 마켓을 형성하게 되었다.

1947년 뉴룩으로 유명해진 디올는 50년대 하이패션을 이끌어간 주인공으로 50년더는 '디올의 라인 알파벳 시대'라 불릴 만큼 그가 창작한 작품이 계속해서 유행을 불러일으켰다. 즉 H라인, Y라인, 튤립 라인(tulip line) 등이 그것이다.

디올과 같이 1950년대를 이끌어간 대표적 디자이너 중의 한사람은 발렌시아가(Cristoval Balenciaga)였다. 그는 판넬 스커트, 루즈 피트 룩(loose fit look), 슈미즈 드레스 등을 발표했는데 이것들은 디올의 로맨틱 모드에 반해 단순하고 스포티한 라인이었다. 한편 샤넬은 샤넬 슈트를 내놓았는데 무릎까지 오는 스커트의 길이 샤넬 라인은 현대복의 '보편적인 스커트 라인'이 되었다.

그리고 바지 역시 모드에 적용되어 지방시(Hubert de Givenchy)가 만들고 오드티 햅번(Audrey Hepburn)이 영화 샤브리나에서 유행시킨 사브리나 팬츠(Sabrina pants)가 유행했다. 머리 형태는 오드리 햅번이 영화 '로마의 휴일'에서 하고 나온 짧은 머리가 유행을 했다.

반면 스트리트 패션은 1940년대 말부터 유행한 에드워드풍 스타일이 런던의 청소년들의 패션에 선택되면서 틴에이져 시장에 독자적인 패션이 등장하게 되었다. 에드워드풍의 스타일을 입은 영국의 청소년들을 에드워드 왕의 별명인 테디를 따라 '테디 보이즈(Teddy boys)'라고 부르게 되었다. 이들은 신발 하나에도 일반인의 3~4주의 급료와 맞먹을 정도의 아주 비싼 옷차림을 했다.

또한 창백한 얼굴에 온통 검은색 옷으로 치장한 비트족(Beats)도 여성스럽고 우아한 분위기의 상류층의 하이패션에서 점차적으로 젊은층을 대상으로 하는 영패션으로의 전환을

페이지 보이 보브, 1950년대

버블 스타일, 1950

가져왔다. 이것들은 세련된 하류층의 패션 아이디어가 패션 역사상 처음으로 유행을 타게 되어 상류층이 받아들이게 되는 계기가 되었다.

3) 머리 형태

1950년대에는 스커트의 길이가 무릎을 덮을 정도로 짧아짐에 따라서 머리는 꼭 붙게 시뇽을 하거나 머리카락을 약 4cm 길이로 똑같이 잘라서 느슨하게 컬을 한 푸들 컷(poodle cut), 어깨까지 내려온 머리의 끝을 안으로 말은 페이지 보이 보브 등이 유행했으며, 이외 긴 머리를 뒤로 모아 고무줄이나 끈으로 묶는 호올스 테일(horse' tail) 또는 포니 테일(pony tail)도 했다. 또한 이마와 뺨에 납작하게 붙인 곱슬 애교머리 스타일도 유행하였다. 짧은 헤어스타일이 조금 길어지면서 그것은 버블스타일로 바뀌었다. 즉 머리카락 3인치 정도의 길이를 큰 롤로 감아서 만든 둥글고 솜털 같은 모양의 스타일이다. 1950년대의 대표적인 배우인 마릴린 먼로가 이 스타일의 전형이었다. 또한 프렌치 트위스트(french twist)형도 유행하였다.

포니테일

푸들 컷

롤 스타일

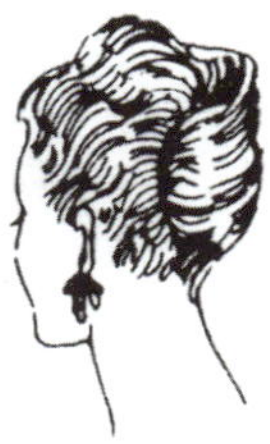

프렌치 트위스트

여성의 머리 형태

픽시 커트, 1953

브리지트 바르도, 흐트러진 머리 형태

터번

챙이 넓은 모자

필 박스

1950년대의 젊은이들 사이에는 미국 영화배우의 머리 스타일이 유행했다. 햅번의 짧은 머리 모양인 픽시 커트(pixie cut, pixie는 귀가 길고 머리가 짧은 요정)와 불규칙한 앞머리와 짧은 커트가 유행했으며, 프랑스의 브리지트 바르도(Brigitte Bardot)형의 머리카락을 고의로 흐트린 단정치 못한 스타일도 유행했다. 1950년대에는 커트의 중요성이 강조되어 숏 커트 기법이 발달했고, 입체감이 강조된 큰 웨이브가 유행했다.

또한 머리 형태를 망가뜨리지 않을 형의 작은 모자가 출현하기도 했다. 당시 모자의 형태는 다양하였으나 대부분의 여인들은 모자대신 장방형의 스카프를 썼는데 이것은 값 비싼 천에 무늬를 프린트하거나 다양한 디자인으로 수를 놓은 것이었다. 낮에 쓰는 여자모자에는 벨루어로 만들고 깃털 장식을 한 것이 있었고, 터번형으로 주름을 잡거나 드레이프시켜 피라밋처럼 높게 만들고 깃털을 꽂은 모자형도 있었다. 또한 벨벳천으로 만든 챙이 있는 모자를 한쪽으로 기울어지게 쓰기도 하였고, 필 박스(pill box)형의 모자를 쓰기도 하였다.

엘비스 프레슬리

50년대 화장법, 크리스찬 디올

4) 화장형태

1920년대에서 1940년대까지 유럽이 전쟁을 겪는 동안 미국의 문화는 발전을 거듭하여 1950년대부터는 미국이 유행의 주도권을 잡게 되었다. 평화 시대에 접어들면서 경제가 발전하고 화장품 산업도 호황을 맞았으며 이러한 풍요로움 속에서 특히 젊은이들의 소비력이 크게 증가하였고 그들의 문화가 유행에 큰 영향을 미치기 시작하였다.

엘비스 프레슬리(Elvis Presley)는 가스펠(gospel)과 리듬 앤 블루스(rhythm and blues), 컨트리(country), 부기(boogie) 등이 결합된 로큰롤(Rock'n roll)의 음악을 전 세계적으로 유행시켰으며 그의 패션 스타일과 제스쳐 등은 젊은이들에게 많은 반향을 불러일으켰다.

1950년대의 산업화의 촉진과 소비의 증가는 패션산업 발달의 기폭제가 되었는데 크리스찬 디올(Christian Dior)에 의해 나타났던 귀족적이면서 과감한 알파벳형의 스타일들로 인해 아이라인을 강조하고 입술을 붉게 칠하는 여성스러우면서도 인위적인 화장패턴이 유행하게 되었다. 이러한 여성스러우면서도 인위적인 유행은 사치상품의 소비가 많아지면서 더 널리 퍼지게 되었다.

전시에 외과 수술용으로 제작되었던 심이 부드러운 연필이, 전쟁이 끝나자 눈썹화장용 연필로 사용되는 등 전쟁 중 화학, 기술의 발전으로 새로운 화장품이 등장함에 따라 더욱 인위적인 화장법이 가능하게 되었다.

한편 반대현상으로 이 시대는 가부장적인 의식이 팽배하게 되어 순종적이며 모성애적 여성상을 이상적인 여성상으로 미화시켰으며 여성을 성적 대상물로 비하시켜 관능적인 여성상이 나타나기도 했다.

순종적이며 모성애적 여성상을 나타낸 대표적인 여배우는 산드라 디(Sandra dee), 도리스 데이(Doris day) 등이 있고 오드리 햅번(Audrey hepburn)은 요정같은 우아함으로 인정을 받았다. 오드리 햅번은 '로마의 휴일'이라는 영화에서 아이라인의 눈꼬리를 두껍게 하면서 꼬리를 약간 올리고, 눈썹은 두껍고 둥글게, 피부는 하얗게, 입술은 붉게, 볼터치는 핑크색 계통으로 하면서 머리는 짧게 커트하여 여성스러움과 발랄함을 강조했다.

이처럼 입체적이면서 인위적인 화장을 하기 위해 파운데이션은 두껍게 발랐고, 케익형 콤팩트 파우더가 유행되었으며 두꺼우면서도 여성적으로 곡선을 이룬 눈썹과 아이펜슬로 눈꼬리 부분을 치켜올려 표현한 눈이 새로운 강조점이 되었다. 피부는 하얀 핑크조로, 입술은 풍만하고 여성적이면서 또렷하게 표현되었다.

이와 같이 강렬하면서도 가식적인 눈화장은 1950년대 동안 계속되어졌다. 이러한 강한 눈화장은 눈썹과 눈만 강조하여 회색이나 녹색의 아이섀도를 칠한 후 검정색의 아이라인을 진하고 길게 꼬리를 늘여 그려 야성적이고 정열적으로 표현했으며 입술화장은 상대적으로 흐리거나 엷은 분홍색으로 표현하였다.

관능적인 여성상의 예로는 마릴린 먼로(Marilyn monro)가 있는데 그녀는 풍만한 신체와 특이한 걸음걸이, 불안정한 목소리, 밝은 금발, 특유의 화장으로 성적 매력을 한껏 과시했다. 빨간색으로 강조된 윤기 있는 입술은 당시 여성들의 선망의 대상으로 유행하였다. 먼로는 아이섀도는 강한 색을 사용하지 않았으나 아이라이너를 굵게 끝을 올려 그리고, 인조속눈썹을 붙인 다음, 마스카라를 많이 칠했으며 눈썹은 두껍고 각이 지게 그렸다. 입술은 붉은색을 사용해 아웃 커브로 그렸는데 바세린(vaseline)으로 광택을 냈고 그녀의 윤기 있는 입술은 일반 여성들에게도 유행되었다. 그녀의 이러한 관능적 이미지는 성이 상품화되는 상업적 분위기에 일조를 했다.

1950년대와 1960년대의 전환기에 제일 주목을 받았던 배우는 프랑스의 브리지트 바르도(Brigitte Bardot)였다. 그녀는 반항아적인 모습과 관능적인 모습이 같이 느껴지는 것

산드라 디

도리스 데이

오드리 햅번

마릴린 먼로

브리지트 바르도

엘리자베스 테일러

에바 가드너

소피아 로렌

이 매력으로서 1950년대의 관능적인 이상형과 1960년대의 반항적이면서도 자유로운 분위기를 보여 줌으로써 1950년대와 1960년대를 잇는 가교 역할을 했다. 브리지트 바르도는 피부는 하얗게 하고 눈썹은 야성적인 이미지가 살아나도록 자연스럽게 그렸으며 아이섀도는 녹색 등으로 진하게 바르고 아이라이너는 길게 눈꼬리를 강조하여 그렸으며 입술은 밝은 분홍색으로 섹시하게 표현하였다.

그 밖에 주목받은 헐리우드의 스타로는 엘리자베스 테일러(Elizabeth Taylor)와 에바 가드너(Eva gardner), 소피아 로렌(Sophia Lauren) 등이 있는데 그녀들의 입체적이고 진한 화장이 전세계적으로 모방되었다.

이처럼 다양한 스타들의 영향과 인공적인 색조 기술의 발달은 아이섀도(eye shadow)의 대중화를 가져왔으며 1950년대 말에는 립스틱이 계절에 따라 다양하게 여러 가지 색상의 트렌드로 소개되었는데 그 중에 녹색과 은색을 비롯한 차가운 색이 인기를 모으기도 했다. 이때 미국의 화장품회사 레브론(Revlon)은 선명한 보라색의 아이섀도와 파란 아이라이너, 또는 금갈색의 마스카라와 초록색 아이섀도, 다갈색의 아이라이너를 출시하는 등 더 짧은 기간을 주기로 더 다양한 색조들을 선보였다.

이와 함께 1950년대 후반에는 화장형태는 점차 다양해졌고 화장은 옷의 다양한 스타일와 색상과 조화를 이루면서 토탈 코디네이션의 개념으로 더 확고하게 자리매김을 하게 되었다.

7. 1960년대

1) 문화적 배경

1960년대 들어 케네디 대통령은 '새로운 개척정신'이란 구호 아래 청년 평화봉사단을 세계로 파견하고 아폴로 계획과 지역개발 사업, 빈민구제 사업을 실시하고 양극체제에서 벗어나 우호 방향으로 전환하려 했고 세계경제는 1970년대 초까지 계속 성장하여 호황을 맞이하였다.

제2차 세계대전 후에 '베이비 붐'이 일어나 태어난 세대가 1960년대에는 청년으로 성장하여 전체인구의 많은 비율을 차지하게 되었고 이들이 고등교육과 취업의 기회를 얻어 경제적으로 독립하면서 커다란 힘의 집단을 형성하였다. 특히 1950년대 중반부터 시작된 젊은이들의 문화는 절정에 이르러, 1960년대에는 젊은이의 시기로 지칭되며 독특한 청년 문화를 형성하였다. 영국의 비틀즈(Beatles)와 롤링 스톤즈(Rolling Stones)는 젊은이들의 우상이었고, 복식도 영 패션(young fashion) 시대로 접어들게 되었다.

이러한 자유화 바람을 타고 미국은 흑인 민권운동과 빈곤에 대한 전쟁 그리고 월남전 개입에 대한 반전 여론이 일어나고 있었다. 즉, 대학생들을 시작으로 해서 미국이 불평등하고 억압적이며 비도덕적이라고 비난하고 참여 민주주의와 무정부주의를 지향하는 성격의 운동이 시작되었다. 이들은 크게 신좌파(New Left)와 히피(Hippie)의 두 파로 나뉘었다. 신좌파가 기존체제의 전복을 기도하는 혁명적 성향을 띄었던데 반해, 히피는 기존체제에서 이탈해 버리는 방안을 취했다.

히피문화는 '사랑'을 핵심으로 하고 있었기에 동양의 신비주의 종교나 선불교, 기독교

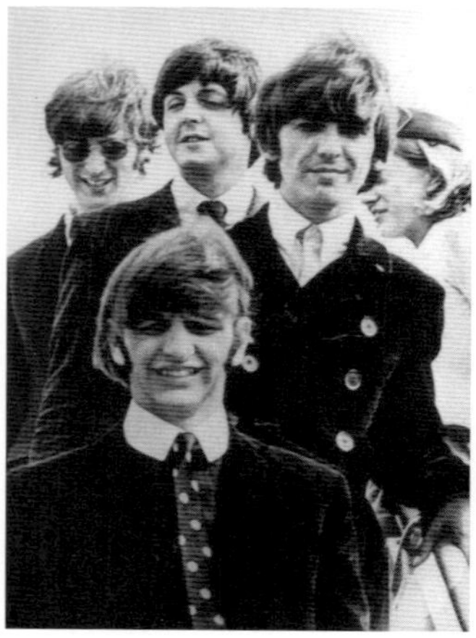

비틀즈, 1966

사이키델릭 아트

히피 운동

의 극단적 원론주의 등 신비주의에서 해결책을 모색하려 했다. 그들은 기계적 사회의 합리성, 획일성을 거부하고 개인의 본능과 잠재력이 완전히 해방된 상태에서 진정한 자아의 생활과 쾌락을 추구할 것을 촉구하였다. 이것의 도구로 사용된 것이 약물로 이 마약 문화는 그 후 60년대 말경에 관능적이고 불안정하며 강렬한 록 음악과 심적 황홀 상태를 표현하는 사이키델릭 아트(psychedelic art)에 영향을 주었다.

또한 그들은 직업을 버리고 재산, 애정, 자녀를 공유하며 자급자족을 하는 공동체 생활을 하였다. 직업을 벗어난 이상 도시에 머물 이유가 없는 이들은 자연회귀 본능에 따라 순수한 자연생활로 돌아갔다. 그러나 그들은 여기에서 마약복용뿐만 아니라 성적으로 무척 문란한 생활을 하고 있었다.

이런 급진적 학생 연합운동은 흑인 해방운동과 연결되어 더욱 활발하게 진행되었다. 1950년대 중반 이후 미국의 자유와 평등의 추구를 강조하는 민주주의 바람은 흑인의 민권에 대한 관심도 불러일으켰다. 그래서 결국 민권법과 참정권법이 제정되어 흑인의 정치적 평등이 어느 정도 달성되게 되었고, 1954년 미국 대법원은 1896년부터 실시되던 '흑백분리법은 위헌이다'라는 역사적 판결을 내리게 되었다.

그 이후로 1955년부터 10년 동안은 흑인들의 민권운동이 무척 활발하게 일어나던 시기였다. 이때 흑인의 지도자로서 등장한 사람은 비폭력 무저항 주의를 주장한 마틴 루터 킹(Martin Lutter King) 목사와 폭력 노선을 채택한 말콤 엑스(Malclom X)였다. 처음에 흑인들은 킹목사의 비폭력 노선을 따랐으나 곧 이것의 한계성을 깨닫게 되었고 말콤 엑스를 위주로 한 급진적 흑인 운동가들은 백인이 지배하는 사회에서 인종적 평등을 얻기 보다는 차라리 흑인의 완전한 독립 국가를 가지려는 흑인 민족주의(black nationalism)를 내세우게 되었다. 그래서 흑인들은 우선 자신들의 인종적, 문화적 고유성을 찾고 그것에 대해 자부심을 가지려고 하였다. 그러므로 흑인의 검은 피부색이나 그들의 독특한 아프로

마틴 루터 킹

말콤 엑스(Malclom X)

흑인 민권 운동, 1963

팝아트, 앤디 워홀

(afro) 머리를 아름다운 것으로 찬양하였다.

유럽도 1960년대는 경제적 번영과 사회적 안정을 누리던 때였으나 소수 상류층에 부의 집중이 커지자 비판적 지식인들은 표면적 번영과 합의하에 경제적 이념적 갈등이 일어나고 있음을 지적하고 개인이 자기문제를 제어할 수 있는 새로운 사회건설을 요구하였다. 반핵운동과 실존주의 철학이 이때 나온 것이며 인간은 도덕적 결단으로 자신의 존재를 천명하는 것이라 생각했다.

유럽에서 이러한 권위에 대한 도전은 이탈리아 대학을 시작으로 각 국가에 영향을 미쳤는데 이때는 전후 베이비 붐 세대가 청년이 되는 시기였으므로 사회에서 청년들의 비율이 컸고 이에 따라 그들의 목소리가 커지던 시기였으므로 그들의 이러한 운동은 사회전반에 지대한 영향을 미쳤다.

예술 분야도 현대미술의 권위를 거부하는 포스트 모던 아트가 유행하면서 팝 아트(pop art)가 주요 예술 분야로 부각되었다. 팝 아트로 유명한 아티스트는 앤디 워홀(Andy Warhol)로 프린트(print), 패러디(parody)라는 분야를 개척하였다.

2) 복식사적 배경

1960년대에 접어들면서 영파워를 형성한 전후 베이비 붐(baby boom) 세대들은 생동감과 젊음이 넘치는 '격변의 60년대(swinging sixties)'를 탄생시켰다. 그들은 50년대 말경부터 경제권을 가지게 되면서 고정관념에서 탈피하여 스스로의 의복을 창조하게 되었다.

이때 크게 부상한 디자이너는 영국의 메리 퀀트(Mary Quant)였다. 이때는 '작은 것이 아름답다'라는 캐치프레이즈와 함께 디자인에서 소형화가 특징을 이루었는데, 퀀트는 미니 스커트를 만들어 작은 것이 정말 아름답다는 사실을 보여주었다. 그녀는 새로운 유행은 비교적 값이 싸야 하며 유행을 주도하는 사람은 보수적인 소수의 상류층 부인이 아니라 대담한 옷을 입을 수 있는 젊은 세대이어야 한다고 생각했다. 더욱이 파리 디자이너 앙드레 쿠레주(Andret Courreges)의 미니 채용으로 미니는 더 유명해졌다. 작은 것이 아름답다는 캐치프레이즈는 깡마른 모델 트위기의 선풍에서도 나타났다. 트위기는 초연함, 고뇌, 염세, 현대인의 냉철함을 작은 체구로서 잘 발산하였다.

모즈(Mods)는 모던(moderns)의 약어로 '현대적인'의 의미를 가지며, 비틀즈(the Beatles)를 중심으로 칼라 없는 슬림 슈트와 폭이 좁은 타이를 맨 단정하고 깔끔한 이미지를 추구하였다. 영국 메리 퀀트는 모즈 룩을 본인의 패션에 반영하여 미니스커트, 판탈롱 팬츠, 굽이 낮은 신발 등을 선보였고, 모델 트위기는 이러한 패션을 잘 표현했다.

메리 퀀트의 미니 스커트, 1960s

모즈 룩, 1960s

모즈와 반대의 모드인 로커(rocker)는 오토바이 문화로 메탈 징을 박은 악세서리와 검은 가죽 재킷을 그 특징으로 나타난다. 또한 현대아트를 이용한 복식 디자인이 많아져서 사이키델릭 아트를 표현한 사이키델릭 룩이나 옵아트를 이용한 복식도 나왔다.

1960년대는 우주여행과 관련된 디자인이 유행하였는데 우주비행의 특징은 은색과 투명함이였다. 그래서 앙드레 쿠레주는 우주 룩을 내놓아 그의 의상을 주로 흰색이나 은색으로 하였다. 미국의 루디 건릭(Rudi Gernreich)은 톱리스(topless) 수영복을 발표하여 화제를 모았다. 또한 이브 생 로랑(Yves St.Laurent)은 몬드리안 룩(Mondrian look)을 내놓

로커, 1960s

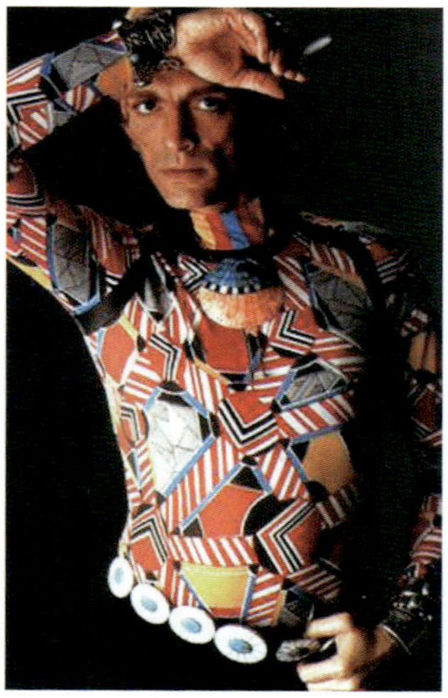

사이키 델릭 룩

옵아트 룩

앙드레 쿠레주, 우주 룩

루디 건릭,
탑리스 수영복

아 현대 추상회화를 패션에 도입했고 판탈롱 슈트를 내놓았다.

여성해방운동이 활발히 전개되면서 여성들은 남성들의 테일러 슈트를 모방한 스타일과 청바지를 즐겨 입었고 제인 폰다 같이 여성해방의 투사와 같은 타입이 인기를 끌었다. 남성들도 여성들과 마찬가지로 '비틀즈'의 유행과 함께 그들이 입었던 러플 장식이 된 블라우스라던가 곱게 빗은 윤이 나는 머리 스타일 등을 해 남성과 여성의 유니섹스 현상이 뚜렷이 나타났다.

이 시대의 전위파 디자이너로는 파코 라반(Paco Rabanne)이 있었는데 그는 비닐, 종이, 셀로판, 플라스틱, 알루미늄, 금속 등 가능한 모든 소재를 대담하게 사용하여 복식 디자인의 미래파를 표방했다.

몬드리안 룩, 판탈롱 슈트, 이브생로랑

진의 대중화, 1960년대

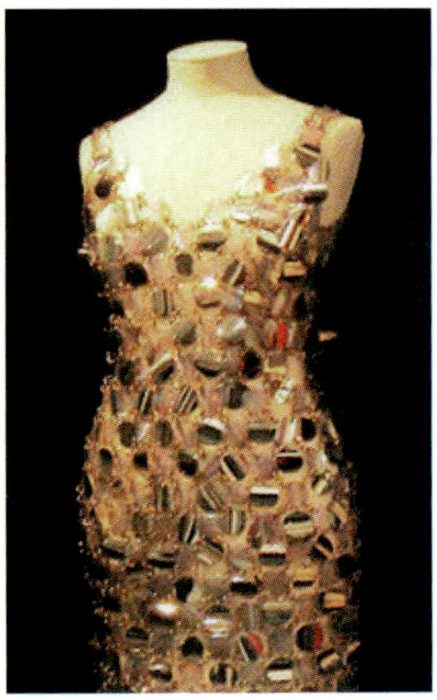

금속 칵테일 드레스, 파코 라반

시 스루 드레스, 1967

판탈롱, 미니, 맥시

60년대에는 여성의 신체의 자연적 미를 깨뜨리지 않도록 드레스를 신체에 부드럽게 맞추는 방법이 채용되었다. 그 결과 시 스루(see through)라고 하는 브래지어를 하지 않은 상반신에 직접 입은 짧은 상의, 투명한 시폰 등을 이용한 셔츠 드레스와 판탈롱을 입은 이른바 '뉴 바디(new body)'를 지향하는 대담한 복장이 나타났다.

1960년대 후반에는 미니 스커트가 주류이나 한편에서는 미디, 판탈롱, 핫 팬츠 등 모드의 다양화 시대를 맞이하게 되었다. 또한 이때는 젊은이들이 물질주의를 비판하고 사회로부터 일탈하기 시작하였다. 이것은 히피족을 등장시켰는데 이들은 유니섹스 모드를 대중화시켜 진(Jeans)으로 만든 의복이 남녀노소를 불문하고 애용되었으며, 그들의 마약복용과 함께 민속적인 의복에 대한 새로운 유행이 생겨 카프탄, 패치워크, 플라스틱 팔찌, 발찌 등이 유행했다. 또한 이들의 풀어헤친 자연스런 긴 머리가 유행했다.

3) 머리 형태

1960년대 여성들은 머리를 과도하게 부풀리는 형인 부판트(bouffant)를 좋아했는데, 60년대 초에 필 박스(pill box)와 장갑을 애용한 재키 케네디(Jackie Kennedy)의 스타일을 많은 여성이 모방했다. 부풀림은 머리의 길이에 상관없이 긴머리나 짧은 머리에도 사용되었다. 긴 머리가 백 코밍(back coming)이 되어 뒤로 넘겨진 것을 비히브(beehive)라고 했다. 백코밍이 새로운 기술은 아니었으나 60년대에 매우 유행했다. 이것으로 인해 60년대에는 헤어 피스와 가발이 많이 사용되었다.

모발은 점점 더 장식적이 되어 염색과 탈색 기술이 점차 증진되었고, 공개적으로 할 수 있게 되었으며, 좀 더 미묘한 색상도 나타낼 수 있게 되었다. 염색은 더 이상은 몰래 하는 일이 아니게 되었으며 패션의 또 다른 일면이 되게 되었다. 헤어 스프레이를 사용해 머리를 고정했으며, 크게 부풀려진 머리형 때문에 모자는 인기가 적어졌다.

또한 영국의 10대 모델인 트위기의 짧은 머리가 유행하기도 하였다. 비달 사순(Vidal Sassoon)은 기하학적 커트로 유명해졌으며 미니 스커트를 만든 메리 퀀트는 사순의 커트를 그녀의 디자인에 함께 받아들였다.

또한 히피 스타일(Hippie style)은 60년대 청년문화를 반영했는데, 히피 스타일이란 1960년대 들어 미국이 불평등하고 억압적이며 비도덕적이라고 비난하고 기존체제에서 이탈함으로써 그들의 반항을 나타냈던 히피들이 하고 다녔던 머리 형태에서 유래된다. 이것은 머리 형태에 어떤 일정한 틀을 주던 전시대의 머리 형태와는 달리 긴 머리를 다듬지 않은 채로 그대로 풀어헤쳐서 자연스러운 모양을 내는 것이 특징이다.

부판트

필 박스, 재키 케네디

비히브

트위기

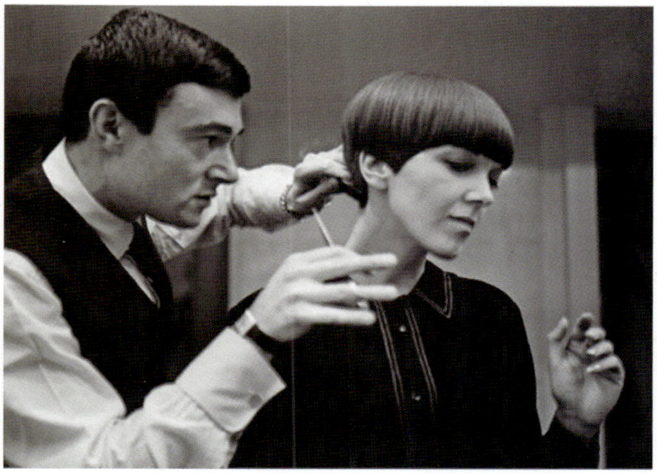

비달 사순

히피 공동체, 1960년대

즉 히피의 헝클어진 머리 형태는 전시대에 유행했던 짧은 머리에 대한 반발, 당시 환각제에 의해 고양된 인생의 이미지를 반영한 록 가수의 헝클어진 머리에 대한 모방, 물질주의를 피해 자연에서 진선미를 추구하려던 자연회귀 경향, 월남전으로 인한 약소국과의 정신적 결속차원과 함께 나타난 에스닉(ethnic) 취미, 무엇보다도 자신들이 품은 자유와 평화에 대한 이상과 현 체제에 대한 반항의식을 나타낸 것이었다. 이것은 전시대의 인공적인 머리 스타일에서 처음으로 헝클어진 자연스런 머리에서 아름다움을 느끼게 된 것이었다. 즉 머리 형태상에서 자연스러움의 추구가 나타났다.

1967년 경에는 포니테일형의 머리를 뒤로 묶는 스타일이 유행했는데, 이것은 캐쥬얼하고 스포티한 느낌을 주었으며, 일종의 소사이어티 레이디 룩(society lady look)이었다.

1960년대 일어난 흑인민권 운동의 영향으로 아프로 스타일(afro style, 1968)이 유행하여 이것이 백인의 머리 형태에도 영향을 미치기 시작하였다. 아프로 스타일이란 1950년대 후반부터 일기 시작한 미국의 흑인 민권운동으로 흑인의 미가 찬양되면서 머리 형태도 흑인의 독특한 아프로 스타일이 유행을 하게 된 것이다. 이것은 꼬불꼬불하고 부시시한 흑인 특유의 머리를 별 장식이나 손질을 하지 않고 그대로 빗질하여 부풀린 것이었다.

1960년대 말 처음 나타난 아프로 스타일의 초기형태는 모발의 높이와 넓이를 같게 한 것이었다. 이것이 초기에는 좀 길게 나타났으나 그 후에는 내추럴(natural)로 알려진 아프로보다 짧은 머리가 나타났다. 이것은 남녀 모두에게 인기가 있었으나 여성들에게는 아프로 퍼프(afro puff)라는 가운데 가르마를 하고 머리를 양 귀의 옆으로 모아 부풀린 머리 형태가 나타났다.

아프로 헤어스타일, 1950년대

내추럴 헤어스타일, 1968

콘로우 헤어스타일, 1973

그후 1970년대 초반에 가면 콘로우(cornrow)라는 머리 스타일이 나타난다. 이것은 흑인을 위한 새로운 머리 스타일의 대부분을 디자인한 미국 뉴욕의 라틴쿼터에 있는 아프리카 뷰티센터의 죠서퍼라는 파리의 디자이너가 고안한 것으로 그들의 흑인조상들의 머리 형태처럼 머리를 구분해서 나누어 옥수수 모양으로 땋은 것이었다.

본래 이 스타일은 아프리카 부족의 무녀가 종교적인 위엄을 보이기 위하여 머리를 따서 묶던가 싸움에 나가는 전사가 묶었던 것이었으므로 많은 미국 흑인들에게 긍지의 상징으로 생각되고 있었다. 또한 부시시해지기 쉬운 아프로보다는 잘 어울리고 편리하게 생각되기도 하였다. 이것은 단순히 머리를 두상에 붙여 땋아 묶는 것 뿐만이 아니라 땋은 머리를 원으로 만들어 늘어뜨린다든지 소용돌이처럼 휘어마는 등 스타일에 많은 다양성이 나타났다. 그러나 이때 머리는 펴서 땋아진 것이 아니라 오일로 길을 들인 것이었다. 이것은 본래 남성의 머리 형태였으나 여성이나 어린이들에게도 새로운 스타일로써 인기가 있었다.

이러한 흑인 특유의 머리 형태는 그들의 자부심과 반항의 의지를 사회문화나 복식뿐만 아니라 머리 형태에도 나타내게 된 것으로 백인들의 머리 형태에도 영향을 미쳤다. 그러나 백인들의 머리 모양에 나타나는 아프로 스타일은 퍼머넌트를 해서 그런 모양을 낸 것이었다. 또한 아프로 스타일은 양식적 특성면에서 볼 때 서아프리카풍의 이국적 머리 형태가 서구에 나타나게 되는 계기를 마련했다.

4) 화장형태

20세기 후반인 1960년대에 들어서면서 화장스타일은 표현 형태의 다양성과 개성이 중시되어 무조건 따라 하는 20세기 전반기의 분위기에서 벗어나기 시작했다. 이 시기의 패션을 선도한 계층은 상류층이나 기성세대가 아닌 50년대에 등장하기 시작한 전후 베이비 붐(baby boom)의 젊은 세대와 소외된 사회의 하층계급이었는데 이러한 현상은 그동안 만들어졌던 패션의 흐름과는 반대되는 현상이었다. 이들 계층들은 자신들만의 가치관과 신념, 행동양식으로 그들만의 스타일을 다양하게 창출해냈다.

베이비 붐 세대에 태어난 젊은이들은 소비력이 큰 주요한 구매세력으로 떠올랐으며 업계는 이들 세대의 시장을 점유하기 위해 많은 제품을 개발하고 다양한 트렌드를 제시했다. 이 당시 대표적인 대중음악의 분야는 영국의 비틀즈(Beatles)의 로큰롤(rock'n roll)과 롤링스톤즈(Rolling Stones)의 하드 록(hard rock)으로 당시의 개성을 중시하는 젊은이들의 풍조를 나타내 주고 있다.

비틀즈와 함께 영국에서 주목받았던 젊고 개성적인 디자이너는 영국의 메리 퀀트였다. 그녀는 가난한 틴에이저를 위해 비용이 조금 드는 미니 스커트에 목이 긴 장화를 신은 작은 소녀의 스타일로 인기를 끌었으며 리틀 걸 룩(little girl look)과 매치되는 화장스타일

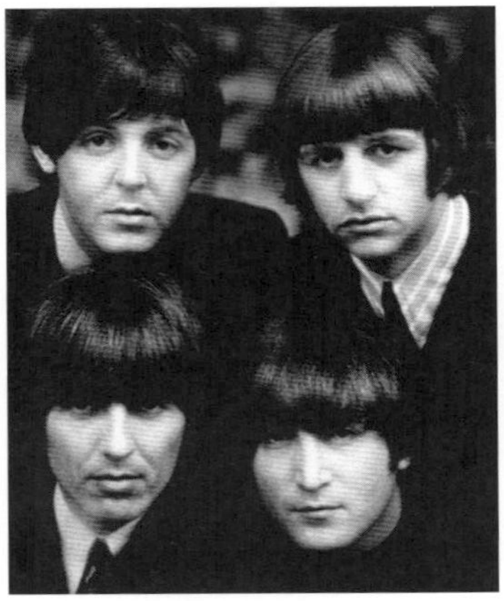

비틀즈

롤링 스톤즈

은 어린애 같은 싱싱한 피부를 강조하는데 중점을 두었고 화장도구와 화장품을 넣는 예쁜 장식의 페인트 박스(paint box)는 십대들 사이에 큰 인기를 끌었다. 역시 화장품업계도 십대들을 위해 깨끗한 피부와 풍성한 아이래쉬, 가짜 주근깨(false freckle), 장미빛 볼 등 젊음이 돋보이는 주버나일 룩(juvenile look)이라는 틴에이져 스타일을 만들어냈다.

한편 60년대 초의 미국에서는 젊은 나이에 영부인이 된 재키 케네디가 30대의 매력을 한껏 발산하며 전 세계의 유행에 영향을 끼쳤다. 그녀는 특유의 의상 스타일, 헤어 스타일과 함께 깨끗한 피부, 진한 마스카라로 강조한 눈화장, 황갈색의 립스틱을 사용함으로써 건강하면서도 고상한 그녀 자신의 이미지를 유행시켰다.

1960년을 전후로 해서는 고형스틱이 나오기 시작했고 1962년에는 아이섀도, 파운데이션, 매니큐어, 마스카라 등 화장품이 다양하게 제조되게 되었다.

60년대 중반으로 가면서는 장식화되고 상업화된 패션산업의 영향으로 화장은 더욱 극단적으로 대담하게 전개되었는데 이러한 현상을 가장 잘 나타낸 이 시기의 모델은 트위기(Twiggy : 진짜 이름은 Lessley Hornby)였는데 15세의 마르고 왜소한 그녀는 짧고 달라붙는 치마에 가죽으로 된 긴 부츠와 어두운 색으로 강하게 강조한 눈, 창백한 입술의 화장을 해서 초연함, 염세, 냉철함을 동시에 나타내는 특이한 분위기를 연출해 냈다.

이렇게 1960년대에는 어딘가 조화되지 않고 부자연스러우나 특이한 매력을 지닌 여성들이 주목을 받았는데 그런 모습의 스타들로는 소피아 로렌(Sophia Lauren)과 바브라 스트라이샌드(Barbra Streisand)가 있다.

이렇게 60년대는 기성세대의 균형과 질서를 중시한 심미안보다는 젊음의 새로운 감성과 의식이 중시되면서 화장은 인조 속눈썹 등으로 극단적으로 강조된 눈이 중심이 되었고 이러한 화장법은 자유롭고 기괴하며 사이키델릭한 모습으로 나타났다.

60년대 중반으로 갈수록 화장은 이처럼 극단적이고 대담한 스타일들이 선보였으며 60년대 후반에는 기하학적이며 인위적인 형태와 상업주의에 대한 반발로 새로운 이상을 추구하는 집단인 히피(Hippies)가 출현하였다. 이들의 자연스러우면서 이국적인 취향은 화장경향에도 반영되어 전반적으로 부드러워지는 경향을 가져왔으며 따라서 화장의 색조도 복숭아색, 갈색, 회색 등 자연스러운 색상과 함께 얼굴과 몸에 꽃무늬와 색채 추상을 그리는 등 이국적 혹은 민속적 패턴이 등장하였다.

트위기, 얼굴의 꽃무늬 패턴 화장

1960년대의 기하학적 패턴의 메이크업

바브라 스트라이샌드

나오미 심즈

현대

한편 남녀 성에 대한 기성관념에 대한 도전으로 유니섹스 룩이 생겨났는데 이러한 현상은 내적 성의 무질서와 해방을 표출하기 위한 젊은 세대의 항거와 반항의 상징이었다. 유니섹스 룩(unisex look)은 성의 고정관념을 뛰어넘어 남자들도 화장이 외형을 꾸미는 주요 수단이 되게 만드는 현상을 낳게 되었다.

영화 스타들이 인기와 부와 명예를 누리면서 유행을 주도하던 20세기 전반기와는 달리 TV와 잡지 같은 매스 미디어(mass media)들의 역할이 커지면서 영화배우들의 영향력은 작아졌고 TV와 잡지의 대중매체를 통해 유명해진 계층은 전문 모델들이었다. 그리고 1966년에는 최초로 흑인 본연의 아름다움을 보여주는 모델이 패션계에서 주목을 받기 시작했고 1968년에는 흑인모델 나오미 심스(Naomi Sims)가 라이프 매거진(Life Magazine)의 커버 걸(cover girl)로 등장함으로써 인종의 다양한 아름다움이 인정받기 시작했다.

8. 1970년대

1) 문화사적 배경

1960년대의 항의와 폭력은 70년대에 이르러 질서가 회복되었다. 그러나 1973년 석유파동과 재정적자는 세계를 동요하게 했고 범죄, 마약, 낙태, 동성연애, 음란예술 등 부도덕한 행위가 성행하게 되었다.

1970년대 중요 시대사조는 자연으로 돌아가자는 운동과 여성운동의 확산이다. 자연으로 돌아가자는 운동은 사람들로 하여금 단순한 생활양식을 표방하게 하여 의식주가 간소화 되었으며 건강식품이 잘 팔리고 식이요법, 조깅이 성행하였다. 또한 여성운동의 확산으로 여자들이 과거에는 남자들만의 직종이었던 분야에 뛰어들어 남자들과 경쟁하면서 일반직과 전문직에 종사하게 되었으므로 경쟁사회에서 활동하는데 편리하게 입을 수 있는 옷이 유행하였다.

이와 달리 베비스 힐리어(Bevis Hillier)는 70년대에 나타난 양식을 두 가지 조류로 들었다. 첫째는 반도회 운동이고, 또 하나는 고도의 하이 테크니컬 한 것을 선호하는 경향이었다. 그러나 이 두 흐름 이외에 전원풍도 하이 테크니컬 한 것도 아닌 윤리적이지 못한 싸구려(kitsch)가 크게 유행하였다. 또한 이러한 흐름은 '펑크(punk)'라는 과격하고 저속한 양식을 낳기도 했는데 전통에 구애받지 않는 창조성, 자기만의 강렬한 메시지를 나타내는 이러한 반모드는 젊은이에게 급속하게 퍼져, 70년대 후반 새로운 스트리트 패션을 창조해 내었다.

펑크란 원래 속어로 '시시한 사람, 재미없는 것, 불량 소년, 소녀, 풋나기'등의 의미이다. 이런 펑크는 히피들이 약이나 환상적 음악속에 빠져듬으로써 세상의 추함을 회피하려는 반면, 도시의 게릴라를 표방하면서 세상의 추함을 더욱 확대시킨다는 점에 차이점이 있다.

1970년대의 영국은 젊은이들이 큰 비중을 차지하고 있었으나 경제적인 불황 속에서 상당수가 실업자가 되어 실업수당을 받으면서 살아가고 있었다. 그래서 실업의 증가와 암울한 미래, 자신들에 관심을 보이지 않는 사회에 대한 반항, 분노, 좌절을 젊은이들은 무정부주의적이고 허무주의적인 펑크와 같은 혐오스런 복장과 머리 형태를 하고 다니면서 표출하게 되었다.

펑크의 원류를 영국의 역사에서 찾아보면 기원전 7세기경 로마인들이 영국에 침범해 들어왔을 때 담모니(Damnonii), 두로트리지(Durotriges), 브리간트(Brigante), 도부니(Dobuni), 크리타니(Critani) 같은 영국의 전통 부족들이 온몸에 문신을 새긴다거나 금장신구, 그리고 긴 수염 등을 하면서 침략자들을 놀라게 함으로써 그들의 반항의식을 표현했는데, 이것을 1970년대 영국 젊은이들이 받아들여 그들도 이상한 복장을 함으로써 비탄력적인 사회에 대한 반항을 한 것이었다.

2) 복식사적 배경

1970년대는 격동적이고 낙천적이며 혁신에 찬 60년대와는 달리 두 차례의 석유파동과 인플레이션으로 인해 불황, 부정적 분위기의 냉소적인 시대였다. 절약이 미덕이던 이 시기는 청바지와 판탈롱의 인기가 높았다. 작업복에 불과했던 진이 랄프 로렌, 캘빈 클라인 등 미국의 디자이너들에 의해 영패션으로 각광받기 시작했다. 또한 70년대는 모순의 시대로 미니와 맥시, 롱과 쇼트 등 상반된 아이템이 동시에 유행하였다.

또한 1970년대 패션은 개성의 존중과 만연한 상업주의로 대변되는데, 농부 스타일인 페전트 룩과 각국의 민속 의상을 소재로 한 에스닉 룩이 대거 등장하였다. 또한 실용적이고 경제적인 기성복 생산이 많아져서 운동복 스타일의 복식과 신축성 있는 천으로 만든 투피스 등 캐주얼 웨어 부분의 급속한 확산이 이루어지기도 했다.

1970년대는 도시문화로부터 벗어나려는 경향과 함께 또 한편으로는 진보적인 사람들이 하이테크에 매력을 느끼고 있었다. 그리고 디자인에는 전원풍도, 고감도 기술도 윤리적인 것도 아닌 '키치(kitsch: 속된, 저속한 공예품)'도 등장했다. 키치는 1970년대 후반에 들어와 펑크의 등장으로 어느 정도 쇠퇴하게 되었고 펑크는 80년대에 대중문화로 확산되었다.

영국에서 시작된 펑크는 파리컬렉션에도 등장하여 다카다 겐조나 이브 생 로랑을 비롯한 많은 파리 디자이너들이 펑크를 나타내었는데 이것은 강렬한 색채의 대비에도 나타났다. 펑크 패션은 1950년대의 테디 보이(Teddy boy) 문화 스타일의 경우와 같이 하급계급에서부터 나타난 형상이었다. 바지 가랑이는 사슬로 연결하고 안전핀을 귀와 코에까지 꿰었다. 머리카락은 뾰족하게 고정시키거나 일부분만 남기고 깎아버렸으며, 갖가지 색으로 염색을 했다. 이렇듯 펑크는 반항적이고 사람들에게 불쾌감을 주는 공격적인 특징이 있으며 기분 나쁜 메이크업을 하고 고무나 비닐로 만든 팬츠, 마이크로 미니 스커트, 비닐과 네트의 셔츠를 입었다. 이처럼 펑크는 전위 패션으로 등장하였으나 차차 대중패션으로 전파되어갔다.

이와 비슷한 경향의 글램 룩(Gram look)은 글램 록(Gram rock) 뮤지션들인 데이빗 보위(David Bowie), 엘리스 쿠퍼(Alice Cooper) 같은 사람들의 정형화된 스타일로, 그들의 도착적인 의상 스타일은 동성애자들의 하위문화를 전 세계적으로 확산시켰고, 패션의 성적 경계도 모호하게 하였다.

1970년대 들어와 패션은 스커트 길이가 차차 미디로 내려오면서 클래식 룩으로 변했다. 1974년 파리 컬렉션은 1930년대의 의상을 부활시킨 레트로 룩(retro look)을 발표하여 클래식 룩을 정착시켰다. 여기에 여유가 있는 루즈 룩(loose look)이 주류를 이루었다. 또한 1978년에는 여성의 신체성을 나타내고, 어깨에 패드를 넣으며, 스커트 폭은 좁아진 1940년대나 1950년대의 의상의 재현인 테일러드 룩이 나타났다.

랄프 로렌

캘빈 클라인

페전트 룩

펑크 패션

글램 스타일,
데이빗 보위

마오 아 라 모드, 다카다 겐조

러시안 룩, 이브 생 로랑, 1976~77

민속풍의 에스닉 룩으로 다카다 겐조(Kenzo Takada)가 중국풍의 마오 아 라 모드(mao à la mode)를 발표했고, 이브 생 로랑은 러시안 룩을 발표하였다. 한편 다카다 겐조는 고대 그리스 의상에서 영감은 얻은 여유 있는 빅 룩(big look)을 발표했는데 여러 종류의 옷을 겹쳐 입는 레이어링 방법으로 빅 룩은 더욱 강조되었다.

즉 1970년대의 복식은 암울한 현실을 넘어서 과거나 이국적인 정취에 매혹되는 낭만적인 경향을 띄게 되어 개혁적이고 개방적이며 미래 지향적이었던 1960년대 복식과 대조적인 경향을 보였다.

3) 머리 형태

1970년대 초 '자연으로 돌아가자'는 운동과 함께 잘 꾸며진 머리는 유행에 뒤진 것으로 여겼으며, 여성들은 바람 머리처럼 자연스러운 형태를 선호했다. 자연스런 모양의 퍼머 웨이브나 어깨 길이의 웨이브가 유행했다. 또한 패드 달린 어깨와 무릎 길이 스커트에 테일러드 자켓과 느슨한 엉덩이 길이의 코트를 입는 1940년대 스타일이 유행하면서 이 당시 인기있었던 여배우 리타 헤이워드(Rita Hayworth)의 웨이브와 컬이 아주 유행했다.

층이 있는 부드러운 웨이브 머리를 목 뒷선까지 길렀고, 짧은 머리는 모든 연령층에 유행하였다. 특히 젊은이들에게는 '양파 커트'가 유행했는데 머리에 층을 내어 머리카락 끝을 어깨 위로 하는 것이었다. 30, 40년대의 긴 단발머리가 다시 유행하였으며, 모발관리가 중요해져서 전문 미용실이 생겼다. 또한 유니섹스 스타일이 유행하면서 남녀가 같은 머리 형태가 유행하였다.

자연스런 머리 형태

리타 헤이워드의 헤어 스타일

자연스런 바람머리, 파라 포셋

1970년대 헤어스타일

아프로 스타일

중반으로 들어서면서 패션이 더 성숙해지면서 짧고 말쑥한 파마 스타일과 긴 스트레이트 머리가 유행하였다. 또한 복고풍의 의상이 유행하면서 머리 형태도 30년대의 자연스럽게 컬진 헤어스타일이 유행하였다. 특히 파라 포셋(Farrah Fawcett)의 자연스런 모습의 화장과 헤어스타일이 유행했다. 아프로 스타일이 60년대 이후 계속해서 유행하면서 부풀어진 흑인 여성의 머리에 긴 귀걸이가 유행하였다.

후반에는 펑크가 나타나 무시무시한 형태의 머리모양이 서구에 한 헤어 패션으로 등장하게 되었다.

4) 화장형태

1970년대에 들어와서는 복고풍의 우아한 여성미가 주목을 받으면서 이국적이면서 얼굴전체에 풍부한 색조를 나타내는 판타지 경향의 화장이 나타났다. 70년대 초의 디자이너 잔드라 로즈(Zandra Rhodes)는 민속조의 복식과 함께 화려한 복고풍의 판타지 화장을 선보였다.

이러한 경향의 하나로 눈 주위에 빨강과 파랑 등의 색반점을 그리는 컬러 퀘이크(color quake) 화장법이 1970년 3월 1일에 발행된 보그에 실렸는데 이는 크리스찬 디올에 의해서 시작되었고 93가지의 다양한 색상을 사용했으며 피부는 자연스러운 톤에 인공 주근깨를 그려주어 전원적인 분위기를 표현하거나 보라, 빨강, 흰색, 금색 등의 강렬한 아이섀도를 사용했다. 이러한 얼굴전체에 풍부한 색조를 부여한 성숙한 이미지는 1930년대처럼 이 당시에 나타난 경기 침체 속의 우울한 사회분위기를 피하거나 극복해 보려는 심리가 반영된 현상이기도 했다.

환상적인 화장, 잔드라 로즈

자연스러운 화장, 파라 포셋

유행 패턴은 1970년대 중반을 기점으로 점차 동양적인 것으로 바뀌었는데 이러한 이미지를 표현하기 위해서 카키, 베이지, 갈색, 주황, 파랑, 자주, 분홍같은 부드러우면서도 침착한 색상들이 제시되었으며 1977년부터는 눈썹의 형태도 자연스러워졌다. 이처럼 1970년대 중반 이후에는 편안한 자연스러움이 추구되어 자연스러운 눈썹형태와 적은 수의 색상의 아이섀도를 사용하는 화장이 주류를 이루었다.

그리고 70년대는 짙은 화장으로 노화된 모습을 가리는 화장보다는 피부를 아름답게 가꾸어야겠다는 여성들의 인식전환이 일어났던 시기였다. 이러한 소비 시장의 흐름을 파악한 크리니크(Clinque)사는 고정관념을 깨고 모든 판매원이 실험실 가운을 입고 백화점 판매대에 서고 컴퓨터를 설치해서 실험실 분위기를 연출했고 이러한 시도는 소비자들에게 이들의 제품이 과학적 근거를 갖고 있는 제품이며 무공해 제품이라는 이미지를 심어 25세에 42세 사이의 여성들이 피부를 위한 제품을 많이 구입하게 하는 현상을 낳았다.

파운데이션은 건강한 피부가 그대로 나타나도록 라이트 파운데이션을 사용해 가볍고 엷게 발랐고 눈 화장만은 코울 아이라이너로 강하게 강조했는데 눈화장 제품의 색으로는 블랙, 그레이, 스모키 등이 유행했다.

한편 고급제품을 판매하기 위해 화장품 회사들은 일대 일의 판매 방식을 도입했고 랑콤(Lancome)과 랭카스터(Lancaster)사는 컨설팅에 주력해 고품질, 고가정책에 성공했다.

1970년대 후반에는 런던 하층계급의 젊은이들 사이에서 유행한 반항적이고 공격적인 펑크 메이크업이 나타났는데, 창백한 베이스 메이크업과 컬러풀하고 기괴한 색조화장, 피어싱 등이 특징이다.

1970년대의 펑크족의 헤어스타일과 화장형태

9. 1980년대

1) 문화사적 배경

1980년대에 들어서면서 문화전반에 걸친 새로운 변화가 표면적으로 더욱 구체화되어 나타났다. 70년대에서 80년대로의 변화를 특징짓는 요소로서 조지나 호웰(Georgina Howell)은 '활동의 시대, 삶에 대한 의무와 책임, 신분상징, 부의 축척에 대한 관심, 육체에 대한 숭배, 쾌락주의와 향락주의, 개인주의, 무관심, 디자이너브랜드의 상표 충성, 헬스 및 미용에 의한 자기관리, 패스트푸드 음식' 등으로 보았다.

한편 사회 제반 영역에서 계층간의 위계질서가 무너지고 수평적 대중중심 사회구조로 전환이 이루어진 것과 마찬가지로, 70년대 이후 예술 영역에서도 진리나 미를 추구하는 고전적인 가치체계 대신 다양성과 가변성이 수용되는 현상이 나타나게 되었다. 즉 절대가치를 지향하는 중앙집권적인 시각에서 가치의 상대성을 인정하는 수평적 지방주의가 자리잡히게 된 것이다.

이와 같은 현상은 양식과 주제에 대하여 열려진 태도로 나타났는데 이것은 모더니즘의 붕괴를 의미한다. 모더니즘 예술은 예술의 순수성이라는 절대가치를 설정하고 이를 궁극목표로 삼아 끊임없는 실험을 전개하였다. 이것은 합리주의와 과학기술이 유토피아를 가져올 것이라는 산업혁명 이후의 세계관의 반영이었다. 그러나 1980년대와 90년대 예술 분야에서는 다양한 지역양식과 개인양식의 공존, 기존 미술의 차용과 변형, 대중매체의 형상과 방법의 수용 등 다원화의 양상이 나타나고 있는데 이것은 모더니즘의 대안으로써 포스트 모더니즘(post modernism)이라고도 불리고 있다.

매킨토시

스티브 잡스

워크맨

캘빈 클라인

2) 복식사적 배경

앨빈 토플러가 지적한 바와 같이 이 시대에는 제 3의 물결을 맞이하고 있는데 이것은 제 2의 물결의 사회의 특징인 규격화, 동시화, 중앙집권화와는 다른 개성의 존중, 다양화, 가족중심 등의 새로운 생활방식이 특징적이다.

패션의 경우도 뉴웨이브의 물결이 일어나 과거와 같이 대중이 획일적으로 따르던 파리 중심의 하이 패션에서 완전히 탈피하게 되었다. 80년대의 패션은 그야말로 개성화, 다양화, 고급화의 추세를 따르게 되었다.

뉴웨이브의 물결은 일본 붐을 이루면서 가속화되었다. 1980년대에 들어와 경제강국으로 부상한 일본은 패션문화입국으로도 자리를 확보하기 시작하였다. 이세이 미야케(Issey Miyake), 마쓰다 미쓰히로(Matsda Mitshiro) 등의 일본 디자이너들은 재패니즈 룩(Japanes look)을 유행시켰다. 특히 이들은 검은색 의복을 중심으로 휘감기, 두르기, 매기, 걸치기 등 다양한 방식의 레이어링(layering)으로 빅 룩을 발표하였다.

이런 뉴웨이브 패션은 전술한 것과 같이 70년대말에 나타난 펑크와 1980년대 등장한 포스트 모던(post modern), 네오 모더니즘(neo modernism), 앤드로지너스(androgynous) 룩으로 구분될 수 있다.

포스트 모던은 1960년대에 건축디자인에서 시작된 개념으로 패션에는 1982년 등장하게 되었다. 라틴어로 '다음의', '새로운'이란 뜻을 가지는 포스트 모던의 특징은 입기 쉽고 손질하기 쉬운 것 등 과학기술에 지배받는 기능성을 초월하여 치장한다는 일이 생활 속에

포스트 모던, 1982

네오 모더니즘, 1983

앤드로지너스 룩, 1984

다이애나 룩, 1987

명확한 의미를 갖고 있던 과거시대의 모드를 현대에 도입시켜 의복의 새로운 매력을 창조하려는 시도이다. 그러나 이런 포스트 모던은 패션에서는 일시적인 현상이었고 1983년부터는 네오 모더니즘이 나타났다.

네오 모더니즘은 새로운 모더니즘이라는 뜻으로 외관은 기능주의와 최소한의 조형수단으로 극대화시킨 과거 모더니즘을 빌리고 있으나 그 속에서 부드러움과 낭만의 유모어를 포함한다. 또한 하이 테크니컬한 차가움 속에서 따뜻하고 우아한 부드러움을 가미시킨 것이 특징이다.

1985년 등장한 앤드로지너스 룩은 여성과 남성이 갖고 있는 특성을 부정하지 않고 그 순수한 아름다움이 가진 맛을 자유로운 감성으로 크로스 오버시킨 룩이다. 성을 초월하여 하나의 개성적인 존재로써의 인간 이미지를 부각시키는 것이다. 컬쳐 클럽(Culture Club)의 보이 조지(Boy George)나 데이빗 보위 같이 남성인지 여성인지 구분하기 힘든 이미지로 영국에서 부터 시작된 이 뉴웨이브는 점차 일반 대중에 퍼지기 시작하였다.

그러나 80년대에 뉴웨이브가 모든 패션을 지배한 것은 아니였다. 80년대에 들어와도 70년대 후반부터 나타나기 시작한 테일러 룩은 계속 나타나 이브 생 로랑의 '파워 슈트'가 나왔고, 1980년대 초반 바로크 룩(Baroque look)은 화려했던 바로크 시대의 의복과 같이 흰 레이스의 금사를 넣은 블라우스나 재킷, 그리고 흑색 조드퍼즈(jodhpurs, 승마 바지)의 코디네이트, 자수기법이나 패치워크 등으로 화려하게 장식되었다.

앤드로지너스, 보이 조지

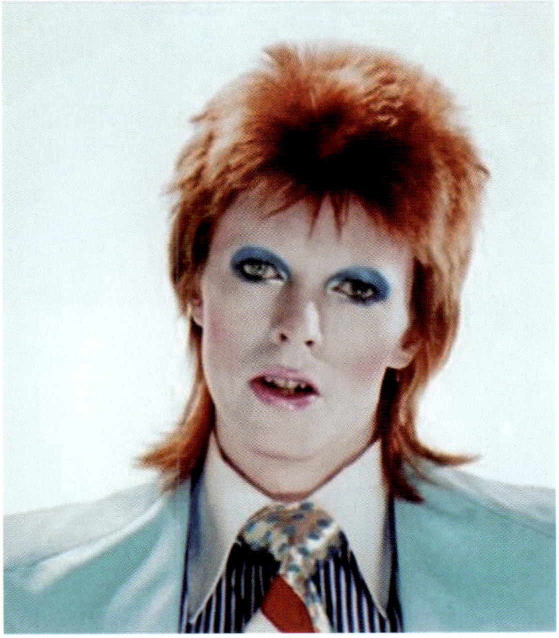

앤드로지너스, 데이빗 보위

80년대 중반기에는 보수적인 경향이 등장하였다. 이것은 두 가지 스타일로 나타났는데 하나는 슬론 레인저(sloane ranger) 스타일로 런던 슬론 스트리트를 지나다니는 상류계급 사람들의 패션으로 가령 다이애나 룩 같은 것이였고, 또 하나는 유럽전통 패션으로의 회귀로 1980년대 전반의 재패니즈 룩 스타일에서 벗어나 신체의 형을 적극적으로 드러내는 보디 콘셔스(body conscious)가 유행하게 된다. 그러므로 신구성주의가 새로운 개념으로 등장하였다.

또한 동서양 스타일이 조합된 절충주의 룩, 페미닌 룩, 일본디자이너들에 의한 재패니즈 룩, 레트로 룩, 스포츠 웨어의 발달 등 한마디로 다양한 트렌드가 동시에 전개되었다.

여성들의 미적 기준도 다양해져서 근육질 미녀가 등장하기도 하고, 팝스타 마돈나가 장 폴 고티에의 의상을 입고 무대에 서서 전세계에 란제리 패션 돌풍을 일으키기도 했다. 마돈나는 '여성들도 자유롭게 남성을 즐길 수 있을 뿐만 아니라 남성이 열망하는 것과 똑같은 것(사회적, 직업적, 경제적)을 열망할 수 있다'는 것을 보여주었다.

보디 콘셔스, 마돈나의 란제리 패션, 장 폴 골티에

3) 머리 형태

1980년대에는 전문 뷰티 살롱이 대중화되어 많은 사람들이 이용하였고, 헤어드레서가 창작 활동으로 매해 창작품 발표를 하여 그 해의 트렌드를 미리 짐작할 수 있었다.

1980년대 가장 특징적인 머리 형태는 펑크 스타일(punk style)로 펑크 스타일이란 1970년대 후반 영국의 젊은이들이 불황으로 인해 암울해진 미래와 자신들에게 관심을 가지지 않는 사회에 대한 반항으로 혐오스러운 복장과 함께 머리를 괴상한 모양으로 자른다거나 갖가지 색으로 염색을 하고 다닌 것에서 유래되는 것으로 1980년대 들어 유행하게 된다.

또한 펑크족의 머리 형태는 머리의 양옆은 면도를 하고 앞이마부터 뒷목둘레까지는 둥근 모양으로 자르는 모호크 스타일(mahawk style, 모히칸 스타일이라고도 함)과 불규칙한 길이의 머리를 빳빳이 세운 스파이키 스타일(spiky style), 그리고 옆머리는 자르지 않은 채로 머리가운데 부분으로 머리를 모아 부채살 모양으로 젤이나 무스로 빳빳이 세운 폴큐핀 스타일(porcupine style), 머리를 모두 깎아서 그 위에 물감으로 그림을 그리고 다니기도 한 스킨 헤드(skin head) 등이 있다. 그 중 모호크 스타일이 가장 유명했다.

즉, 펑크족들은 이런 무시무시하고 거친 위협적 머리형을 함으로써 자신의 좌절을 밖으로 나타내었고, 일반인들이 그들에게 관심을 갖도록 유도했다. 이것은 양식적 특성으로 볼 때 서구에 무시무시한 위협적 스타일의 머리 형태가 유행하게되는 계기가 되었다.

또한 영국 찰스 황태자와 다이아나비의 결혼식으로 다이애너비의 컷트가 폭발적으로 유행했다. 그리고 뉴웨이브의 영향으로 머리 형태에도 새로운 것을 추구해서 칼 루이스의 플랫톱(flat top), 스티브 심슨(Steve Simpson)의 롱 컬리 헤어(long curly hair) 등이 유행했다.

모호크, 1984

스파이키 스타일, 1988

스킨 헤드, 1987

다이애나비 룩

플랫 톱

빅 헤어

포니 테일

다양한 색의 헤어컬러

1980년대 중반에 등장한 앤드로지너스(androgynous)는 데이빗 보위 풍의 짧은 소년과 같은 머리를 헤어로션이나 드라이로 손질해 유동감이 있는 여러 스타일로 나타내고 있었고, 헤어스타일이 어느 한 성(sex)의 독점물이 아니라 자신의 개성을 성을 넘어 표현할 수 있는 것으로 인식되게 되었다.

또한 80년대에는 볼륨이 중요하여 머리를 퍼머와 드라이로 크게 하는 빅 헤어(big hair)와 다양한 위치에 머리를 묶는 포니 테일이 유행하였고 다양한 색깔의 염색을 많이 했다.

4) 화장형태

1980년대부터는 미국과 소련의 냉전체제가 무너지고 기업은 세계화되고 다국화되었으며 패션과 문화 전반에 복고풍(retro style)이 바람을 일으켜서 미용계도 1920년대처럼 그을린 어두운 톤의 피부색이 유행하였다.

여배우 제인 폰다(Jane Fonda)는 건강하고 강인한 아름다운 여성상을 대표하는 여배우로 에어로빅 붐을 일으켰는데 이러한 현상은 에이즈(AIDS)라는 성병이 나타나 자신을 절제하고 청결케 관리해야 건강을 유지할 수 있다는 사회적인 인식이 생긴 탓도 있었다.

1980년대 초의 여성은 베이비돌(baby doll)같이 관능적이며 짙은 화장을 한 여성이 인기가 있었으며 성적대상이 되는 상품으로서의 여성의 연령은 점점 저하되었는데 이러한 현상은 여성을 성적인 흥미의 대상으로 바라보는 가부장적인 남성지배사회의 모습을 보여주는 것이었다.

이러한 영향으로 브룩 쉴즈(Brooke Shields)가 '80년대의 룩'으로 대표되는 배우로서 주목을 받았다. 이밖에 복고풍의 영향으로 조안 콜린스(Joan Colins)나 린다 에반스(Linda Evans)같은 성숙하면서도 섹시한 옛 할리우드의 글래머스타일이 인기를 끌었고 팝 스타인 마돈나(Madonna)도 섹시하면서 진한 화장을 유행시켰다.

1980년대 중반부터 관능적인 스타일과는 반대되는 네츄럴한 스타일이 유행하게 되어 화장품의 색조도 평범해졌으며, 1980년대 후반에는 리쎄션(Recession, 경기의 일시적 후퇴로 생기는 불황으로 실업자가 대량으로 생기는 심각한 경제불황보다는 조금 나은 불황)으로 인해 고급화장품의 성장들이 6%대로 주춤하게 되었다.

시세이도(Shishido)사에서 워터-프루프 마스카라(water proof mascara)를 출시하는 등, 1980년대 화장품업계는 셀룰로오즈를 이용해서 마스카라의 수명을 늘리고 속눈썹을 풍성하게 보이게 하는 제품을 만들기도 했으며, 크리스찬 디올(Christian Dior)사에서는 리포좀 개발에 성공하여 바야흐로 고기능성 제품을 만들어 내는 시대가 도래하게 되었다.

1980년대는 1960년대 이후 출생한 또 다른 아방가르드한 영세대와 30대가 된 전후 베이비붐 세대가 주체 세대가 되었는데, 여권이 신장된 사회에서 자라난 이들 신세대의 여

에어로빅 붐, 제인 폰다

조안 콜린스

린다 에반스

마돈나

브룩 쉴즈

파워 슈트

성들은 일반직과 전문직에서도 남자들과 같이 경쟁을 하게 되면서 강한 이미지로 변하였다. 그리하여 화장할 때도 눈썹을 두껍고 진하게 그리고 입술도 진한 색으로 단호하면서도 강인한 여성의 이미지를 부각시켰다. 브룩 쉴즈는 어린시절 섹시한 이미지에서 탈피하여, 80년대 강인한 여상상으로 부각되었고, 굵고 각진 눈썹에 큰 입술을 한 화장법과 어깨에 패드를 넣은 파워슈트는 이러한 강인한 여성에 어울리는 복장으로 인기를 끌었다.

10. 1990년대

1) 문화사적 배경

1980년대 말에는 80년대 전반의 얽매인 듯한 신분 상징적인 권위가 점차 완화되면서 다양함과 개성이 더욱 중요시되는 다원화된 1990년대로 넘어가게 되었다. 즉 현대와 탈현대의 과도기적 위치에서 포스트 모더니즘 문화현상이 나타나, 비합리성과 전통성에의 회복, 다른 시대 다른 문화로부터 양식과 이미지를 차용하려는 경향이 나타났다. 과거를 재현하는 듯한 복고적 분위기와 아프리카, 남미, 동구권 등 이국적이고 민속적인 감각의 등장은 현사회의 사회 문화의 전반적인 변화와 그 흐름을 같이 하는 것이었다.

또한 환경파괴와 생태계의 보존이 심각한 문제로 대두되었고, 남아프리카 공화국의 만델라 대통령 취임으로 인한 인종차별 폐지, 이디오피아의 흉년 등으로 제 3국에 대한 관심이 고조되어 이들에 대한 원조의 손길이 줄을 이었다.

소련 연방이 붕괴되고 러시아가 다시 들어서면서 세계는 화해의 무드로 들어섰으나 각 나라는 이념이 아닌, 서로의 경제적 관심을 위주로 연맹을 맺어 실리 위주의 사회가 되었다.

90년대 말에는 천년을 마감하고 새 천년을 맞이한다는 세기말적 요소와 새로운 희망이 겹쳐서 다양한 문화가 공존하였고 다양한 문화에 대한 공존의 의식이 모든 사회에 받아들여지는 분위기가 되었다.

2) 복식사적 배경

1990년대 초는 복고의 시대였다. 세기 말을 향한 불안감이 과거에 대한 향수와 결합되어 복고 지향 패션으로 나타나 모즈 룩, 히피 룩 등이 나타났다. 또한 환경파괴에 대한 인식이 높아지면서 자연으로 돌아가려는 에콜로지 룩, 에스닉 룩, 그런지 룩, 네오 히피 룩 등 전반적으로 자연주의를 주장하는 옷들이 많이 등장하여 패션 테마의 주류를 이루고 있었다.

또한 지구촌은 더욱 가까운 이웃이 되고 패션은 상류사회의 한 점유물이 아니라 우리의 인간생활을 풍요롭게 하는 환경으로서 르네상스 문화를 부르짖었다. 90년대 사람들이 많이 입은 프라다는 브르주아를 위한 의상이 아닌 부유함과 가난함, 즉 서로 다른 문화들의 믹스를 의미한다. 또한 90년대의 복식은 남성다움, 여성의 심오한 미를 나타내주기 위한 것보다는 '사는 것, 삶의 일부'로 자리 잡아 자신의 개성을 표현하기 위한 하나의 도구가 되었다.

프라다, 1996

캘빈 클라인, 1996

존 갈리아노, 1997

알렉산더 맥퀸, 1996

이 때 사람들은 아주 심플한 옷을 원했는데, 바로 이때 캘빈 클라인(Calvin Klein)과 질 샌더(Jil Sander)를 선두로 한 '미니멀리즘'이 나왔다. 한편 90년대는 미니멀리즘과 전혀 상관없는 존 갈리아노 같은 디자이너들도 성공을 거두었다. 그가 성공한 이유는 미니멀리즘을 지향하지 않고 환상적인 의상을 재창조하기 시작했기 때문이었다. 또한 알렉산더 맥퀸은 갈리아노에 비해 좀 더 미래적인 의상을 창조하였다.

힙합 패션이 시작되어 루즈 핏의 티셔츠, 배기팬츠, 팀버랜드 부츠, 금목걸이 등 힙합 문화에서 유래한 스타일이 유행하였다. 대표적 브랜드는 FUBU, 카를 카나이(Karl Kani), 챔피온(Champion), 나이키(Nike) 등이 있다.

90년대 중반에는 프레피 룩(Preppy look)이라는 대학생 스타일이 유행했는데, 미국 하버드나 예일대 등 미국 동북부 대학에 많은 학생들을 보내는 대입 예비학교를 줄여서 보통 '프렙(prep; preparatory school)'이라고 하는데, 여기서 착안한 패션이다. 폴로셔츠, 카디건, 치노팬츠, 면바지, 로퍼 등의 아이템이 특징적이며, 폴로 랄프로렌(Polo Ralph Lauren), 타미 힐피거(Tommy Hilfiger) 등이 대표적인 브랜드이다.

또한 레이브(Rave) & 사이버 펑크 룩이 유행했는데 전자음악과 클럽 문화의 영향을 받은 형광색 옷, 와이드 팬츠, 크롭 탑 등이 특징적이다. 스포티 룩 & 애슬레저(athleisure) 룩은 편한 운동복 스타일의 복식을 말하는데, 대표 브랜드로는 나이키, 아디다스, 리복 등이 있다.

힙합 레게 패션

프레피 룩

레이브 룩

애슬레저 룩

Y2K 패션, 스파이스 걸스

90년대 후반기에는 Y2K 패션이 나타났는데, Y2K란 컴퓨터에서 2000년이라는 것을 인식할 수 없는 밀레니엄 버그(Millennium bug) 문제를 'Year 2000 Kilo'라 부르면서 나타난 언어로, Y2K 패션이란 미래주의, 과학적 요소, 낙관주의가 표현된 패션으로, 반짝이, 메탈릭한 소재, 크롭탑, 튜브 탑 등이 등장하였고, 스파이스 걸스(Spice Girls), 브리트니 스피어스(Britney Spears)의 스타일이 유행하였다. 또한 데님 온 데님으로 데님 자켓과 청바지를 매칭하는 스타일이 유행하였다.

90년대에는 디자이너들이 여배우들에게 옷을 입히는 것을 아주 중요하게 여겼다. 기네스 펠트로우, 니콜 키드먼, 우마 서먼 같은 할리우드 여배우들에게 옷을 입히려는 경쟁이 지나치게 치열했다. 여배우들은 디자이너의 멋진 모델로 광고효과를 높였다.

기네스 펠트로우

니콜 키드먼

우마 서먼

90년대 후반에는 2000년대를 향해 또 다른 커다란 도약을 준비했다. 그 이름은 새 천년을 향한 희망이라고 말할 수 있다.

3) 머리 형태

1990년대 초의 머리 형태는 개인의 독창성이 중요시되어 다양한 스타일이 유행하였다. 헤어 컬러링이 고도로 발달하여 인간의 다양한 감성을 표현하는 하나의 도구로 사용되었다. 또한 강한 퍼머를 하여 곱슬거리는 웨이브 스타일과 깔끔한 스트레이트 스타일이 같이 유행하였다.

중반에는 환경파괴와 생태계의 보존이 심각한 문제로 제기되면서 자연을 보호하자는 운동과 함께 에콜로지 룩(ecology look)이 유행하였는데, 이와 함께 머리 형태는 밝은색의 길고 굵은 자연스런 웨이브 퍼머가 유행하게 되었다. 또한 엘리트주의에 대한 반동으로 누더기를 걸치며 거리의 부랑자적인 특성을 나타낸 그런지 룩(grunge look)의 유행과 함께 스트레이트 머리가 유행하기도 하였다.

오리엔탈 룩(oriental look)이 유행하면서 인도나 중국풍의 생머리나 직선적 뱅(bang)을 한 머리 형태가 유행하였다. 또한 미니멀리즘(minimalism)의 유행에 따라 머리 형태도 단순한 형태가 유행하였는데, 과잉장식을 배제한 짧은 머리, 긴 생머리, 혹은 굵은 웨이브가 유행하였다.

후반에는 패션이 더욱 다양해지면서 개성이 강조되었는데, '나'를 강조하는 시대 사조에 따라 머리 형태도 두상을 드러내는 방식으로 머리에 볼륨을 주지 않고 두상에 딱 달라붙는 스트레이트형이 유행했다. 또한 재질감에 강조를 두어 윤기 있고 빛나는 머리결을 중요시 하였다. 이를 위해 밝은 금발과 대담한 핑크색이 유행하였고, 모발이 색이 중요시됨에 따라 강한 붉은색과 따뜻한 밤색이 유행하였다. 다양한 액세서리를 이용한 스타일링이 많았는데, 나비 핀(betterfly clips), 헤어밴드, 스카프를 이용하여 머리를 장식하였다.

굵은 웨이브

직선적 뱅의 스트레이트 헤어

두상에 달라붙는 머리형

힙합 레게 패션,
드레드록스, 갈리아노

박스 브레이드, Brandy

겉말음, Tyra Banks

볼드 번, Gwen Stefani

어시매트릭(asymmetric)

디스커넥션(disconnection)

콘실 V.S. 리빌
(concealed v.s. revealed)

예술적인 머리형

인종의 다양성이 인정되고, 제3국에 대한 관심이 증진되면서 아프리카 풍의 힙합 레게(hip-hop reggae) 패션이 유행하였다. 이것은 힙합 문화의 성장과 함께 탄생한 트렌디한 스타일로 드레드록스(dreadlocks), 콘로우(cornrows), 하이 포니테일(high ponytail), 박스 브레이드(box braid) 등이 나타났고, 이디오피아형의 모자나 두건이 유행하였다.

그 외 겉말음 스타일(flipped out lob)이 귀엽고 발랄한 이미지를 주었으며, 볼드 번(bold burns)은 강렬한 인상을 표현하기도 하였다.

헤어 패션계에 중요한 역할을 한 비달사순(Vidal Sassoon)의 헤어트렌드를 보면 90년대 말에는 어시매트릭 렝스(asymmetrical length)로 길이를 다르게 표현하거나, 디스커넥션(disconnection) 스타일로 머리 길이의 연결을 일부러 끊던가, 콘실 대 리빌(concealed vs. revealed)형으로 안쪽 층 모발은 짧게 자르고 바깥 층은 길게 잘라 머리의 움직임을 최대로 하는데 관심을 두었다.

1998년 보그(Vogue)지에 돌체 앤 가바나(Dolce & Gabana)는 '야비하지 않으면서 섹시하고 감상적이지 않으면서 낭만적이며 남성적이면서도 여성적인 패션을 권유하면서 유행을 따르지 말고 자신의 개성을 찾으라'고 했다. 머리형태도 성적 구별을 명확하게 하지 않고 다양하게 자신을 표현하는 방식으로 나타났고 유행도 소집단을 대상으로 다종다양한 방식으로 나타났다. 또한 헤어스타일의 예술화 개념이 확산되어 머리모양도 환상적인 모양의 다양한 스타일로 만들어 패션쇼 등에 많이 등장하였다.

4) 화장형태

1990년대는 그 전까지의 여러 가지 스타일을 재현하는 복고풍과 이국적이고 민속적인 감각이 등장했다. 90년대 초의 화장 경향은 모든 과거의 복고적인 스타일이 다양하게 시도되었으며 92년에는 여성스러운 로맨틱한 스타일이 유행되었다.

그리고 자연환경의 보호문제가 사회적인 이슈가 되면서 자연 그대로의 색감과 질감을 나타내는 다양한 스타일들이 선호되었다. 이러한 스타일로서는 겹쳐 입는 레이어드 스타일과 방랑자 모습의 그런지 스타일, 1960년대 말의 히피의 복고풍이라 할 수 있는 네오히피 스타일 등이 있다. 이러한 내츄럴한 패션 트랜드에 맞춰 화장의 색조도 엷어지고 가벼워졌으며 피부도 투명하게 표현하고 눈썹과 입술은 아주 흐리게 그리게 되었다.

환경보존의 문제는 피부관리차원의 화장품의 생산을 더욱 촉진시키고 세분화시켜 1990년대에는 케라틴(keratin: 피부를 구성하는 단백질)을 혼합한 더 우수한 제품들이 나왔다. 그리하여 1990년 에스티 로더(Estee Lauder)는 자연주의 화장품인 오리진스(Origins)을 만들어 내츄럴한 스타일을 유행시키기도 했다.

내츄럴 메이크업,
케이트 모스, 1996

R&B & 힙합 스타일 메이크업,
케이트 모스, 1990s

90년대 중반 이후에는 다시 개성적이며, 두껍고 화려한 화장이 유행하기도 했으나 이러한 경향은 스스로 즐기기 위한 개인의 선택이었으며 다양한 인종의 개성을 그들 고유의 아름다움으로 인정하게 되었고 패션 회사인 베네통은 이러한 사회의 분위기를 읽어 광고에 이용하기도 하였다. 태닝한 듯한 피부에 짙고 도톰한 립 라이너와 밝은 립스틱을 조합하여 입술을 그렸고, 스모키한 아이 메이크업과 선명한 아이라인을 하였다. 이때 나온 메이크업은 R&B & 힙합 스타일 메이크업으로 매트한 피부표현, 아치형 눈썹, 강렬한 눈매와 선명하고 짙은 립스틱이 특징이다.

한편 1990년대에는 성형기술이 주름을 없애고, 흑인의 피부를 탈색시켜 백인처럼 만들 정도로 놀라운 속도로 발전하기도 하였다.

오리엔탈리즘의 영향을 받은 아트 메이크업,
세르주루텐(Sergelutens)

Chapter 02

한국의 미용문화사

Ⅰ. 상고

1. 상고시대

1) 문화사적 배경

우리나라의 구석기 시대는 B.C. 약 60만~1만년으로 유적지 수는 약 30여 개소에 달한다. 청동기와 철기 시대는 B.C. 약 1500년~300년경으로 신석기 말엽 무문토기를 사용하는 새로운 주민이 만주와 한반도에 정착하여 살면서 금속 문화인 청동기 문화가 싹트기 시작하였다. 철기 문화는 대략 B.C. 300년경부터 시작하였는데, 대개 요하 유역부터 남만주를 거쳐 압록강 유역과 청천강, 대동강 유역으로 정착, 발전하여 전국적으로 확산되었다. 또한 기원 전·후에는 낙랑 문화가 한반도 남부로 이입되어 한반도 문화에 영향을 미쳤다. 이때부터 서기 300년까지를 초기 철기 시대 혹은 원삼국 시대라고 부른다.

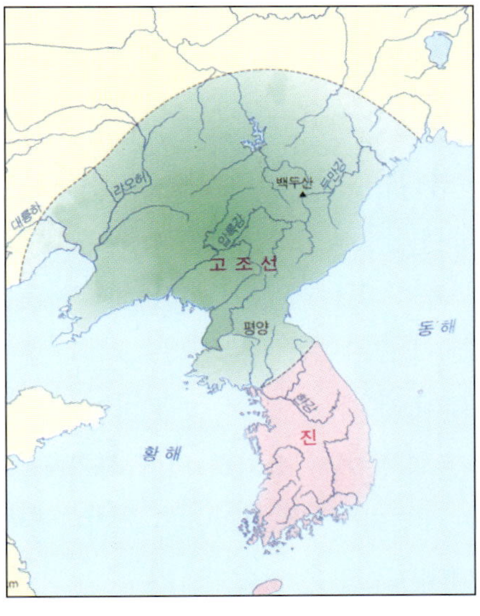

고조선과 진

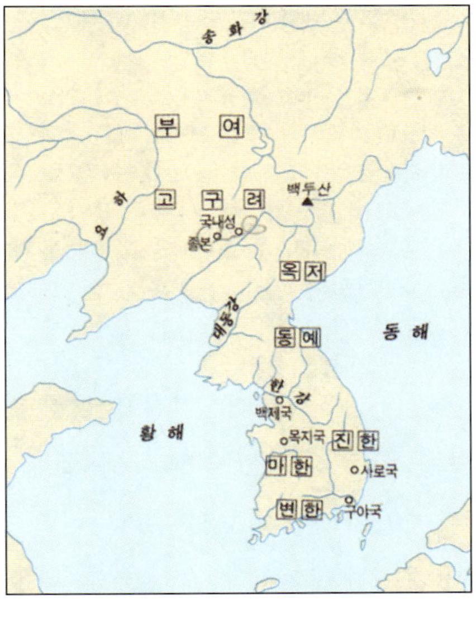

부족국가

철기시대는 고조선의 후기부터 위만조선시대를 거쳐 고구려, 낙랑, 예(濊), 부여, 옥저 등이 일어났고, 중·남부지방에서는 삼한에 이어 백제, 신라, 가야 등 고대국가가 형성되던 시기이다. 청동기시대와 혼합되어 발전한 특수한 시대이다. 한편 고구려, 백제, 신라의 삼국이 고대국가의 체계를 확실히 갖추어 갔다.

2) 복식사적 배경

'삼국지' 위서 동이전 부여조에 보면 '이 나라에서는 흰색 옷을 입었는데 흰 옷감으로 넓은 소매로 된 포(袍)와 고(袴)를 입었고, 신은 가죽으로 만들어 신었으며 나라 밖으로 나갈 때는 그림이나 수를 가하고 금직이나 모직류의 옷을 입었다. 대인은 가죽과 검은 담비로 된 고를 만들어 입고 금은식 모(帽)를 썼다'는 기록이 있어 당시 복식형태를 알 수 있다.

아울러 예조에 '대개가 고구려와 같으나 의복에는 차이가 있다. 남녀 모두 곡령(曲領)을 착용하고 남자는 너비가 수 촌이 되는 은화(銀花)를 머리에 매어 장식했다'고 되어 있어 이 당시 우리나라에서 곡령형태의 복식을 입었으며 머리장식 역시 상당히 화려했음을 나타내 주고 있다.

이상의 여러 가지를 미루어 볼 때 우리나라 복식의 기본 구조는 북방계 의복인 유·고제라 할 수 있는데 그 기본 구조는 유(襦), 고(袴), 포(袍), 상(裳) 등으로 사지는 활동하기에 편리하며 방한용으로 발달된 체형형에 전개형이며 머리에는 관모(冠帽)를 착용하고 발에는 화(靴) 또는 이(履)를 신었다.

3) 머리 형태

환웅천왕 거발환(B.C.3898)은 부자와 군신, 남녀의 구분을 명확히 하였으며 음식, 의복, 주거의 편의와 제도를 만들고 머리를 땋게 하였다. 문헌비고를 보면, 단군 원년부터 머리카락을 땋고 수건과 같은 것으로 머리를 덮는 형식을 가르친 이래 변발 풍속은 땋아 늘였던 머리를 한데 뭉쳐 머리꼭대기에다 둥글게 묶는 상투와 유사한 형태로 발전하였다. 이 상투의 수발법은 대전에서 출토된 청동의기에서 볼 수 있는데 성인 남자는 상투를 하고 미혼 남자는 피발(被髮 : 머리카락을 풀어 헤치는 것)한 모습을 볼 수 있다.

제 2세 단군부루는 계묘 3년(B.C. 2238)에 조서를 내려 백성들로 하여금 머리카락을 땋아서 목을 덮도록 하고 푸른 옷을 입게 하였다. 앞 글의 문헌비고 기록 외에 사기에는 '위만이 추계만이복을 하고서 우리나라에 들어왔다'고 기록되어 있다. 위만은 우리나라 사람처럼 보이고자 추계(椎髻 : 상투)를 하고 만이복(蠻夷服)을 입은 것이다.

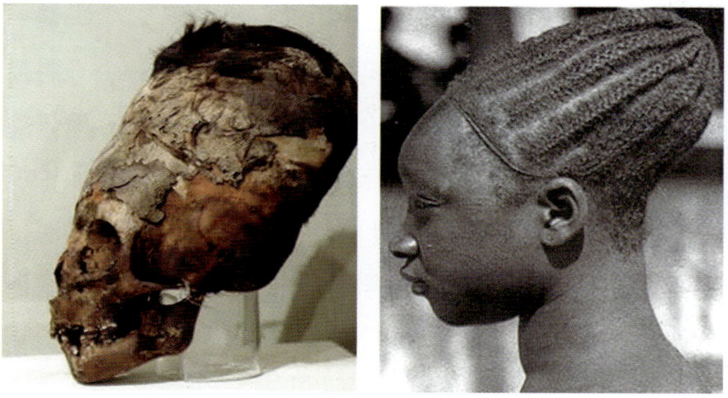

편두

추계, 감신총

B.C. 3000년경 청동기 시대의 뼈 비녀가 연변 길림성(간도) 소영자 돌널무덤(石棺墓)에서 출토되었는데 비녀의 머리부분에 사람의 얼굴 모양의 무늬가 새겨져 있다. 대전에서 발견된 청동의기(靑銅儀器)에는 밭갈이 하는 농부가 머리를 상투로 빗고 있다. 그러므로 B.C. 3000년경에 이미 수발이 행하여 졌고, 그 형태도 농경사회의 발달한 양식인 추계였다.

마한의 남자는 괴두노계(魁頭露髻 : 상투만 하고 모자를 쓰지 않은 맨머리)이고, 진한과 변한 사람은 미발이며 편두(偏頭)의 풍습이 있었다. 괴두는 동글동글 돌려 올챙이 같이 묶은 상투를 말한 것이다. 편두는 어린 아이가 태어나면 돌로 누르는 머리의 변형으로 고대 한족 내지는 동북 아시아족 특유의 것이었다. 해동역사에는 '삼한의 부인은 머리를 얹고 남은 머리를 늘어뜨리며, 여자는 말아서 뒤에 드리운다'라고 하였다.

4) 화장형태

한국인들은 일찍이 백색 피부를 선호하였는데, 이는 우리나라 단군 신화에서도 알 수 있다. 단군 신화에 의하면, 곰과 호랑이가 환웅에게서 마늘과 쑥을 받았는데, 이 재료들은 피부를 하얗게 만드는 효과가 있는 것이었다. 쑥은 옛부터 피부를 위한 민간요법으로 쓰였던 식물인데, 목욕할 때 달여서 사용하며, 미백(美白)효과와 잡티 제거, 피부병의 예방 효과까지 있었다. 마늘은 주성분인 스코르디닌(scordinin)의 작용으로 마늘을 찧어서 꿀과 섞어 발랐다가 제거하거나 목욕물에 넣어 사용하면 쑥과 같은 미백 효과가 있었다.

단군신화에서 등장하는 곰과 호랑이는 상징적으로 해석하면 토테미즘에 바탕을 둔 곰과 호랑이를 숭상하는 부족으로 해석될 수 있는데, 곰이 백일 동안의 시험을 거쳐서 환웅에게 선택되었다는 것은 곰을 숭상하는 부족의 여자가 햇빛이 비치지 않는 동굴에서 미백 효과가 있는 식품인 쑥과 마늘을 먹고 피부가 하얀 미인이 된 후 선택받아 지도자와 혼인하게 되었다는 이야기로 해석될 수 있다. 그리고 이것은 우리 민족이 고대어도 백색피부를 좋아했으며 흰 피부가 지도자의 요건이었다는 것도 미루어 짐작할 수 있다. 또한 한민족의 첫 주거지가 박달나무인 단목(檀木) 근처였다는 기록으로는 고조선의 한국인들이 향유 또는 향료를 발견하여 제사 의식 등에 사용했음을 유추할 수 있다. 또한 고조선에서는 미백제뿐 아니라 피부를 보호하는 제품도 제조할 수 있는 능력이 있었던 것으로 사려된다.

부족국가시대에는 읍루(挹婁)와 말갈(靺鞨)인들이 피부 관리를 중시했는데, 읍루인들은 가공된 돼지기름으로 피부를 희고 부드럽게 했고 동상도 예방했으며, 말갈인들은 요소(urea) 성분이 많은 오줌으로 세수를 해서 피부를 희게 했다.

낙랑의 유물인 채협총의 채화칠협(彩畵漆篋)의 그림을 보면 이마가 넓고 눈썹이 굵고 진하며 머리가 정돈된 단정하게 차린 모습을 볼 수 있는 반면 마한(馬韓)과 변진(弁辰) 등 남부지방에서는 원시화장의 형태로 문신이 성행하였다. 이처럼 한국인의 둔신 유래는 매우 오래되었는데, 마한과 변진의 문신은 장식을 위한 원시화장이었으며, 신분을 구별하기 위한 수단이기도 했다.

단군신화

환인 천제의 아들 '웅'이 지상에 뜻을 가지고 지상에 내려가겠다 하니 환인 천제가 천부인 3개(풍백, 우사, 운사)를 가지고 지상에 내려가 백성들을 다스리게 하였다.

환웅은 신단수 아래 신시를 만들고 본인을 환웅천황이라 칭하였다. 환웅이 백성을 다스리는 중 곰과 범이 찾아와 인간이 되고 싶다 하니 쑥과 마늘을 주며 백일동안 동굴에서 견디면 사람이 되리라고 하였다. 범은 견디지 못하고 도망쳤으나 곰은 삼칠일(21일) 동안 견뎌 여인이 되었다.

환웅천왕과 곰 여인은 결혼하여 단군왕검을 낳았다. 단군왕검은 평양성에 도읍을 정하고, 나라는 조선이라 칭하고 1,500년 동안 나라를 다스리다 산신이 되었다.

Ⅱ. 삼국시대

1. 고구려

1) 문화사적 배경

고구려(B.C. 37 ~ A.D. 668)는 동명성왕인 주몽이 건국한 나라로 통구지방 졸본성에 수도를 정하였다. 용맹과 무를 숭상하여 불굴의 정신을 길렀으며 북만주로부터 남쪽 대동강 유역 아래에 이르는 지역을 석권하여 동방 대국으로 성장하였고 427년에 수도를 국내성에서 평양으로 옮겼다.

고구려의 문화는 고유적인 요소와 만주 계통의 요소, 중국 계통의 요소, 서역 인도적인 요소, 북방 스키타이적 요소 등의 외래 요소의 혼합으로 매우 다양한 모습을 보였다.

자연적 조건은 아시아 대륙의 동북방에 위치하여 하습동건한 대륙성 기후이므로 한대성 복식과 온대성 복식이 공존했고, 사회적 조건은 당시 정치, 경제, 종교 등의 여러 가지 사회 사상의 복합적 요인으로 인해 복식 문화의 형태도 매우 복잡하고 다양하였다.

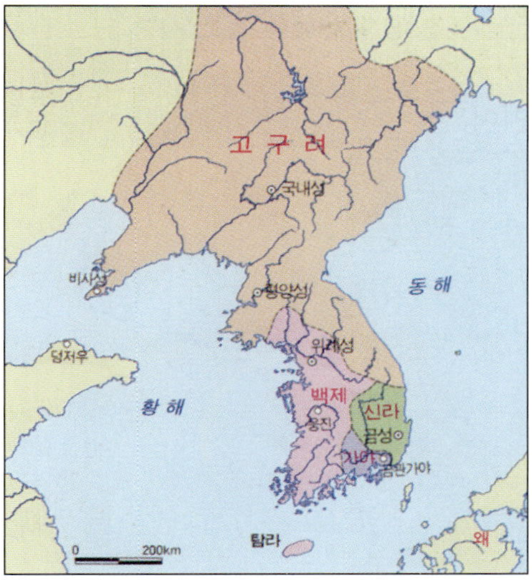

삼국시대

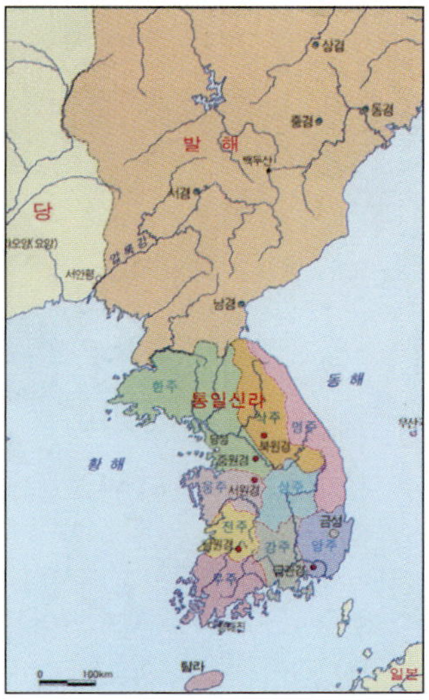

통일신라와 발해

2) 복식사적 배경

고구려의 복식의 기본형은 상의와 하의가 구분된 직령교임형(直領交衽形)과 전개합임형(前開合衽形), 체형형(體形型)이 섞여 있어 구조적으로 볼 때 북방계 복식형태이다. 그런데 삼국 시대 이전의 부여, 조선, 예맥, 옥저, 삼한 등은 동일 종족에서 남쪽으로 이동할 때 나누어졌으므로 고구려, 백제, 신라 등의 기본 복식은 대체로 공통적이며 부분적인 차이가 있을 뿐이다. 복식의 기본구조는 웃옷인 '유'과, 아래옷인 '고', 머리 수건 형식의 '건'과 신발인 '화'나 '이'를 신었다.

① 관모(冠帽)	⑥ 고(袴)	① 건(巾)	⑤ 선(襈)
② 유(襦)	⑦ 화, 이(靴, 履)	② 이식(耳飾)	⑥ 군(裙)
③ 포, 삼(袍, 衫)	⑧ 조영(組纓)	③ 영주(瓔珠)	⑦ 발양(髮樣)
④ 대(帶)	⑨ 좌임(左衽)	④ 유(襦)	⑧ 우임(右衽)
⑤ 선(襈)			

삼국시대 남녀복식의 기본형

3) 머리 형태

(1) 남성의 머리 형태 및 관모

① 남성의 머리 형태

고구려 사회의 발형(髮形)에 대하여 문헌에는 나타나있지 않으나 고분 벽화를 통하여 그 모습을 알 수 있다. 고분 벽화에 나타난 머리 모양은 우리 고유 양식과 외래 양식으로 구별되며 아주 다양한 양상을 보여주고 있다. 중국 북조의 '북사(北史)'에 '그 사람들은 깨끗한 것을 좋아하고 용모가 단정한 것을 숭상한다....'고 하였으므로 수발도 당연히 행하여졌을 것이며, '구당서'와 '삼국사기'에 추계(상투)에 대한 내용이 기록되어 있다.

벽화에 나타난 남자는 외상투가 보편적으로 많았고, 집안에서는 쌍상투를 한 문지기 장수를 볼 수 있다. 고구려의 관모는 신분과 사용 목적에 따라 여러 종류가 있었다.

② 남성의 관모

관모의 형태를 결정하는데는 먼저 머리를 어떤 형태로 처리하느냐 하는 것이 문제가 되었던 것 같다. 고구려 고분 각저총에서 발견된 벽화에 나오는 장사의 머리는 근대까지 볼 수 있었던 상투의 형태와 비슷하다. 관모는 이 상투가 들어갈 용기로, 단순히 실용적인 의미에서 착용하던 것이 장식적 요소와 사회적 요소가 첨부되어 의례, 계급, 상징 등을 표시하게 되었다.

관모의 발전단계는 건(巾) → 모(帽) → 관(冠)으로 진행되는데 건은 실용적인 의미에서 출발하여 장식적 요소가 가미되어 모로 발전하고 여기에 다시 사회적인 요소가 첨부되어 의례, 계급, 상징 등을 표시하는 관으로 발전하였다. 우리나라 고대 관모의 원시 형태는 건으로 생각된다. 이것은 원래 머리가 흘러 내려오는 것을 감싸는 것이었는데 고구려 고분벽화 부녀상에서 보는 건귁과도 유사한 것으로 우리 민족의 가장 오래되고 소박한 두식이었다.

ⅰ. 건(巾)

관모 중에서 가장 오래되고 기본적인 형태로 주로 헝겊이 많이 쓰여졌으며 상투머리가 흘러내려 오는 것을 감싸는 용도로 쓰여짐.

ⅱ. 책(幘)

책은 수건을 머리에 질끈 매는 형태에서 생겨난 듯한데 중국의 책은 우리나라의 난모의 하나인 남바위와 같은 형태이고, 우리의 것은 무후라 하여 뒤에 늘어진 것이 없는 것이다. 책은 귀인이나 대관 계급의 전용 관모로서 서민 계급에서는 착용할 수 없었다.

책과 나관, 덕흥리 고분의 주인상

iii. 절풍(折風)

우리나라 고유의 모자였던 변(弁)과 비슷한 것으로 고깔형의 정상이 뾰족한 관모를 말한다. 우리나라 관모의 기본형은 이 변에서 출발하였다고 할 수 있다. 고구려에서는 일반적으로 남자들이 사용했고, 바람을 가른다는 글자의 뜻 그대로 활동하는데 간편한 머리쓰개이다. 또 사서에 절풍은 귀천의 차이를 두고 새깃을 꽂았다고 하였으므로 귀족계급에서는 그들의 신분을 표시하기 위해 절풍에 2개의 새깃털을 꽂았고, 아무 장식이 없는 절풍은 일반서민이 사용하였다. 관은 자라(紫羅)로 만들었다.

iv. 조우관(鳥羽冠)

관모에 2개의 새깃을 꽂은 것으로 아시아 북방 여러 민족에게 널리 있었던 풍습이라는 것을 알 수 있다. 처음에는 자연조우였으나 뒤에 가서는 금, 은으로 조우상 또는 녹이상(鹿耳狀)의 장식금구를 사용하였다. 이 조우관은 삼국에 공통으로 있었는데, 남방에서는 금동으로 만들어 금동관이 되고, 신라 고분에서 출토된 금관도 되었다. 그 기본 형상은 모두 변과 책의 형태로 여기에 조우를 삽식한 것을 모형화한 것이다. 또한 조우 대신 조미(鳥尾)를 장식한 것도 있었다.

절풍, 삼실총 행렬도의 인물

조우관, 쌍영총 인물도

입, 감신총의 착립기마 인물묘사도

v. 입(笠)

문헌상으로는 삼국유사 원성 대왕조에 처음으로 나왔다. 입은 조선시대 패랭이와 같은 모자로서 위는 둥글고 챙이 넓으며 끈으로 턱에 걸어 매게 된 것이다. 용도는 어디까지나 더위를 막고 비를 막는 실용적인 것이었으며, 사교적 의의나 의례적인 의의를 가지는 것은 아니었다.

고구려 고분 감신총 벽화를 보면, 수렵 인물 가운데 방립과는 달리 확실하게 모(帽)와 평(枰) 또는 첨(籤)이 상당히 발달한 입을 쓰고 있음을 알 수 있다. 입은 모가 높고 평이 넓은데, 모정(帽頂)은 평평하지 않고 둥근 것이 방립과 다르다.

vi. 건귁(건괵, 巾幗)

여인들이 쓰던 관모로는 별로 뚜렷한 것이 없으나 통구 각저총의 부인도에서 건귁을 쓴 모습을 볼 수 있다. 이것은 관모라기보다 수식이라는 것이 더 타당할 것 같다.

근래까지도 '머리수건'이라 하여 개성 일원, 황해도, 함경도 방면의 부인들은 수건을 모나게 접어서 머리 주위와 상부까지를 덮어 뒤에서 매었고, 평안도의 부인들은 수건을 세로 접어 겹쳐서 앞머리에서 뒷머리로 감아 맺어 끼우고 있는 모습을 볼 수 있었다.

vii. 나관(羅冠)

고구려에서는 왕을 비롯한 높은 신분을 가진 귀인들만이 나관을 썼는데 책처럼 생긴 내관과 얇은 비단인 나로 만든 외관으로 이루어졌다. 색으로써 왕과 대신을 구별하여 신분의 차이를 표시하였으며 대체로 왕은 백색, 대신은 청색, 붉은 색으로 만들었다.

viii. 금동관(金銅冠)

'북사' 열전 고구려조, '구당서' 동이전 고구려조, '당서' 동이열전 고구려조의 기록에 의하면 금은으로 관모를 꾸몄다고 하고 있다. 금동관의 유물로는 평양시 청암동 토성터에서 발견된 투각 화염문 금동관이 있다. 폭이 넓은 금동관대에 투각 화염문 금동입식을 5개 세우고 관대의 조우에 댕기 모양의 수식 하나씩을 늘어뜨렸으며 관더 윗 둘레에는 화염처럼 뻗은 인동무늬를 투각하고 아랫 둘레에는 연주무늬를 둘렀으며 중간에는 같은 간격으로 화형(花形) 장식 2개를 배치하였다.

ix. 면관(冕冠)

면관은 오회분 5호묘에 용을 탄 신선에게서 볼 수 있다. 이 승룡신은 면판에 유가 달려 있는 면류관(冕旒冠)을 쓰고 있다.

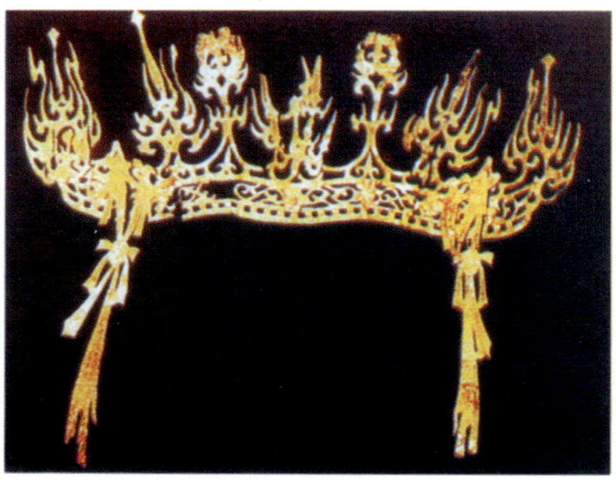

투각 화염문 금동관

12류 면류관

(2) 여성의 머리 형태

고구려 여인의 머리 모양에 관한 기록은 오로지 구당서와 당서의 '여자가 머리에 건귁을 썼다'라는 기록만이 있으나 고분벽화가 많이 발견되어 이 벽화를 통하여 어느 정도 고구려 여인의 머리 형태를 짐작할 수 있다. 여자는 얹은 머리와 푼기명 머리, 쪽진 머리, 묶은 중발머리, 쌍계로 나눌 수 있다.

고구려의 머리 형태는 4~5세기경까지는 고계(高髻)이며 장식적이던 것이, 6세기에 이르면서 형태가 낮아지고 간편해지며 변발로 틀어 얹거나 쪽머리를 하는 양식 등이 보이고 있다. 즉, 4~5세기에는 한의 영향을 받은 것이고 6세기에는 북방민족의 영향 때문이다.

고구려에서는 상투나 얹은머리, 머리트는 방법 등이 다양하였다. 집안 유적지에서 동비녀가 출토되고 있어 당시의 중국이나 다른 어떤 나라보다도 발전된 머리 형태라고 생각되는 독특한 추계문화권을 형성하고 있었던 것을 알 수 있다.

① 얹은 머리(반발, 盤髮)

얹은머리는 두 가지 방법이 있는데 그대로 틀어 올리는 방법과 땋아서 올리는 방법이 있다. 우리나라에서는 이 두 가지 형태를 볼 수 있다.

쌍영총 부인상은 얹은 머리를 하고 건을 앞이마에서 뒤쪽으로 묶고 있는 모습을 하고 있고, 무용총 시녀공양도 후자의 머리 모양은 머리를 그대로 올리고 둥글게 하여 머리 위에 바싹 붙이는 얹은 머리 모양을 하고 있다.

얹은 머리와 건, 쌍영총의 귀부인들

② 가체(加髢)를 이용한 고계(高髻)

안악 3호분의 고국원왕비와 시녀들의 머리 모양은 가체를 이용한 고계(높고 크게 머리를 맺는 결발 양식으로 중국의 영향을 받은 것)로, 두발양식은 머리의 중앙을 높게 올려 중간에서 장식 끈으로 장식하고, 타원형의 테를 둘렀으며, 두 가닥을 양볼 쪽으로 드리우게 하는 머리 모양을 하고 있다.

고국원왕비와 시녀들의 머리 모양은 좌, 우로 드리운 두 가닥의 유무가 다를 뿐 같은 형태이다. 타원형의 둥근 테는 조선시대 관중의 가체인 떠구지와 비슷한 형태를 하고 있다. 고국원왕비는 가발을 이용하여 크게 얹은 머리로 빗어 자신의 지위를 상징하고 있다.

가체를 이용한 고계, 안악 3호분의 고국원왕비와 시녀

환계, 감신총, 합장여인상

③ **환계(環髻)**

감신총의 합장하는 여인은 머리 중앙의 일부는 벽화의 훼손으로 불명하나, 두상 전면과 후측면의 머리 모양을 보면 둥글게 두 개의 고리를 만든 환계를 하고 있다는 것을 알 수 있다.

④ **쌍계(雙髻)**

쌍계(쌍상투)란 머리 좌우의 윗부분에 두 개의 상투를 만든 것으로 감신총의 시녀도에서 둥글게 양쪽으로 빗어 올린 쌍계식(雙髻式)의 머리 모양을 볼 수 있다.

안악 3호분 행렬도의 춤추는 여자는 두발을 셋으로 나누어 틀어올리고 장식 천으로 묶은 형태이다. 중국 한대(漢代) 가창자(歌唱者)의 머리 모양은 셋으로 나누어 틀어올리고 비녀로 장식한 형태로, 셋으로 나누어 틀어올린 모습이 안악 3호분 행렬도의 춤추는 여자의 머리형과 유사점이 있다.

덕흥리 고분의 여인들은 상투, 쌍계, 쌍수계를 모두 하고 있다. 이는 고려시대 초기에는 여성들도 남성과 같은 상투머리를 했음을 입증하는 것이다.

쌍계, 안악3호분의 행렬도

상투, 쌍계, 쌍수계, 덕흥리 고분, 시녀

⑤ 푼기명 머리

푼기명 머리는 미혼녀에게 많았는데 좌우 양볼에 머리의 일부를 늘어뜨린 모양으로 머리를 셋으로 나누어 한 다발의 머리를 뒤로 하고 두 다발 머리채는 좌우의 볼쪽에 각각 늘어뜨린 형태이다.

푼기명 머리, 삼실총의 여인 인물도

⑥ 쪽진 머리(북계, 北髻)

쪽진 머리(북계식)란 두발을 뒤통수에 낮게 트는 양식으로 쌍영총 벽화의 부인에게서 쪽진 머리 모양을 볼 수 있다. 각저총 건귁을 쓴 여인도 납작하게 쪽을 붙힌 머리 모양으로 쪽진 머리는 삼국시대의 공통된 두발양식이다.

⑦ 묶은 중발머리

묶은 중발머리는 짧은 두발을 머리 뒤에 묶은 형태로 머리카락이 자라지 않은 소년, 소녀의 과도기적 머리 형태이다. 무용총 시녀공양도의 머리 모양은 두발을 간편하게 하기 위하여 발모(髮毛)를 낮게 묶고 위고 반전시킨 묶은 중발머리 형태이다.

⑧ 땋은 머리(辮髮, 변발)

장천 1호분의 야유도를 보면 마당에 나와있는 백성들이 나오는데 이때 땋은머리를 한 남자가 나온다. 그러므로 미혼 여성들도 땋은머리를 했을 것으로 보인다.

쪽진 머리와 건귁, 각저총의 부인상

묶은 중발머리, 무용총의 시녀공양도

땋은 머리, 장천1호분, 야유도

⑨ 채머리(披髮, 피발)

채머리는 머리를 자연스럽게 아래로 내려뜨린 양식으로 오회분의 4호무덤의 달의 신에서 볼 수 있다. 자라난 머리를 그대로 자연스럽게 내리는 것은 자연스러운 일일 것이므로 없었다 할 수 없다. 그러므로 이 머리는 아직 어려 머리를 묶기 어려운 아이나 미혼녀의 성장하지 않은 머리 모양이라 할 것이다. 채머리를 고분벽화에서 보기 어려운 것은 이것이 성장하지 않은 머리이기 때문일 것으로 보인다. 그러나 신의 모습에 채머리를 한 것은 머리 모양으로 신선의 자유로움, 신비함 등을 표현한 것으로 보인다.

채머리, 오회분 4호무덤, 달의 신

참고

계(髻) : 머리를 맺는 결발 양식	북계(北髻) : 쪽머리, 민머리
고계(高髻) : 다리를 많이 사용하여 높게 올린 머리양식	피발(披髮) : 채머리, 풀어 헤친 자연적 머리
반환계(盤桓髻), 반발(盤髮) : 얹은 머리	속계(束髻), 결발(結髮), 속발(束髮) : 묶은 머리
가체(加髢) : 다리, 가발	쌍계(茗髻) : 쌍상투
수계(垂髻) : 채머리, 머리를 길게 빗어 내려뜨린 머리	환계(鬟髻) : 고리모양의 머리
	추계(椎髻) : 상투 머리
	변발(辮髮) : 땋은 머리

4) 화장형태

삼국시대에는 중국과의 교역이 매우 활발해졌는데, 그 중에서도 고구려는 지리적 위치상 중국과 가장 가까이 위치하고 있었으므로 중국과의 교역이 활발하였고 화장문화 또한 영향을 많이 받았다. 그리하여 중국에서 일찍이 성행하였던 연지가 고구려에도 들어와 4~5세기 경에는 주사(朱砂)로 연지를 만들었으며 고구려의 승려가 일본에 홍화(紅花)를 전해주어 일본에서도 연지화장을 하게 되었다.

고구려의 여인상과 화장풍속은 무덤의 벽화와 초상화에서 엿볼 수 있는데, 안악 제3호 무덤의 초상화에 나타난 왕비의 모습은 인자한 불상의 모습처럼 살찐 얼굴 외형과 가는 눈매, 작은 입에 자애로운 모습을 하고 있고, 수산리 고분벽화의 인물들은 이와는 달리 갸름한 얼굴형을 하고 있는데, 이것으로 보아 고구려 시대에는 후덕한 모습과 갸름한 모습이 같이 나타나고 있음을 알 수 있다.

또한 수산리 벽화에 나타난 귀부인과 시녀들은 연지 곤지 화장을 하고 눈썹을 다듬은 모습을 하고 있는데, 눈썹화장은 넓게 곡선형으로 다듬는 방법과 가늘고 선명하게 다듬는 방법의 크게 두 가지 방법이 행해졌으며 가늘고 요염하게 다듬는 방법은 기생들이 행했던 방법이었다.

그리고, 쌍영총에 나타나 있는 여인들도 연지화장을 하고 눈화장으로 오렌지색까지 사용했고 「삼국사기(三國史記)」에는 무녀(舞女)와 악공(樂工)이 연지 화장을 한 것이 기록되어 있는 것으로 보아 고구려인들에게 기초화장은 물론 색조화장까지도 성행하였음을 알 수 있다. 한편 고구려인들은 평상시와 외출 및 의례(儀禮)의 치레가 달랐으며 계급과 신분에 따라서도 꾸밈을 달리 했다.

안악3호분의 고국원왕비

수산리 고분의 귀부인

쌍영총의 귀부인

2. 백제

1) 문화사적 배경

백제(B.C. 18~A.D. 660)는 고구려 시조 주몽의 아들 온조가 남으로 내려와 B.C. 18년에 건국하였다. 백제의 첫 번째 도읍지인 위례성의 위치는 현재의 서울시 일원으로 보고 있다.

백제는 한성에서 건국되어 웅진으로 다시 사비로 수도를 옮겼다. 수도의 위치를 기준으로 하여 백제사의 시기를 구분하면 한성시대(B.C. 18~A.D. 475), 웅진시대(475~538), 사비시대(538~660)의 세 시기로 구분된다. 이 중 한성시대는 백제가 한강 하류인 서울시의 일원에서 성읍 국가로 탄생하여 차츰 주변국가를 병합 연맹왕국을 형성했다가, 성장하여 종주국인 마한을 압도한 끝에 마한 제국 전체를 통일하는 큰 변화를 겪은 시기이다.

백제의 유적으로 한성시대 중요 거성의 하나인 몽촌토성, 풍납동 유적지 등의 발견을 통해 구석기 시대부터 철기 시대에 이르는 고대국가 형성의 기반을 잡고 있었음을 알 수 있다.

2) 복식사적 배경

백제의 복식에 관한 기록은 '양서', '위서', '주서', '수서', '남사', '북사', '신당서'에서 볼 수 있는데 이들 기록에서 백제인의 형상에 관한 것을 살펴보면 '백제인들은 키가 크고 의복이 청결하다. 그 나라가 왜와 가까우므로 문신을 하는 자가 꽤 있었다'라고 기록되어 있다. 백제의 복식에 관한 기록으로는 '모자를 관(冠)이라 하고 저고리를 복삼(復衫)이라하고 바지를 곤(袞)이라 한다고 하였으며 언어와 복장이 대략 고구려와 같다'고 기록되어 있다.

백제의 복식도 그 형태가 상대 복식의 기본형인 상의에는 '유'를, 하의에는 '고'를, 의례용으로는 '포'나 '상'을 착용하였으며 그 윤곽은 고구려의 것을 통해 짐작할 수 있고 금동대향로의 발굴을 통해 그 실체를 증명할 수 있게 되었다.

3) 머리 형태

백제는 반도 서남부에 위치한 나라로 중국과의 왕래가 빈번하여 일찍이 중국 남조문화를 수입하여 고유문화 속에 찬란한 문화를 형성하였다. 이렇게 독특한 문화양상을 띤 백제사회에서는 머리 모양에 의해 기혼, 미혼의 구별을 하였으며 그 외 백제의 복식양상은 고구려와 크게 차이가 없었음을 기록을 통해 알 수 있다.

금제관식(무령왕 · 무령왕비)

백제사회의 여인의 머리 모양에 관하여는 고구려와 같이 고분으로 발굴된 자료가 적기 때문에, 여인의 머리 모양에 관하여는 중국측 문헌에서 그 단편적인 모습을 찾을 수 있다. '북사'에는 '여자는 머리를 땋아 뒤로 늘이되 출가하게 되면 두 갈래로 나누어 머리 위에 얹는다'라고 기록되어 있고, '주서'에는 '미혼녀는 발을 머리 위에 둥그렇지 얹고 한 갈래로 내려 수식하며, 기혼녀는 두 갈래로 나눈다.'라고 기록되어 있어 두 책의 기록이 상반되고 있다.

'북사'에 기록되어 있는 머리를 땋아 뒤로 늘이는 미혼녀의 머리 모양은 조선시대까지 볼 수 있는 전형적인 미혼녀의 머리 모양이며, 두 가닥으로 나누어 머리에 얹는 기혼녀의 머리 모양은 조선시대의 얹은 머리와 동일하게 얹은 것이 아닌가 한다. 이와 같은 얹은 머리는 고구려 여인의 머리 모양으로 볼 수 있는 바, 무용총 시녀공양도의 밥상을 나르고 있는 후자 여인의 머리 모양이 얹은 머리이다. 또한 부여 정림사지에서 나온 도용의 머리 형태는 머리를 둘로 나누어 위에서 묶고 있다.

백제는 중국과의 교역이 가장 빈번하였고 삼국의 복식이 동일하다 하였으니, 백제 사회에서도 고구려와 한의 머리 모양이 존재하였음은 자연스럽다고 여겨진다. 그러므로 북사의 기록이 대체적으로 정확하다고 볼 수 있으나 주서에 기록된 여인의 머리 모양에 관한 언급은 백제사회에서 일부 여인의 머리 모양으로 존재하였다고 볼 수 있다. 백제의 미혼녀는 조선왕조시대의 미혼녀의 머리 모양과 같은 수후(首後)에 한 가닥으로 땋아서 늘어뜨린 머리 모양을 하고 있으며, 기혼녀는 가닥을 머리 위에 서리는 얹은 머리 형태를 하고 있었다고 볼 수 있다.

수목형 금동관

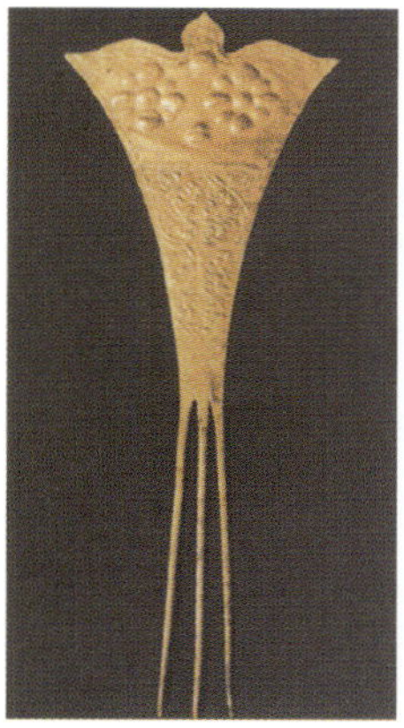

금제 뒤꽂이, 무령왕릉 출토

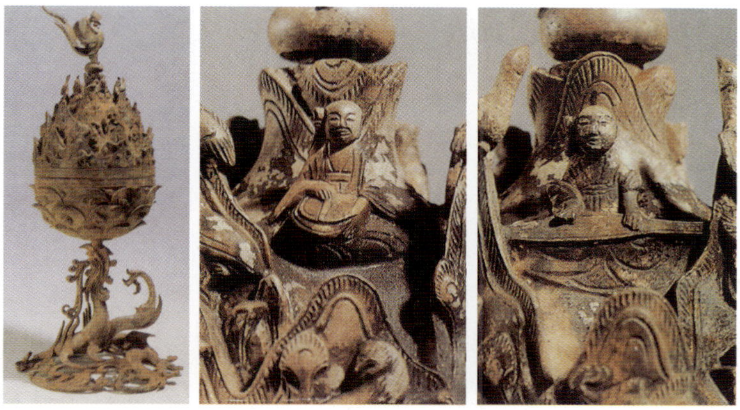

땋아 옆으로 붙인 머리, 백제금동대향로 5인의 악사

이와 같은, 여인의 머리 모양 외에 수식품으로 두발 양식을 짐작할 수 있다. 즉, 백제 무녕왕릉에서 출토된 왕비용 금제 뒤꽂이는 백제사회의 상류층에서도 고구려와 같은 가체를 이용한 고계(高髻)양식이 있었을 것으로 추측된다. 또한 부여의 성양리에서는 은비녀가 출토되었고, 무녕왕릉(A.D. 501~523)에서는 왕의 화려한 금제관식이 발굴되었다. 백제의 금동관은 신라의 양식과 다르게 불꽃 모양의 정교한 장식이 새겨져 있어 뛰어난 솜씨를 보이고 있다. 이것은 중국의 유교와 불교의 영향을 받은 것으로 생각된다. 백제금동대향로의 5인의 악사는 얼굴의 오른쪽에 머리를 땋아 붙인 모습이 보이는데 결발을 붙이는 방식이 정가운데만 있는 것이 아니라 다양했음을 보여주고 있다.

4) 화장형태

백제는 삼국시대의 신라와 고구려에 비해 유물이나 기록이 적어 화장품의 제조 기술이나 화장용구들도 전해지는 사실들이 거의 없다. 다만 신라나 고구려와 같이 문물이나 풍습이 중국과의 교역을 통해 화장술이나 제조술이 많이 영향을 받았을 것으로 추측되며 일본에도 역시 앞서가는 제조 기술과 화장술을 전해주었는데, 이러한 사실은 6세기의 일본서기(日本書紀)에 백제의 의박사(醫博社), 채약사(採藥師) 등이 일본에 파견되었다고 적혀 있는 것으로 알 수 있다. 그리고 백제인들은 고구려나 신라보다 엷고 은은한 화장(시분무주, 施粉無朱)을 즐겼음이 전해지고 있다.

3. 신라

1) 문화사적 배경

신라(B.C. 57~A.D. 668)는 진한 12국 중의 하나인 경주의 사로국을 모체로 6촌이 중심이 되어 발달하였다. 반도 동남방에 치우쳐 있던 까닭으로 고구려나 백제에 비하여 뒤늦게 대륙문화를 받아들였으나, 통일이전의 신라문화의 발달은 고구려와 중국 북조계통의 문화를 받아들였고, 그 후 고구려의 남침세력에 반발하여 백제와 동맹하게 되자 자연히 고구려보다 한층 세련된 백제문화와 중국 남조계 문화를 받아 들였다. 그러나 다시금 백제와 충돌을 일으키자 고구려와 백제를 적으로 삼은 신라는 고구려와 대립하고 있는 수, 당과 친해져 그 문화를 받아들이게 되면서 창의적인 면에서는 어느 나라보다 훌륭한 문화를 형성하였다.

즉 신라의 문화 발달은 대개 3단계의 전환을 거쳤다고 볼 수 있다. 제 1단계는 대백제, 대왜의 관계에 있어 고구려의 보호를 받는 보호국가적 존재였으며, 제 2단계는 고구려에 대항하여 백제와 동맹을 맺는 시기로 백제를 통해 들어오는 중국 남조문화를 받아들이는 시기였고, 제 3단계는 고구려, 백제 양국을 적으로 삼고 고구려와 대립하고 있는 수, 당과 연결하는 시기이다.

2) 복식사적 배경

중국 상고문헌에 나타난 신라의 복식을 살펴보면 '양서' 제이전과 '남사' 동이전의 신라조에는 신라인들이 '그 관(冠)을 유자례(遺子禮)라 하고, 유를 위해(尉解), 고를 가반(柯半)이라 하며 화를 세(洗)라고도 한다' 하였다. 이는 신라어의 사음대자(寫音對字)였다고 할 것이다.

신라복식은 '수서'나 '북사', '당서' 등에서 볼 수 있듯이 그 의복의 형태가 선사시대 복식의 기본형과 거의 같음을 알 수 있으며 그 윤곽은 고구려나 백제의 것을 통해 짐작할 수 있다.

신라는 제 23대 법흥왕 7년에 이르러 상하, 존비를 가려 율령을 반포하고 백관의 공복을 제정하였는데, '동사강목(東史綱目)'의 기록에 의하면 의복제도는 백제를 통한 중국식의 소위 주자색(朱紫色)의 공복제도를 모방한 것이었다고 하나 전해옴이 없으며, 법흥왕 10년에 결정되었다고 하는 백관의 공복제도가 '삼국사기' 색복조(色服條)에 다음과 같이 나타나 있다.

> 법흥왕 때의 제령(制令)에는 태대각간에서 대아찬까지는 자의(紫衣), 아찬에서 급벌찬까지는 비의(緋衣 : 붉은 옷)로 모두 아홀(牙笏, 손에 잡는 신분증)을 가졌다. 그리고 대내마, 내마는 청의, 대사에서 선저지까지는 황의였다. 이찬, 잡찬은 금관을 쓰고, 파진찬, 대아찬 및 금하는 비관(緋冠, 붉은색 관)을 쓰고 상당대내마, 적위대사는 조영(組纓, 모자끈)을 매었다.

이 법흥왕대의 자, 비, 청, 황 4색 공복제도는 우리나라 기록에 보이는 첫 공복 습용으로서 얼마간 중국제도의 영향을 받았으나 그대로의 답습은 아니었다.

공복 제도에 있어 중국 제도의 완전한 습용은 제 28대 진덕여왕 2년에 이르러 김춘추가 당에 청병하러 가서 당 태종에게 장복의 개혁을 청하여 중화의 제를 따르고자 하자, 의대를 사여하고 이를 허함으로써 시작되었다.

3) 머리 형태

신라시대 머리 모양에 관한 문헌기록은 거의 희박하나 남자의 두발형태는 소인은 결발(結髮), 대인은 상투계형이었다. 또한 관모로서는 금관, 비관(緋冠 : 붉은색 관, 신라 법흥왕 때 관리들이 공사에 참여할 때 쓰는 관으로 4관등인 파진찬에서 5관등인 대아찬까지 썼다), 건, 책, 절풍, 복두, 금관 등이 있었다.

신라여인의 머리 모양을 보면, '북사'와 '구당서'에 모두 '신라여인이 머리를 땋아 두상에 두르고 비단과 구슬로서 장식하였다'고 기록하고 있고, '태평어람'에는 '머리카락이 아름다우며 길이가 길다'고 기록되어 있다. '북사'와 '구당서'의 머리 모양은 얹은 머리 형태로, 이 얹은 머리는 당시에 신라뿐 아니라 고구려, 백제의 부인들 사이에 공통적으로 보편화되었던 머리 모양이었음을 알 수 있다.

쪽머리, 경주 황성동 돌방무덤 출토,
통일신라 7세기 후반 여자토용

백화피제관모, 양산 부부총 출토

또 다른 신라여인의 머리 모양으로 '동서지'에 '신라는 국토의 북방이 허하므로 여자의 머리 맺음을 뒤로 했다. 고로 그 이름을 북계(北髻)라 하고 지금에 이르기까지 그대로 이르고 있다'라고 하였다. 이 머리 모양은 쪽진 머리로 신라여인들도 고구려인과 마찬가지로 쪽진 머리를 하였음을 알 수 있다.

황성동 석실고분에서 머리를 정면에서 똑바로 가르마를 타고 뒤에서 틀어 북계로 빗은 여인상이 출토되었다. 소매에 파묻힌 왼손으로 살짝 입을 가리고 웃는 부끄러운 듯한 모습은 신라의 여성을 대하는 느낌이다.

또한 '신당서'에는 '대체로 아름다운 머리로 휘감고 주패로 장식하였고, 남자는 머리를 잘라서 팔고 흑건을 썼다. 시장에서 모든 부녀들이 팔고 산다'고 하여 이 시대에 머리 장식과 가체 매매가 성행하였음을 알 수 있다.

여성의 관모로는 백화피제관모(부인보관으로 왕비, 공주, 성골계 왕족녀가 썼으며 주재료가 백화피(자작나무껍질)로 이루어짐)가 있었다.

4) 화장형태

신라시대 박혁거세(朴赫居世)의 탄생설화에서도 고조선시대의 단군신화에서 볼 수 있는 것처럼 우리 조상들이 백색 피부를 좋아하고 그렇게 가꾸려고 노력했으며 지도자의 조건이 피부가 희고 인물이 좋아야 했음을 암시하고 있다. 이는 사회의 지도자로서 미인과 미소년을 뽑는 원화(源花)와 화랑(花郎)제도로서도 알 수 있으며 이러한 제도는 신라인들이 아름다운 육체에 아름다운 정신이 깃든다는 영육일치사상(靈肉一致思想)을 갖고 있었음을 의미하기도 한다.

이처럼 몸을 청결히 하고 아름답게 꾸미는 사상으로 인하여 남자인 화랑들도 목걸이, 귀걸이 같은 장신구로 치장을 하였고 화장까지 하였는데, 이러한 사회 전반적인 현상으로 인하여 여러 재료에 의한 화장품이 나올 수 있었고 또 그에 따른 화장술도 발전하게 되었다.

각 나라와 시대마다 화장에 있어서 종교의 영향은 매우 큰 것인데, 불교가 전래된 삼국시대의 신라는 더욱이 그러했다. 따라서 목욕재계로 몸을 청결히 하고자 하였으며 의식에 있어서의 향의 사용은 매우 대중화되어서 책을 읽을 때나 손님이 올 때 사용할 정도로 매우 널리 다용도로 사용되었으며, 원료도 식물뿐만 아니라 동물, 광물 등 다양했다.

이렇게 목욕을 중시하는 풍조는 목욕시설이 많이 만들어지게 하였으며 쑥탕, 쌀겨탕 등으로 다양하게 즐기게도 하였다. 신라인들이 목욕을 즐김에 따라 목욕 용품도 만들어졌는데, 이에는 토기 세숫대야와 팥, 녹두, 잿물 등으로 만든 비누와 같이 세제 역할을 했던 조두(澡豆)가 있다.

앞에서도 언급했듯이 신라에서 미에 대한 관심이 대단했던 것처럼 화장품의 제조와 화장용구의 제작도 활발했다. 우선 화장품을 살펴보면, 피부의 세정작용을 하는 조두에서부터 색조화장을 할 수 있는 분, 연지(臙脂), 눈썹화장을 할 수 있는 미묵(眉墨) 등이 있었다.

백분(白粉)은 곡식의 가루나 광물성 가루 등으로 만들었는데, 백분은 피부에 해가 없는 대신, 피부에 부착되는 기능은 안 좋아서 분화장을 곱게 하려면 까다로운 절차와 많은 시간이 소요되었으므로 보통 사람들은 평상시보다 나들이 때나 혼례시에 화장을 곱게 할 수 있었다. 반면, 7세기 말 경에 제조되었던 연분(鉛粉)은 피부에 해가 있으나, 사용방법이 간편하고 화장효과가 좋아 당시에는 애용되었다.

부분 색조화장을 할 수 있는 화장품으로서는 연지와 미묵이 있었는데, 연지(臙脂)는 붉은 염료로 쓰였던 홍화(紅花) 또는 잇꽃이라 불리우는 식물로 만들어졌으며 입술뿐 아니라 볼화장에도 쓰였는데, 현대에 와서는 입술뿐만 아니라 볼이나 아이섀도로도 활용되는 다목적 연지가 개발되고 있다. 미묵(眉墨)은 재질이 단단한 굴참나무, 너도밤나무의 재와 유연(油煙)을 섞어 만들어 사용했다.

이 같이 자연재료로 만들어진 분과 연지 종류는 습기에 의해 잘 굳어졌으므로 이 제품들을 사용하려면 물이나 기름에 개어서 써야 했으므로 이를 위해서는 화장품을 저장하는 용기와 작은 접시, 유병(油瓶) 등이 필요해서 이들 용구의 제작이 활발했다.

신라 왕조 삼씨성 설화

신라는 박, 석, 김의 3부족이 연맹하여 그 연맹장을 3부족에서 교대로 선출하여 3부족의 연맹장이란 의미에서 그 대표를 이사금을 칭하였다. 그 이 후 김씨가 왕위를 세습하게 되면서 왕권강화를 위해 마립간으로 불렀고, 그 뒤 왕위상속제를 확립하고 5부를 개편하여 중앙집권화를 추진하면서 왕이란 칭호를 사용하게 되었다.

① 박혁거세(삼국유사, 삼국사기)

6부 우두머리가 왕 옹립하기로 하고 산으로 올라가 기도를 하고 내려올 때, 붉은 알에서 사내아이가 나왔다. 그 사내아이가 심상치 않아 동천에서 목욕시켰더니 새 짐승이 춤추고 해와 달이 청명해져 혁거세란 이름을 붙였다. 그리고 이 아이를 왕으로 옹립하기로 하였다. 이후 덕이 있는 왕후를 찾으려 하였는데 사량리 알영정에서 계룡이 나타나 왼쪽 갈비에서 여아를 낳았다. 이 여아를 보니 얼굴이 아름다우나 닭부리가 있어 북천에서 목욕시키니 부리가 떨어졌다. 이후 혁거세가 10세에 왕과 왕비를 삼아 신라의 초대 왕이 되었다.

② 경주 석씨 : 4대왕 석탈해(삼국유사)

탈해가 토함산에 올라 서라벌땅을 보며 살 집을 찾다 중심부 초승달모양의 땅을 보고, 경당이라 여겼으나 그곳이 호공이라는 귀족의 땅임을 알고, 그 집 근처에 숫돌과 숯을 묻어두고 대장장이였던 우리집안이 대대로 살던 땅이니 돌려달라고 하였고, 호공은 관아로 찾아가 시시비비를 따졌는데, 숫돌과 숯이 나와 반월성 집터가 탈해의 차지가 되었다. 이 사건을 전해들은 2대 남해왕은 그가 총명한 인물이라는 것을 알아보고 사위로 삼고, 남해왕의 아들 유리왕의 뒤를 이어 4대 왕이 되었다.

③ 경주 김씨 : 김알지(삼국유사, 삼국사기)

탈해왕이 서쪽 시림 숲 사이에서 닭이 우는 소리를 듣고 보니, 황금 궤가 나무 끝에 걸려있고 빛이 나와 열어보니, 사내아이가 누워 있다 일어났다. 금궤에서 나와 성을 김이라 하고 지혜가 뛰어나다는 의미로 알지라고 하였다. 아기를 안아 궁궐에 와서 좋은 날을 잡아 태자로 책봉하였다. 시림도 계림으로 고쳐 국호로 삼았다(이후 신라로 이름을 바꾸었다). 본인이 왕위에 오르지 못하고 후손들이 왕위에 올라 왕으로 추존되었다. 김씨는 13대 미추 이사금 때 처음으로 왕위에 오른다.

4. 통일신라

1) 문화사적 배경

신라는 제29대 무열왕, 제30대 문무왕대에 당에 대한 청병이 성공하여 나당 연합군으로 마침내 삼국 통일의 대과업을 달성하였다. 그리하여 통일신라(A.D. 669~935)는 제반 제도시설의 정비, 경제생활의 안정, 당과의 문화 교류가 황금기를 이루는데, 이러한 가운데에서도 신라는 고유의 문화를 잘 보존하고 중국문화를 잘 융합하여 찬란한 민족문화를 이룩하였다.

2) 복식사적 배경

통일을 이룩한 후 신라는 여러 가지 제도를 정비하고, 경제 생활의 안정과 당나라와의 빈번한 교류를 통하여 태평성세를 누리며 모든 문화가 발전하는 황금기를 맞이 하게 되었다. 그러나 경제가 발전하자 복식 제도가 문란해져서 상하와 존귀의 구별 없이 사치에 흐르고 예절에서 벗어나는 경향이 나타나게 되었고 골품제도에 맞지 않는 의상이 나타나게 되었다.

이에 제 42대 흥덕왕 9년에 '복식금제령'을 내려 복식 착용 규정을 상세하게 설정하였다. '복식금제령'에서는 20종의 복식에 대하여 10계급의 착용 규정을 정하고 있다. 이것은 물론 사치 억제라는 면에서 이루어진 것이나, 한편 계급적인 것이 두드러져 있어, 마치 골품제도를 연상하게 하는 동시에 그 당시 신분 계급의 발달상을 여실히 볼 수 있다.

또한 통일신라 시대 때는 당과의 외교정책으로 인하여 당나라 의복이 유행하여 통일신라 시대의 복식은 호복 계통의 복식을 기본으로 중국 복식이 들어와 소화, 흡수 과정을 거쳐 국속화하였다. 그러므로 삼국 시대에는 볼 수 없었던 복두(幞頭)를 비롯해 반비(半臂), 배당(褙襠), 표(褾), 당의(唐衣), 원삼(圓衫), 활옷 등의 새로운 복장이 등장하였다. 따라서 복식 금제령에 나타난 20종의 복식 중에는 당나라의 것도 포함되어 있다.

복식에서는 계급의 분화가 심하였으나 이러한 제도나 격식을 따르고 중국 문화의 영향을 받는 것은 상류 귀족층이었을 뿐이며, 서민층에서는 국속의 긴 저고리에 대를 하는 상고복(上古服)을 그대로 입었다. 한편 상류 사회에서도 가정에서 입는 옷은 우리 고유복을 그대로 입는 습관이 있어 복식의 이중구조가 뚜렷하였다.

복두

반비

배당-배자

아홀

당의

원삼

활옷

당나라에서 영향을 받은 의복

3) 머리 형태

제29대 무열왕에서 제30대 문무왕 시대는 삼국통일과 함께 중국 당의 복식을 받아들이게 되므로, 이때부터 우리의 복식제도는 고유복식과 중국 복식과의 이중구조를 갖게 된다. 그러므로 중국 복식의 영향은 통일신라시대에 들어오면서 결정적인 것이 되어 남성의 머리형은 신라시대와 같을 것으로 보이나 복두와 같은 새로운 관모를 쓰게 되었고 화려한 왕의 금관도 보인다.

복두(幞頭)는 중국 북조 때에 한 폭의 건을 가지고 만들었던 것으로서 사각, 혹은 사대건이라고도 하였다. 우리나라에서는 신라 태종 무열왕 초에 중국의 의관 아홀의 제도를 채택함에서 비롯하여 점차 고유의 관모 대신에 널리 착용하게 된다. 흥덕왕 9년에 내린 의관제도의 금제 중에는 복두가 모든 계급 남자들의 쓰개로서 규정되어 있다.

경주 용강동과 황성동 출토 남자 토용은 통일신라시대 복식의 일면을 확인해줄 좋은 자료로서 당시 반령포와 함께 복두 및 고유 변상관모의 일종으로 보이는 관모를 착용하고 있음이 주목된다.

황성동 고분 출토 토용과 용강동 고분 토용의 무관으로 생각되는 인물들은 모(帽)의 절상부(切上部)가 비교적 뾰족하고 각이 없는 복두를 착용하고 있다. 더불어 당의 복두와는 달리 또 다른 변상관모 유형의 관모도 있었음이 주목된다. 또 중국 서안의 장희 태자묘의 벽화에도 모부를 변상관모로 하는 조우관을 쓴 한인(韓人) 사절이 묘사되어 있어 신라에 당제 채용 이후에도 상대의 조우관이 얼마간 계승되고 있었음을 알 수 있다.

금관은 신라 왕공 계급이 사용하던 관모로서 현재까지 모두 7점이 발견되었다. 이러한 금관은 신라 왕실과 귀족 사회의 관모로서 절대적인 권력의 상징인 동시에, 신라 금속 공예의 최고품이라 할 수 있다. 이 중에서 대표적인 것은 금관총의 황금 보관이고, 그 다음이 서봉총의 금관이다. 중국의 관모에 비해 장식이나 모양에 있어서 상당한 미적 특성을 지니고 있다.

금관의 영락(구슬을 꿰어 만든 장식품)과 곡옥(굽은 옥)의 금색과 옥색의 조화, 착용자의 동작에 따라 움직이는 동적인 미와 정지시의 정적인 미, 금관 제작의 기술적인 세공미 등 금관의 우수성은 상당히 뛰어나다.

문무왕 4년에 여성복식을 중국화하게 되면서 여자의 수식(首飾)도 적용되었을 것으로 여겨지는데 통일신라 사회의 친당 정책에 의하여 당의 문화와 함께 여인의 머리 모양도 신라에 많은 영향을 미쳤을 것으로 생각된다.

통일신라 여인의 머리 모양에 관한 기록을 보면, '삼국사기' 성덕왕 22년과 '삼국사기' 경문왕 9년의 기록을 보면 당시 체(髢 : 다리)가 당으로 수출되었고, 해가 갈수록 양이 증가하며 길이도 길어졌다고 하는데, 아름답고 긴 머리를 장식하기 위하여 체를 판매했던 것을 알 수 있다. 이 체는 대개 남자 또는 가난한 부녀자가 깍아 판 머리로써 충당되었을

복두(경주 용강동 출토)

호모(경주 황성동 출토)

것이다. 남자가 체를 제공한 사실에 대하여 '신당서'에 '남자는 머리를 깎아 팔고, 흑건을 썼다'라는 기록은 '상투를 틀던 당시 가난한 자는 머리를 깎아 체로 팔고 머리털이 자랄 때까지 맨머리를 가리기 위해 흑건을 쓰고 있다'는 사실을 표현한 것이라고 할 것이다.

다래는 속인이 사문에 들어가는 표시로서 잘라낸 머리나 가난한 집의 여인이나 남자의 자른 머리를 사용했을 것은 상상하기 어려운 바가 아니며, 또 신라의 남자들은 상투를 했는데 머리카락 전체로서 상투를 만들면 필요 이상으로 커서 관모를 착용하기에도 불편하고 쓸데없이 두정을 압박하게 되므로 머리카락을 약간 깎아낸 다음 상투를 만들었다고 하는데 이 잘라낸 머리로 여자의 다래를 만들었을 것도 짐작이 간다. 이것으로 신라여인들의 체 사용과 머리에 대한 사치를 짐작할 수 있다.

또한 신라여인의 머리 모양이 화려하고 아름다웠는지를 짐작하게 하는 기록이 있다. '태평어람'에 '신라 부인은 미발이 많고 머리의 길이가 장여(丈餘)나 된다.'하였으며, '구당서' 정관 5년(631년)에 당 태종에게 사신이 악기를 연주하는 여락(女樂) 두 명을 바쳤는데 모두가 머리가 검고, 머리숱이 많고 얼굴이 아름다워 태종이 칭찬했다는 것은 신라 여인의 수식은 중국 여인보다도 아름다운 모습이었음을 엿보여주고 있는 것이다.

당시 신라인의 가체가 중국보다도 아름다운 까닭은 동백, 아주까리, 수유의 열매로 머릿기름을 제조하여 머리손질을 하였고, 또 유두일에 머리를 감는 풍속과 목욕을 중시하는 신라인의 영육일치 사상 때문이었다.

통일신라시대의 미혼녀는 변발수후(辮髮垂後 : 땋은 머리와 체머리 혹은 땋아 내린 머리)를 했다. 변발은 북사나 수서의 신라기사에도 나타나있고, 퉁구스족, 몽고족, 토이기족의 공통된 풍속이기도 하므로 삼국이 공통된 것이었다고 보아야 할 것이다.

천마총 출토 금관의 내관

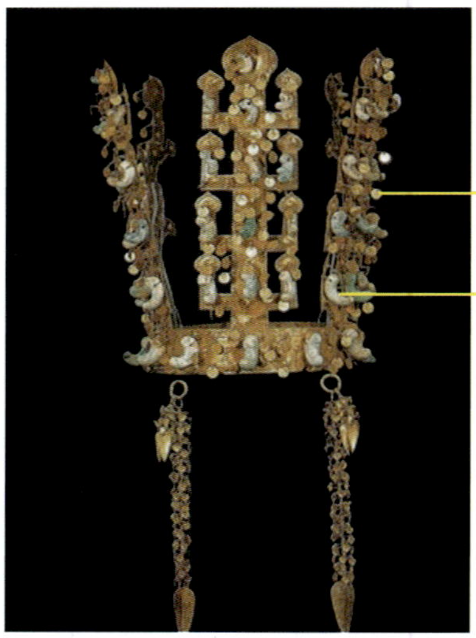

금관총 금관

또한 수후(채머리 : 머리를 뒤로 길게 늘어뜨리는 자연적인 머리 형태)는 북사의 백제기사에만 보이긴 하지만 대개 변발의 자연발생적 양태는 두발을 땋아서 머리 뒤에 늘어뜨리는 것일 것이므로, 변발수후한다는 것은 극히 자연스러운 수발법으로서 출가녀가 머리를 올리는데 반해 미혼녀가 변발수후한다는 것은 이해가 가고도 남을 일이다. 그리하여 미혼녀가 채머리를 하고 출가녀의 머리가 채머리가 변하여 쪽진 머리나 얹은 머리가 되는 것은 극히 자연스러운 것일 것이다. 통일신라시대의 여성은 황성동에서 출토된 토용에서 앞가르마를 탄 전형적인 쪽진 머리를 볼 수 있고, 용강동에서는 반계나 고계로 빗은 토용이 출토되었다.

통일신라 흥덕왕은 복식의 사치를 금지하고 상하 존귀를 나타내기 위하여 복식금제를 만들었는데, 복식에 대한 금지조항에는 관(冠) 이외에 두발의 장식인 소(梳: 빗)와 차(釵: 두 세 가닥의 머리꽂이)에 관한 령도 있었다. 여기에 보면 신라부인들은 일반적으로 비녀를 사용하였고 진골녀나 육두품녀는 관을 썼으며 특히 구슬과 무늬있는 비단으로 많이 장식한 것을 알 수 있다. 신라시대에의 은비녀와 차가 출토되었는데, 통일신라시대에는 당의 영향을 많이 받아서 의복과 같이 머리 형태도 더욱 화려해지고 높아졌을 것으로 보인다. 소의 유물로는 화(花)문양을 전(鈿: 비녀)으로 꾸며서 사화형(四花形)을 중심으로 서로 연결하여 거북이 등모양으로 장식한 전대모화문소(鈿玳瑁花紋梳)가 있다. 이것은 왕비나 공주가 사용한 빗이라 추정되는 유일한 장식 빗으로 이러한 머리 장식품은 단적으로 신라여인들의 머리 모양이 화려했음을 입증하는 것이며, 당시 신라 여인들의 두발 양식을 추측할 수 있다.

4) 화장형태

신라는 삼국통일(668)을 이루면서 정치적, 경제적으로 안정을 이루었으며 중국 문화를 적극 수용하여 당(唐)과 활발한 교류를 했다. 이 당시 당에서는 서역의 문물을 많이 받아들였고 따라서 서역의 귀중품이나 사치품들까지 중국을 통해 신라로 유입이 되었다. 복제(服制)와 화장문화 역시 서역의 영향을 받아 이국적이고 화려해져서 그러한 현상이 당을 거쳐 신라에도 유입되어 색조화장이 매우 짙고 화려해졌다. 문무왕(文武王)이 부인의 복제(服制)를 중국식으로 바꾸라는 왕명을 664년에 내린 이후 복제와 함께 화장도 화려해졌다.

그리하여, 백분에는 붉은 색을 염색한 색분을 제조하여 연지와 함께 볼연지로 사용하였고, 남자도 무용수나 화랑 등은 화려하게 치장하는 등 통일신라인들은 치장에 매우 신경을 썼다. 한편 화장용구뿐 아니라 화려한 장신구들도 이 시대에 많이 제작되었는데, 이것은 영육일치(靈肉一致) 사상에 따라 치장도 의상, 장신구, 화장 등을 모두 완벽하게 코디해서 꾸미는 풍조 때문이었다.

경주시 황성동과 용광동에서 출토된 토용의 모습을 보면 살찌고 둥근 얼굴형에 작은 코와 가는 눈의 여인상인데, 이러한 이상적인 미인상 역시 중국의 영향을 받은 것으로 보여진다.

한편 흥덕왕 9년(843)에는 복제의 사치가 너무 심해져서 삼국사기 색복조(色服條)의 신라조의 기록에 의하면 복식금령으로 복제를 제한하기도 했다.

흑건, 수산리고분

채머리, 무용총

얹은 머리, 경주 용감동 돌방무덤 출토, 통일신라 8세기 후반 여자토용들

대모빗, 김동현소장

전대모화문소(鈿玳瑁花紋梳)
가야지방 출토, 김동현소장

빗, 거울, 비녀, 가리마꼬챙이,
동곳 등, 안압지 출토,
국립 경주박물관 소장

Ⅲ. 고려

1. 문화사적 배경

왕건은 신라 말 혼란스러웠던 후삼국 분열을 수습하고 고려(918~1392 : 34대 475년)를 세웠다. 태조는 불력의 힘으로 삼국 통일을 이루었다고 여겼고 따라서 불교는 개국 초부터 국가 권력과 밀착되어 왕실, 귀족 중심의 종교로 크게 번성하였다. 고려는 비록 신라의 문물을 그대로 이어 받았지만, 고구려의 후계자라 자처하여 발해유민을 합류하고 고구려의 옛 땅을 회복하고자 하는 등 고구려 부흥을 조국의 한 이념으로 삼았다.

이러한 고구려 회복이라는 북진의 염원은 주변 국가와의 마찰로 완전히 이루어지지 못하였지만 고려의 대외적 성격을 두드러지게 하였다. 당시 송의 북방에서 거란, 여진, 몽고의 유목민족이 발흥하여 차례로 송과 대치하였으므로 이로 인해 고려 또한 여러 외교분쟁을 야기하였다.

건국 초 지방분권적 경향을 띠고 있던 호족 연합세력은, 태조 왕건 이후 역대 왕들의 중앙집권화 노력으로, 점차 사회구조를 정립하면서 중앙집권적 귀족사회의 특징을 띠게 되었다. 이러한 고려의 귀족 관료사회는 문종 때 그 최성기를 맞이하였으나 문인의 우대와 문인들의 지나친 세도로 그 내부의 모순이 확대되어 점차 동요되기 시작하였고 마침내 무신의 난에 의해 붕괴의 길을 걷게 되었다.

고려

고려

2. 복식사적 배경

고려는 복식에 남은 그림이나 기록이 많지 않다. 통일신라 시대 이후 복식은 이중구조를 형성하면서 고려도 신라의 제도를 그대로 계승하였다. 삼국사기에 '태조는 천명을 받아 나라를 이룩한 다음 국가의 모든 법도는 신라의 옛 것으로 인했으며 사녀(士女)들의 의상은 김춘추가 당에서 청하여 온 유제(遺制)와 같은 것이다'라고 하여 고려 초기에는 신라 시대의 복식과 별 차이가 없었던 것으로 보인다. 그러나 신라의 관복은 무열왕 때부터 당나라의 것을 따랐으므로 당나라 관복과 유사하다 할 수 있다.

제 4대 광종때는 백관의 공복을 사색으로 정하여 존비, 상하의 등급을 밝혔다. 이 시기는 관직, 관계가 확립되지 못한 때이므로, 4색 공복 제도가 제정된 것은 관료주의의 발전이라고 할 수 있다. 사색은 자(紫 : 자주색), 단(丹 : 다홍색), 비(緋 : 붉은색), 녹(綠 : 초록색) 등이다. 그러다가 8대왕 현종이 남행한 후에는 관계문헌이 흐지부지되어 자세한 것을 알 수 없으며, 18대 의종때에 평장사로 있는 최윤의가 조정의 헌장을 찾아 모으고 당나라 제도를 받아들여 고금례를 자세히 정하니 위로는 왕부터 백관의 제복까지 일대의 제도가 완비되었다.

10세기 중반 5대, 송과 평화적인 친교 관계를 맺음으로써 광종 때 북송의 의복을 차용하게 되어 복식이 바뀌게 된다. 11세기부터는 송나라의 양식을 입게 된다. 12세기 서긍이 쓴 고려도경에는 '고려의 관복이 송나라와 비슷하다'라는 기록이 있다.

그 후 몽고가 동방을 지배하여 원을 세우게 되자 그 강대한 영향력으로 인하여 100여 년간은 원의 복속 시대(1270~1356)를 거치게 되었다. 따라서 고려의 복식은 5대, 송, 거란, 몽고의 영향이 혼합되어 나타났다. 특히 원의 복속 시대에는 사대 사상이 노골화되어 정치 제도뿐만 아니라 체두변발(剃頭辮髮 : 머리 둘레를 깎고 정수리 부분만을 둥글게 남겨 머리를 땋아 늘인 모양)을 하고, 호복을 즐겨 입었으며, 수식에서 복식까지 모두 원의 제도를 따랐다. 즉 진주의, 질손 등의 원나라 의복을 고려가 채용하였다.

12류면 12장복

그 이후 고려 말기에 명이 일어나면서 제 31대 공민왕 때는 복구적인 중흥정책을 행하였는데, '거가잡복고'에 '공민왕 원년에 변발호복은 우리 선조의 제도가 아니라는 신하의 말에 변발을 풀었다'고 하였으며, '고려사'에는 '원을 섬긴 이래 개체변발하여 호복을 입은 지 백년이 가까워 오다가 이 때부터 의관문물이 완연히 다시 새로워졌다'고 하였다. 복식에 있어서는 왕 자신은 제복인 면복에 있어 9류면 9장복을 중국 황제와 동격의 12류면 12장복을 착용하기도 하였다.

문무백관은 흑의(黑衣), 청립(靑笠)을 착용하고 승복은 흑건대관(黑巾大冠)으로 하며, 여복은 흑라(黑羅)로 고치기로 하였는데 이는 자주성을 모색하기 위한 것이었다. 또한 명에 관복을 청해 증여를 받음으로써 새로운 주변 정세에 능동적으로 대처하였는데 이 때 증여받은 관복은 원의 구제도와 당, 송의 제도를 참작한 것으로 추측된다. 명나라 복식의 영향은 조선 시대에 들어서면서 국가 정책에 따라 두드러지게 나타난다.

고려의 여자 복식은 통일신라 시대의 복식을 그대로 계승하였으며, 일부 중국의 제도를 모방하였다. 왕비복은 대홍의(大紅衣)에 그림을 그리거나 수를 놓아 위엄을 갖추고 호화스러웠다. 또 귀부녀의 복식은 조라(검정 비단) 3폭에, 길이가 8자나 되는 몽수(형태 미상이나 조선 시대의 너울과 같은 것으로 추측)를 쓰고 눈만 내놓았다. 두루마기는 남자와 같이 백저포를 입었으며, 바지는 통이 넓은 관고를 입었다. 대에는 오색 찬란한 금탁(금방울)을 달고, 금향낭(비단 향주머니)을 많이 차는 것을 자랑으로 여겼다.

복두와 관복, 고려말 강민첨(963~1021)장군의 영정

발립과 관복, 고려말 문신 이조년(1269~1343)의 영정

복두와 관복, 고려말 정몽주(1338~1392) 영정

여성의 치마에는 크게 비중을 두어 치마 폭은 8폭으로 넓게 하고, 길이가 땅에 끌리도록 했으며, 많이 겹쳐 입는 것을 숭상하여, 귀가 처첩들이 치마를 만드는데 7~8필이 들었다고 한다. 가을과 겨울에는 황견의 치마를 입었는데, 그 빛깔이 짙고 옅은 것은 있었으나 공경대부의 아내로부터 서민의 아내에 이르기까지 이 제도를 따랐다.

저고리는 몽고의 영향을 받아 길이가 짧아져서 허리를 덮지 못하게 되었고, 소매가 좁아졌으며, 옷고름을 달게 되었다. 포는 백저(白紵)로 입었으며 허리띠를 매었다. 또한 포나유의 깃, 도련, 소맷부리의 선이 없어졌다. 서민층에서도 상류계급의 복식을 따르려는 경향이 있었으나, 빈곤과 까다로운 금제에 의하여 저지당했다.

하연 부인상과 조반 부인상은 조선 초에 개국공신의 부인을 그린 초상화로 고려시대부터 조선시대를 살아갔던 그녀들의 옷은 고려 말의 여성복식을 보여주고 있다.

귀부녀복(하연 부인상, 조반 부인상)

3. 머리 형태

1) 남성의 머리 형태 및 수식

고려시대의 의복제도나 머리 형태는 '고려사'나 '고려도경'에 그 기록이 거의 유일하게 남아있으나, 고려도경에는 관복 그림이나 머리모양이 남아있지 않고, 회화나 조각 등에서도 이에 대한 내용이 없다. 그래서 아주 적은 기록으로 그 시대의 머리 형태를 파악할 수밖에 없는 아쉬움이 있다.

고려도경에 보면 '혼인하지 않은 서민 남녀의 경우 남자는 흑승(黑繩)으로 여자는 홍라(紅羅)로 머리를 묶고 나머지 머리는 뒤로 내려 소년 · 소녀들의 두식이 같다'하였다. 그런데, 동서 소친시조(小親侍條)에 보면 '대개 결혼 전에 남자는 건으로 머리를 쓰고 그 나머지를 뒤로 늘어뜨렸으며, 결혼 후에는 속발(束髮)을 한다'라고 하였다. 여기에서 속발은 '상투'를 가리킨다. 남자의 상투는 U자형 동곳을 이용하여 고정하였는데, 고려는 불교를 국교로 한 나라였던 만큼 부처님 머리 모양처럼 생긴 동곳인 불두잠도 있었다.

'고려도경' 제22권 잡 속편에서는 고려 남자의 건(巾)과 책(幘)이 당나라 제도를 본받고 있다고 한다. 고려 남자의 건(巾)은 왕으로부터 아래 계급에 이르기까지 모두 착용한 중요한 편복 두식으로 여러 종류가 있었다. '고려도경'에 의하면, 일반 백성들은 대개 '조건', 진사(進士)는 '사대 문라건(四帶文羅巾)'을 농민과 상인은 베[布]로 만든 '오건사대(烏巾四帶)'를, 나라의 관료나 귀인들도 사가에서 생활할 때에는 '두건양대[頭巾以兩帶]'를 썼다고 한다. 두건 양대는 2개의 끈이 달린 두건으로, 관료나 귀족임을 알리는 표식이 되기도 했다. 건의 모양은 대개 비슷하였으나 재료에 차이가 있었고, 진사, 농상은 두건을 '건사대'라하고, 국관, 귀인은 '양대위변'이라 하여 귀족과 평민을 구분하였다.

두건의 재료 중 '문라(文羅)'는 우리나라에서 만든 것이 아니고 대개 외국에서 수입한 것이기 때문에 값이 비싸 아무나 쓸 수 없어 이것으로 착용자의 신분을 구별하였다. 문라건(文羅巾)은 한 개가 쌀 한 섬(石) 값이 되었다고 한다. '라'라는 소재는 3~4올의 경사를 교차하면서 그물처럼 짠 직물인로, 고대로부터 백라(白羅), 오라(烏羅) 등으로 관모에 사용되던 소재이다. 통일신라 시대에는 흥덕왕 복식 금제령에서 사용을 제한하기도 하였는데, 고려시대에는 그 종류가 다양해지고 문양도 다양해져서 의복뿐만 아니라 교역품으로도 많이 사용되었다. 일반 백성들이 사용한 조건은 마포(麻布)나 갈포(葛布)를 물들여 쓴 것으로 추정된다. 또한 관모를 쓰지 않고 알 상투를 내보이는 머리를 죄수와 다름없는 것으로 여겨 부끄럽게 여겨, 머리 모양과 쓰개는 상당히 중요했다.

원나라 복속기 80여 년에는 몽고풍을 따랐는데, 충렬왕은 세자로 있을 당시 원을 다녀올 때 이미 변발호복(辮髮胡服)에 개체(開剃)하고 있었다. 개체는 몽고 특유의 풍속으로 머리의 변두리를 깎고 정수리 부분의 머리털만 남겨 땋아 늘인 것으로 몽고어로는 허헐(kekul), 한자로는 '겁구아(怯仇兒)'라고 쓴다.

충렬왕 4년(1277)에는 모두 몽고의 의복을 입고 개체변발할 것을 명하였으나 이는 강제적인 것은 아니어서 일반 국민 모두가 그에 따른 것은 아니고, 지배 계급인 관료층과 출세를 하고자 하는 일부 지식층에서만 호응하였으리라 본다. 또한 고려에서는 몽고와 같이 머리의 앞을 자르지 않았다. 성인의 상투 밑을 치는 '백호 친다'는 어휘는 불교적 어휘에서 나온 말이다. 그러므로 개체의 풍속은 변발의 풍습으로 남아있으나 본래 원나라의 모양과는 다랐을 것으로 보인다.

머리장식도 남자의 편복 착용 시에 몽고식의 평정건(平頂巾)이나 발립(둥근 모자)을 착용하였으나, 이후 명나라 제도를 습용하며 사라졌고, 하서민들의 관모에만 그 자취가 조금 남아있다. 발립은 개체 변발한 머리에 씌워졌던 몽골풍의 모자로 정수리 부분이 둥글고 챙이 달려있는 것이 특징이다. 이조년(1269~1343)의 초상화와 고려 말기 박익(1332~1398) 묘 벽화에서 모양이 나타나고 있다.

원이 쇠퇴하자 고려 31대 공민왕은 개체변발의 몽고풍을 고쳤으며, 배원향명(背元向明)의 움직임 속에서 자주성을 모색하여 면복을 구장복에서 십이장복으로 바꾸어 착용하였고 면관도 9류면에서 12류면을 착용하였다. 즉 다시 한족의 풍습에 영향을 받은 의복을 입게 되었다.

남성의 관을 보면, 왕은 제복으로 면류관에 곤복, 조복으로 원유관에 강사포를 착용했고, 공복으로는 자라공복, 질손 등을 착용했으나, 공민왕 이후 원유관에 강사포를 입었다. 상복으로 복두에서 생겨난 관모인 오사고모(烏紗高帽)에 소매통이 좁은 포, 연복(燕服)으로 조건(皁巾)에 백저포(白苧布)를 착용하였다.

백관복으로 제복에는 면류관을 썼는데, 직급에 따라 7류면, 5류면, 3류면, 평면으로 구분되었다. 제복의 관은 오량관에서 일량관까지 직급에 의한 차이가 있었다. 조복에는 양관을 썼다. 공복에는 복두를 썼는데, 공민왕 때 문무백관에게는 청립(靑笠)을 동왕 21년에는 흑초방립(黑草方笠)을 우왕 때는 사모(紗帽)를 쓰도록 하였다. 상복은 공복을 그대로 착용한 것으로 보인다. 군복에는 직급에 따라 높은 지위의 관료는 전각복두, 채화복두, 절각복두 및 금화대모를 썼고, 낮은 계급은 복두, 문라두건, 문라건, 오사연모, 피변, 피몽수 등을 썼다.

2) 여성의 머리 형태 및 수식

(1) 여성의 머리 형태

① 속발, 변발

고려시대 미혼녀의 머리 모양은 '고려도경'에 '시집가기 전에는 서민들의 딸은 홍라(紅羅)로 속발(束髮 : 묶는 머리)하고 그 나머지는 아래로 늘어뜨리고, 남자도 같으나 홍라 대신 검은 노끈(흑승)으로 대신할 뿐이다.'하고 동서 귀녀조에는'아직 시집가지 않은 겨우 열살 남짓한 여자였는데 피발(被髮 : 풀어헤친 머리)하지 않았다'고 한다. 출가하지 않는 귀녀는 피발하지 않았다는 기록은 귀족층의 나이 어린 소녀는 머리를 피발하지 않고 땋아 내렸거나 귀녀의 얹은 머리 형태를 한 것으로 생각된다. 또한 미혼녀의 머리형은 원래 속발로 하던 것이 고려 후기에 몽고풍이 들어오면서부터 변발(辮髮 : 땋은 머리)로 하게 되었다. 변발은 상대 사회에서도 있었으나, 보편화 된 것은 이때부터이다. 따라서 부녀의 머리도 조선 시대의 쪽처럼 땋아서 틀어 묶게 되었다고 본다.

② 타마계

부인의 머리 모양에 대하여 '송사'에 '고려여인들은 계(髻)를 오른쪽 어깨 위에 드리우고 나머지 머리는 아래로 내리는데 진한 홍색의 비단으로 묶고 비녀를 꽂는다'고 하였고, 이와 비슷한 기록으로 '고려도경'에 '부인의 머리는 귀천이 한 가지로 오른쪽으로 드리우고 그 나머지는 아래로 내려 뜨리되 붉은 비단으로 묶고 작은 비녀를 꽂는다.'하

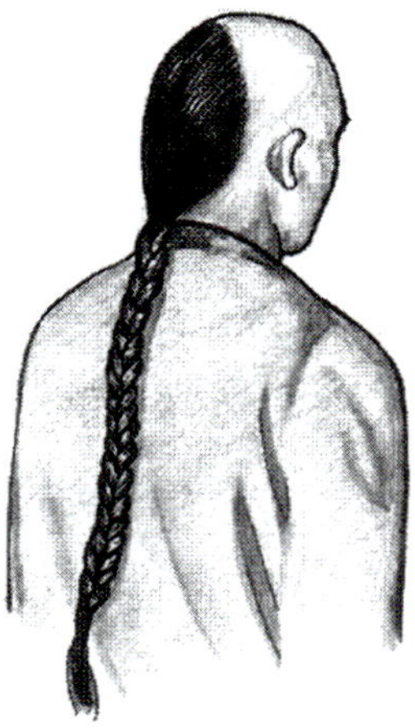

변발

채머리, 나한도 옆의 여인

타마계, 고려불화 변상도

타마계, 하회각시탈

고 계속해서 동조에 '숭령년간에 종신 유달과 오식 등이 한 시대의 사람 양익의 처 손수라는 여인이 좋아했던 머리 모양으로 그와 비슷하다'고 하였다. 여기서 고찰할 것은 고려여인의 머리 모양에 대해서 주고 받은 대화에서 고려여인의 두발형은 고래로부터 내려오는 중국의 고속(古俗)인 타마계와 같다고 한 점이다.

중국에서는 타마계라는 명칭은 말에서 떨어졌을 때의 여자들의 머리 모양과 같다고 해서 붙여진 것이라고 한다. 그러나 타마계가 어떤 형태인지는 확인할 수가 없으나 글자 그대로 말에서 떨어졌을 때의 여자의 머리 모양으로 계가 밑으로 처진 형태를 말한다. 중국에서는 이현이 "'타마계'란 머리가 한 곳으로 쏠린 것으로 이런 형태의 머리는 부녀자들에게 사랑스런 모습을 증가시킨다고 하여 유행하였다."고 하였다.

하회탈은 12세기 중엽 고려 중엽에 제작되었는데, 이 중 하회 각시탈은 한쪽 계가 늘어져 있어 고려시대 타마계를 표현한 듯 하다. 이 탈은 하회마을 별신굿을 할 때 셋째 과정에서 처녀가 사용하는 가면이다.

③ 가체의 사용

고려가 원에 복속된 시대에 들어오면서 가체양식이 고려의 귀부인들 사이에 퍼지게 되었다는 기록이 있다. '북학의'에 '가체는 몽고풍속에서 온 것이다....'라 하여 가체의 풍습은 몽고에서부터 온 것이라 하고 있다. 그러나 가체양식은 삼국, 통일신라시대에도 있었던 것으로 통일신라 성덕왕 때에 체가 이미 사용되어 왔었으므로, 중국에서는 물론 통일신라 시대에 이미 존재했던 것이다. 그러므로 가체양식이 몽고 고유의 풍습은 아니라고 생각된다.

조선시대 중기 이후의 학자들이 가체를 몽고의 풍속에서 온 것이라고 본 것은 몽고에서도 우리나라와 같은 가체의 풍속이 있었고, 원 복속기에 우리나라에서 누구나가 하였기에 이것을 마치 몽고풍에서 온 것이라고 오인한 것이라 여겨진다.

그러나 고려시대에 가체를 이용한 머리 모양은 그 값이 비쌌을 것이므로 귀부인들 사이에 유행했을 것임을 짐작할 수 있고, 《북학의》의 기록을 보아 이 시대에 무척 유행했음을 알 수 있다.

④ 얹은 머리

고려시대의 머리 모양은 고려불화의 남녀 공양상과 목우상과 같은 조각품 등으로 알 수 있다. 단, 우리나라에 남아있는 고려불화에는 불교적 내용의 석가 등의 그림만이 있고, 일반인들의 모습을 볼 수 있는 그림이 적다. 그러나 일본에 남아있는 고려시대의 불화에는 불공을 드리는 일반 공양인의 그림이 있어, 이 시대 사람들의 머리 모양을 알 수 있다.

왕비와 9명의 시녀의 얹은 머리, 관경서품변상도(觀經序品變相圖), 고려불화, 일본 서복사 소장

왕비의 얹은 머리, 수월관음도, 고려불화

얹은 머리, 하연(河演: 1376~1453), 부인상

타마계(左)와 얹은 머리(右), 수월관음도(水月觀音圖), 고려불화, 일본 대덕사 소장

얹은 머리, 방배동 출토 목우 여인상

얹은 머리, 고려의 백자명기

일본에 남아있는 14세기 것으로 추정되는 관경서품변상도(觀經序品變相圖)에 보면, 왕비와 9명의 시녀가 머리를 정수리에 얹고, 금장식을 하고 있는 것을 볼 수 있다. 또한 일본 대덕사 소장 수월관음도(水月觀音圖) 하단에는 공양물을 가지고 가는 여인상이 묘사되어 있는데, 모두 얹은 머리를 하고 있다. 이 중 얹은 머리 전체를 장식품으로 치장하고, 빨간색 긴 끈으로 늘어뜨린 이가 고려의 마지막 임금이었던 공양왕의 왕비로 추정되고 있다. 그리고 그 밑의 여성들은 왕비를 모시는 시녀들로 보인다. 이 두 부류의 여성들의 차이점은 머리 형태보다는 머리장식이다. 그러므로 같은 머리 형태에 장식의 유무와, 종류가 신분의 차이를 말해 주는 것으로 보인다.

수월관음도란 자연 속에 있는 관세음보살을 그린 것으로 그림 속에는 구도자가 있는데, 이는 구도의 과정에서 관세음보살을 만나는 장면을 최고의 경지로 여기고 있다. 그래서 이 그림은 주로 왕궁에서 아들을 원한다거나 왕실의 안녕을 기원하기 위해 화가로 하여금 그리게 해서 불공과 함께 절에 바쳐졌다. 그러므로 이 그림을 보면 당시 시대상이나 풍속을 알 수 있다.

방배동 출토 목우 여인상에도 보면, 가채로 크게 만든 머리를 머리 둘레에 감은 얹은 머리를 볼 수 있다. 또한 고려말 조반(趙胖 : 1341~1401)의 부인상과 하연(河演 : 1376~1453)의 부인상에도 머리를 정수리 쪽에 높게 올린 얹은 머리를 볼 수 있다. 비록 이 두 그림이 모두 조선 초기에 그려졌다고는 하나 고려시대에 살았던 사람을 그렸으므로, 고려말풍을 대변한다 할 수 있을 것이다. 또한 고려시대에는 비녀와 채(釵)가 많이 출토되고 있어 삼국시대부터 나타난 얹은 머리가 계속되고 있다는 것을 알 수 있다.

⑤ 쪽머리(北髻, 북계)

고구시대의 쪽머리는 그림과 기록에 남아있는 것이 없으나 '고려사'에 보면, 고려 태조는 개국하면서 모든 제도를 신라의 제도에 따랐다고 하므로 통일신라에 있었던 쪽머리가 적어도 고려초에는 있었을 것으로 추정할 수 있다.

⑥ 반 얹은 머리

'송사'에 '부녀의 계양은 귀천 없이 동일하며 계를 오른쪽 어깨에 드리우고 나머지 머리는 아래로 내리는데, 강라(降羅)로 묶고 여기에 작은 비녀를 꽂는다 하였다.' 이는 윗 머리는 얹은머리, 아

**반 얹은 머리,
둔마리고분 벽화, 고려초기**

래 머리는 채머리를 그대로 내려놓은 머리 모양이라고도 유추할 수 있다. 즉 윗머리는 타마계가 되었든, 얹은 머리가 되었든 올리고, 나머지 머리는 내려놓는 수발법이 있었다는 것이다.

고려 초기의 것으로 추측되는 거창 둔마리 고분 벽화의 진락(秦樂)하는 여인상은 동실 서벽의 선인으로 구름 위에 조의(照衣)를 날리고 있는데, 이 여인도 귀 위의 머리는 얹은 머리로 하고, 아래쪽 머리는 채머리로 늘여뜨려 놓은 것을 볼 수 있다.

⑦ 쌍수계(雙垂髻)

쌍수계(雙垂髻)란 쌍계(雙髻)를 아래로 내려 만든 머리 형태이다. 쌍계와 쌍수계가 쌍계 하나로 묶여 불려지는 경우도 있지만, 쌍계가 쌍상투머리를 위로 올린 것이라면, 쌍수계는 아래로 내린 머리 형태이다. 그러나 조선시대에 와서는 아래로 내린 쌍상투를 낭자쌍계라고 부르게 되었다.

중국 태원시(太原市)에는 원나라 시대의 묘가 많이 발견되는데, 이 무덤의 벽화에는 고려시대 여인들이 있다. 그러므로 이 여성들의 머리 형태를 보면 고려시대 우리나라 여성들의 머리 모양을 알 수 있는데, 이 여인들은 쌍수계를 하고 있다.

원복속기에 남성들이 개체변발을 하였다면, 여성들은 가체를 이용하여 높고 화려하게 머리를 만들었다. 또한 몽고의 족두리와 도투락 댕기, 장도, 연지화장 등도 들어와 몽고풍(蒙古風)이라 불리웠다. 이때 고려풍도 원나라로 건너가 유행을 하게 되었는데, 떡, 조청, 상치쌈, 두루마기 등이 고려양(高麗樣)이라 하여 유행을 하였다.

쌍수계, 일본 지은원 소장, 관경변상도, 공양인 여인상, 고려불화

단환계 및 쌍수계, 경남 밀양 고려 박익의 고분벽화, 시녀도

이 고려양 중에는 쌍수계도 있었다. 원나라에서는 이 머리 모양을 수입한 나라가 고려이므로 고려양으로 받아들여지게 된 것이다.

즉, 몽고풍으로 커다란 가체머리가 유행하였을 때 고려양으로는 단순한 쌍수계가 유행을 하였다. 이것으로 보아 이 머리 모양은 우리나라의 전통양식을 계승하려는 고려여인들의 정신이 깃들어져 있는 머리 모양이라 볼 수 있다.

이러한 쌍수계는 몇 점 남아있는 고려불화에서 찾아볼 수 있다. 원복속기인 충숙왕 10년(1323) 설충이 그린 일본 지은원(知恩院) 소장 관경변상도(觀經變相圖) 공양인 여인상에 보면 조선시대 낭자쌍계식의 낮은 쌍수계를 하고 있음을 알 수 있다. 여성들은 양쪽 귀 밑으로 쌍수계를 만들고, 붉은 끈으로 장식을 하고 있다. 또한 경남 밀양 고려 박익의 고분벽화에도 단환계 및 쌍수계를 한 시녀가 보인다.

이러한 고려시대의 머리 모양이 조선시대에까지 내려와서 정조 때 신가체금절목에 '낭자쌍계, 사양계는 혼인하기 전의 머리 모양이니…'란 말과 같이 미혼녀들의 머리 모양으로 전승된 것으로 보인다.

⑧ 환계(環髻, 고리머리)

환계란 머리를 둥글게 말아 고리처럼 만드는 형태이다. 즉, 계의 속이 비어있다. 쌍계나 쌍수계가 둥근 주머니 모양의 쪽을 한 것과 달리 이것은 고리모양을 하고 있는 것이다. 송

환계·쌍수계·쌍계,
경남 밀양 고려 박익의 고분 벽화, 시녀도

쌍수계, 경남 밀양 고려
박익선생 고분 벽화
북서쪽 장벽, 시녀도

쌍수계와 발립, 경남 밀양 고려 박익의 고분 벽화 남서쪽 단벽, 시녀도

나라 고전에 단환계, 쌍환계, 삼환계라 불리며, 머리카락을 여러 개의 고리로 만들어 장식했다는 기록이 나와있는데, 고려시대에도 같은 모양이 있었다.

경상남도 밀양시 청도면 고법리에서 발견된 고려시대 팔은(八隱) 중 하나인 박익(朴翊) 선생 묘의 고분 벽화에서는 쌍수계, 쌍계 외에 환계, 즉 고리머리를 한 여인들이 보인다. 이 고분벽화는 인물화가 그려져 있는 유일한 고려시대의 고분 벽화로 제작 연대는 세종 2년이다. 이는 박익 선생이 죽은 지 22년 후에 안장된 것으로, 조선시대에 와서 신하의 충절을 칭송하는 풍조가 생기면서 고려시대의 충신을 기리면서 세워진 묘이다. 그러므로 제작은 조선시대에 했으나, 그 벽화 내용은 고려시대 말의 생활상을 그렸을 것으로 추정된다.

이 벽화의 여인들은 네 가지 머리를 하고 있다. 첫 번째는 환계를 양쪽 귀밑으로 내리고, 머리 위로는 쌍계를 형태를 하고 있으며, 두 번째는 양쪽 귀밑으로 쌍수계를 하고 머리 위에 단환계(單環髻)를 한 형태를 하고 있다. 세 번째는 양쪽 귀밑으로 쌍수계를 하고, 머리 위에 장식을 했으며, 네 번째는 쌍수계를 하고 모자를 쓰고 있다.

중국에서 쌍계는 미혼녀들이 하는 머리 모양이지만, 환계는 기혼자들이 하는 머리 모양이다. 이 그림에서는 환계가 기혼자의 머리인지는 확실히 알 수 없으나 고려시대에 이런 머리형이 있었음은 확인할 수 있다.

(2) 여인의 수식

① 칠적관(七翟冠)

이 관은 고려시대 왕비가 쓰던 관의 하나로 '칠휘이봉관(七翬二鳳冠)'이라고도 한다.

이것은 명나라 태조 고황제가 우리나라 공민왕 19년(1370)에 면복과 함께 군신의 배제관복을 사여했을 때 명태조후 효자황후가 왕비의 관복을 사여했는데 적의(翟衣 : 꿩모양을 수놓은 왕비의 대례복)와 함께 착용한 기록이 있다.

이 관은 7마리의 꿩과 2개의 봉화를 장식했고 9가지의 작은 꽃을 합쳐서 큰 꽃과 같이 만들었으며, 양쪽 귀 밑머리에는 9개의 비녀(鈿)를 꽂았다고 기록되어 있다. 이것은 칠적관이라고 하였으며 중국황후의 9적보다 2등급이 낮은 것으로서 중국 명부 1품복에 사용했던 것과 대동소이한 것이었다.

적관, 적의, 송황후

② 몽수(蒙首)

고려시대 부인들은 나들이 할 때 남에게 얼굴을 보이지 않게 하려고 검은 라로 만든 '몽수'라는 것을 머리에 썼다. 이것은 오호(五胡)의 서역 부녀의 쓰개 양식이 중국의 수나라와 당나라를 거쳐 내려오던 것이 고려에도 유입되어 사용된 것으로 보인다. 몽수는 몽고머리라 생각하여 명명한 것이고 당에서는 이를 개두(蓋頭)라 하였으므로 조선시대에 와서는 '개두'로 명칭이 바뀌었다.

'선화봉사고려도경'의 귀부조에 "부인들은 바르는 것을 좋아하지 않았다. 분을 바르되 붉은 것 즉, 연지는 없었다. 눈썹은 버들잎같이 옆으로 가늘게 그렸고, 머리에 조라몽수를 썼다. 이 몽수는 세폭으로 만들었는데, 그 폭이 8척이며 이것을 머리에서 덮어쓰고 눈만 내놓았다." 즉, 몽수는 검은 비단 세 폭에 폭장이 8척이었으며, 정수리에서부터 내려뜨려 얼굴과 눈만 내놓고 끝이 땅에 끌리게 되어 있었다.

개두를 착용한 송나라 여성,
강서성 심양 마도석남 송홍자 성부부묘
출토 자용

이는 그 값이 금 한근과 맞먹을 정도로 비싸서 서민들은 사용하지 못하고 귀부인들만이 사용했으며, 귀부인은 몽수 위에 장식용으로 그 형태는 알 수 없으나 조그마한 갓(笠, 입)을 쓰고 말을 타고 외출하였다고 한다. 이는 당나라의 멱리의 유법으로 조선시대에도 있었던 풍습이며, 그 모습은 몽수 위에 다시 입자(笠子)를 쓴 것이 아니고 몽수 밑에 입자를 썼던 것으로 입의 위치가 고려시대와 조선시대에 따라 각각 다르다. 또 이것은 조선시대의 쓰개류인 너울의 기원이기도 하다.

'고려도경' 잡속에 보면 '당나라 무덕정관 때에 궁인이 말을 타고 검은 보자기로 울타리처럼 전신을 가리움이 많더니 지금 고려 풍속의 몽수 제도를 보니 이것이 그 유법인가 하노라'라고 한 말을 보면 이 몽수는 중국의 풍속을 받아들인 것 같다.

한편, 서민층에서는 원래 복식이나 수식 등을 많이 가질 수 없었으므로 제한도 많았고 별다른 특징이 없었다. '선화봉사고려도경'에 보면 '공경대부(公卿大夫)의 처, 사민(士民), 유녀(遊女)에 이르기까지 의복에 구별이 없었다. 그리고 왕비의 의복색으로 홍색을 좋아하였다. 그리고 회수(繪繡)를 놓았는데, 일반관리, 서민(庶民)은 감히 사용하지 않았다'고 하였다.

즉 서민층 여인의 두식은 귀부인 두식과 다를 바가 없었으며, 쓰개에 있어 서민들도 몽수를 하였는데 귀부인 것과는 달리 늘어뜨리지 않고 머리 위로 접어 쓰거나, 잘 개어서 머리 위에 얹고 옷자락을 들며 다녔다고 한다. 이는 몽수를 아끼기 위한 경제적 이유, 신분의 다름을 표시한 사회적 이유, 일을 해야 하는 실용적 이유에서 일 것으로 생각된다. 또한 천민은 몽수를 하지 않았는데 이는 법으로 금지된 것이 아니고 그 값이 금 한 근 정도에 해당하므로 비용이 없어서 하지 못하였다고 한다.

③ 족두리(簇頭里), 화관(花冠)

족두리는 고려 고종 18년(1231) 원(元)의 동화정책에 따라 그들의 풍속을 받아들이면서 고려에 궁중양식으로 정착되었다. 족두리가 몽고풍이라 함은 이것은 몽고의 유부녀들이 외출할 때 썼던 모자였기 때문이다. 당시에는 그것을 고고리(古古里)라 했는데 이는 '머리를 아름답게 장식한다'는 말의 뜻을 갖고 있다.

'고려사'에 '고고(姑姑)는 부인의 관명이라 한 고고(姑姑)와 같은 것으로 이는 고고리(姑姑里)라고도 하여 원에서 왕비에게 사여한 바도 있었고, 와전되어 족두리(簇頭里)라 불리게 되었다.'라 하였으며, 이규경의 글에 '고려사'에 '원나라에서 왕비에게 고고리를 사하였다고 하였는 바, 즉 관명으로 세상에 전하는 지금의 족두리는 고고리의 음에 가까워 고고리의 화음이 아닌가 한다'는 기록이 보여 이를 입증해 주고 있다.

원의 고고리와 우리의 족두리는 형태와 그 기본구조에 있어서 거의 같으며 위가 벌어지고 각이 첨예하게 되어 있고 적우(翟羽)를 꽂고 있다. 그리고 원나라에서는 남녀가 다 같이 이를 쓰고 사용했는데, 고려시대에는 화관과 함께 여인들의 예복의 관모가 되었고,

외출할 때에는 몽수를 사용했다.

화관(花冠)은 신라 문무왕 때 당시 여자의 복식도 중국 당의 제도를 따르도록 하면서 활옷, 원삼 등과 함께 들어온 것으로 화관(華冠)이라고도 한다. 이것이 통일신라 시대에 궁중양식이 되었고 고려에 전승되어 귀족이나 양반 계급의 부녀자들이 예복에 쓰는 관모가 되었다.

그러므로 족두리는 원의, 화관은 당의 유제로서 우리나라에 와서 그 형식이 왜소해지고 있음을 알 수 있는데, 이것은 머리 그 자체의 미를 좀 더 드러내고자 한 데서 온 것으로 관모라기보다는 미적 장식품으로서의 수식이 되고 있다. 그러나 이때에도 외출할 경우에는 고려전기와 같이 개모(蓋帽 : 몽수의 다른 말)를 쓰고 다녔다.

고고관,
중국고궁박물관 소장

화관, 산서(山西) 홍동(洪洞)
광생사(廣生寺) 벽화, 원나라 시녀

봉잠, 국립전주박물관 소장

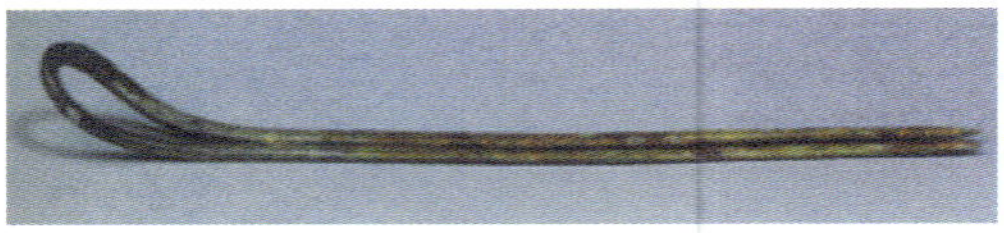

비녀, 태평양박물관소장

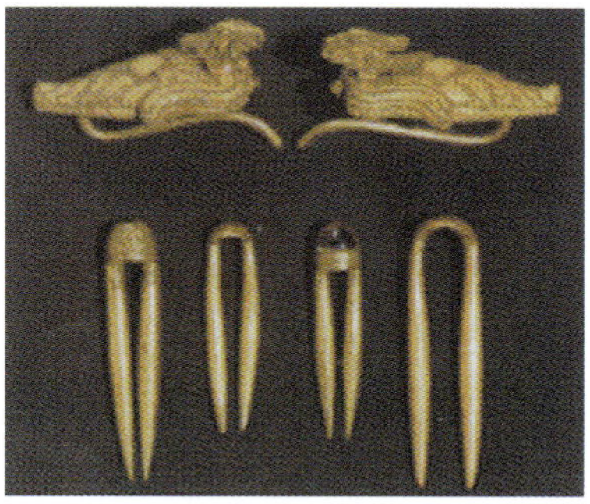

머리장신구, 국립전주박물관소장

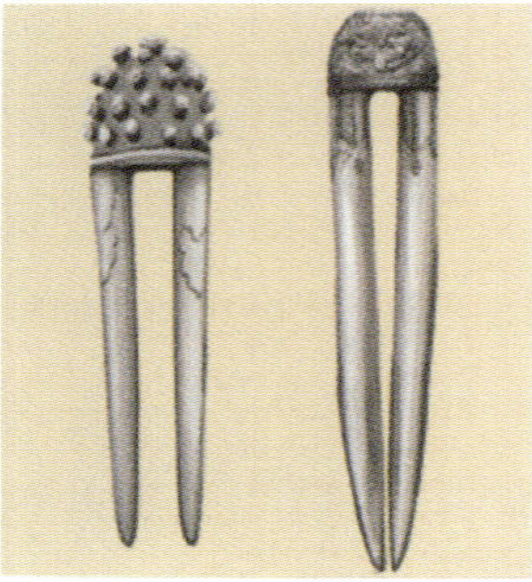

불두잠, 태평양박물관소장

④ **비녀(簪), 채(釵)**

최유선의 '소시(梳詩)'에는 '쓰고 나면 마땅히 머리에 꽂아야 하노니 어찌 일찍이 상자 속에 두었던고'란 문구가 있다. 즉 이 시대에는 빗(梳)으로 머리를 빗고, 이것으로 장식을 했음을 알 수 있다. 또한 '역옹패설'에서 소개된 이의의 시에는 '옛날 열다섯 그 때를 생각해 보면 금비녀 두 귀밑 검은 머리 드리웠었지'라는 문구가 있어 쌍수계에 금비녀로 장식을 하였음을 알 수 있다. 즉 빗은 화려한 머리 장식품이었을 가능성이 높고, 금비녀 등으로 머리를 화려하게 장식했음을 알 수 있다.

이러한 것을 뒷받침하는 유물로는 고려시대 왕비나 귀부인이 사용했을 것으로 추정되는 27.8cm의 동제(銅製) 도금으로 봉황이 투각된 대잠(大簪)과 잠두(簪豆)가 닭머리 모양을 한 15.2cm의 동제 중잠(中簪)이 있다. 또한 머리 모양이 부처의 육계와 닮은 불두잠(佛頭簪)이 있어 불교사상이 반영된 것으로 보이고, 채(釵)가 많이 출토되고 있어 고려시대에도 가체를 이용한 커다 얹은 머리가 계속되었음을 알 수 있다.

4. 화장형태

고려는 태조가 신라의 정치, 제도, 문화를 계승하는 정책을 시행하여 불교가 그대로 신봉되었고 신라시대 초기의 영육일치사상이 그대로 계승되어져서 외모를 꾸미는 것뿐 아니라 전신을 깨끗이 씻는 목욕관습이 있었으며, 화장문화 또한 신라의 화장문화가 전승되었을 뿐 아니라 더욱 화려해졌으며, 탐미주의 색채가 더욱 짙어졌다.

이와 같은 고려시대의 미의식에 따라 신체를 자주 씻기 위하여 대야가 청동이나 청자, 토기 등의 여러 재료와 다양한 크기로 제작되었으며 방향 풍속이 유행하게 되었다. 그래서 늘 몸에서 향내가 나도록 목욕을 할 때도 난(蘭)을 삶아 우린 물로 목욕을 즐겼으며, 비단 향낭(錦香囊)을 여러 개 패용하기도 했고 신체와 옷에도 향료를 뿌리거나 발랐으며, 초에 난초 향유를 섞어 태움으로써 방안에 향내를 피우고 심지어는 먹기까지 하는 등 생활 속에서 다양하게 향을 즐겼다.

고려 여인들은 신분에 따라 꾸미는 방법을 달리 했으며 거창 둔마리 고분의 동실 동벽 주악처녀도의 선녀가 가늘고 긴 눈썹과 눈, 둥근 얼굴로 표현된 것을 보면 전 시대인 통일신라에 비해서 여인들의 모습이 수수해짐을 알 수 있다. 또한 당시 교류가 잦았던 중국에 비해서 고려 여인의 화장이 상대적으로 소박하다고 여겨져서 서긍은 '고려도경'에 "향유(香油)바르기를 좋아하지 않고 분은 바르되 연지를 즐겨 바르지 않았다. 눈썹은 넓게 그리고, 검은 비단으로 만든 너울을 쓰고, 감람(橄欖)빛깔의 넓은 허리띠를 두르고 채색한 끈에 금방울(金鈴)을 달고, 비단 향낭(錦香囊)을 여럿 찼는데, 향낭을 여러 개 패용할수록 자랑스럽게 여겼다"고 적었으며, '고려사 절요' 신우 8년조에는 "고려 부인들은 몸치장에 있어 얼굴에 바르는 것을 좋아하지 않아 분만 바르고 연지를 쓰지 않았으며, 버들잎 같은 눈썹만 그렸다."고 적혀있다.

또한 위의 기록을 살펴보면 고려 여인들은 분을 많이 사용하고, 많이 사용하진 않았지만 연지를 썼으며 눈썹화장을 하였음을 알 수 있다. 가장 많이 사용된 화장품인 분은 곡식 분말과 분꽃, 백토(白土) 등, 자연재료의 대중적인 백분(白粉)과 납 성분의 납분(鉛粉)을 사용하였는데, 백분은 청자 분합에 저장되었으며 백분을 개어 쓰기 위하여 분접시와 물그릇이 쓰였고, 귀했던 납분은 주로 작은 크기의 백자 분합에 저장되었다.

연지는 홍화에서 채취한 붉은 색소와 피부 부착력을 높이기 위하여 주석의 수은을 섞어 제조하였는데 이로 인해 홍화로 만든 연지보다는 색도 선명하고 화장도 잘 되었지만 오랜 시간 화장시에는 수은으로 인한 폐해가 있었다. 연지화장은 통일신라에 비하여 그리 크게 유행되지는 않았으며 연지는 연지합(臙盒)에 저장했고 고체 상태의 연지를 사용하기 위해서는 기름에 개어야 했으므로 반죽그릇과 기름병이 필요했다.

눈썹화장은 넓은 곡선형과 가늘고 선명하게 강조된 요염한 스타일이 모두 있었는데, 가늘고 요염한 눈썹형은 기생들에 의해 행해졌다. 이처럼 여러 가지 화장품 이외에도 화장품을 담는 용기도 활발하게 제작되었으며 거울과 빗을 만들기 위한 기술자가 관아에 배치되었으며 그 이외에도 털을 다듬기 위한 족집게와 손톱을 다듬는 기구도 있었다.

그 밖에 고려시대에 사용된 화장품으로는 피부를 위한 기초화장품인 면약(面藥)과 머리색을 염색하기 위한 염모(染毛)제가 있었을 것으로 추측된다. 고려시대에 이처럼 머리 염색까지 행해진 것을 보면 여성들이 꾸미는데 무척 적극적이었음을 알 수 있는데, 일부 고려 여성의 화장은 극도로 화려해져서 짙은 화장을 금하는 불가에서는 이러한 여성들의 출입을 통제할 정도였다.

또한 교방(教坊)이라는 기구가 고려 태조 왕건 때 중국의 제도를 본따서 생겼는데, 이 곳에서는 기생들이 직업적으로 육성되었고, 진하고 화려한 화장이 교육되었으며, 기생들은 반드시 교방에서 가르친 방법대로만 화장하도록 되어 있었다. 얼굴은 창백해 보일 만큼 흰 분화장을 했으며, 눈썹은 가늘게 다듬어 그리고 입술은 붉게 연지를 바르고 볼은 복숭아색을 띠게 하였으며, 머리는 윤기가 흐르도록 기름을 발랐다. 이러한 화장은 주로 쓰였던 화장품이 분과 눈썹먹이었으므로 분대(粉黛)화장법이라 불리웠고, 이렇게 화려하게 화장한 기생이나 궁의 여인들을 '분대'라 별칭하게 되었다. 이러한 화장법은 조선시대에까지 기생들의 화장법으로 이어지게 되었다.

Ⅳ. 조선

1. 문화사적 배경

조선왕조(1392~1910)는 태조 이성계가 세운 나라로 억불숭유 정책을 국시로 하여 유교가 조선왕조의 지도 이념이 되었다. 유교 이념 아래서 주자가례가 채용되어 가묘의 설립 등으로 유교는 사회로부터 점차 민중생활 속에까지 깊이 뿌리를 내렸다. 이와 같이 조선왕조는 유교사상의 예를 기본으로 한 철학 이념으로 통치되었으므로 유교 윤리의 가정적, 사회적 기능 중 관혼상제를 예로서 행하는 것이 매우 중요한 행사였다. 따라서 복식 문화도 예를 표현하고 그것을 지키기 위한 목적을 가장 중시하였으며, 그 외에 그 시대적인 미적 예술 감각의 표현 등에 부응하여 500년간 변천되어 왔다.

조선

조선

2. 복식사적 배경

조선시대의 복식은 전기에는 고려시대의 복식 제도를 거의 그대로 계승하였다. 전기에는 명나라 복식의 영향을 받은 관복 제도가 확립되었으나, 중기, 후기에 임진왜란, 병자호란 등을 치르는 동안 중국에서 명나라가 망하고 만주족에 의한 청나라가 등장하자, 조선 시대의 관복을 그대로 고수하면서 우리 민족 복식이 형성되어 정착하기에 이르렀다.

조선의 태조 때에는 고려 말에 개정한 관복을 대개 그대로 습용했고, 제 3대 태종, 제 4대 세종에 이르러서 조선 왕조의 예제가 확립되었으며, 제 7대 세조 때에 이를 증보하였고, 제 8대 성종 때에 이를 경국대전으로서 완성하였다. 그러나 이러한 예제 확립의 기초는 명나라 복식 제도의 이등체강의 원칙을 답습하였으며, 모든 복식의 자료를 명나라로부터 구입하여 이에 맞추어 개혁한 데 불과했다.

그런데 고종조에 이르러서 청이 쇠망하자, 오랜 세월 동안의 중국의 굴레에서 벗어나 고종은 재위 34년 8월 대한제국을 선포하여 연호를 '광무'라 개칭하고, 황제가 되어 올라 황제의 상징인 12류면 12장복을 착용하였다.

한편 조선시대의 여성복식은 구조상으로 많은 변화를 거친 것은 아니었다. 왕비복의 경우, 명의 관복 사여를 통하여 이루어진 중국제 그대로의 왕비복을 예복으로 하였고, 우리나라 고대 복식의 인습 속에 시대에 따라 변해 온 저고리, 치마 등의 국속을 함께 입어 이중 구조 속에서 전승되어 왔다.

일반 여성 옷에 있어 주축을 이루고 있었던 것은 저고리와 치마인데, 그 길이나 선이 부분적으로 조금씩 변했지만 그 구조는 국속을 벗어난 것이 아니었다. 모화 사상에 사로잡힌 관리들에 의하여 중국제로 고치자는 의견도 있었으나, 그 뜻을 이루지 못하고 국말까지 그대로 전승되어 갔다.

황제의 십이장복의 문양

종류	십이지장 문양	문양의 상징	종류	십이지장 문양	문양의 상징
일(日)		일상조광	조(藻)		쌀, 수초로 양생
월(月)		불로불사	분미(粉米)		쌀, 곡문, 양민에게 충성
성신(星辰)	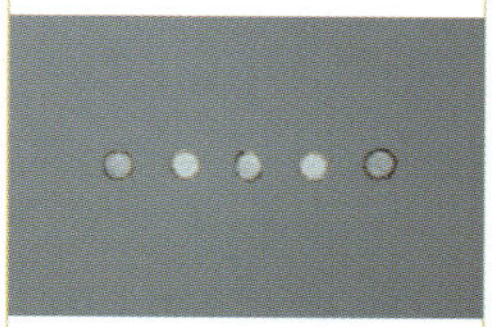	충의	보(黼)		도끼, 왕의 결단력
산(山)		부동, 진정	불(黻)		충성으로 양기상배, 배악향선
화(火)		밝은 덕	용(龍)		신기변화
화충(華蟲)		부부금슬	종이(宗彝)		제기-효, 호랑이-용맹, 원숭이-지혜

1) 남성복식

조선시대는 신분제도가 엄격하여 왕족, 양반, 중인, 상민, 천민으로 5분되었고, 복식도 계층문화를 반영하였다. 그래서 남성 복식은 왕복과 백관복, 양반복, 일반복으로 나뉜다.

(1) 왕복(王服)

왕은 대례복(大禮服), 제복(祭服)으로는 면류관(冕旒冠)에 면복(冕服), 조복(朝服)으로는 원유관(遠遊冠)이나 통천관(通天冠)에 강사포(絳紗袍), 상복(常服)으로는 익선관(翼善冠)에 곤룡포(袞龍袍), 국난을 당했을 때는 전립(戰笠)에 융복(戎服), 평상시에는 편복(便服)인 저고리, 바지, 첩리, 답호 등을 입었다.

12류면(면류관)
12장복(면복),
순종황제 어진

통천관과 강사포,
고종황제 어진

익선관과 곤룡포, 태조어진

전립과 융복, 철종 어진

(2) 백관복(百官服)

문무백관은 대사, 경축일 등에 금관조복, 종묘 사직에 제사할 때 양관제복, 매일의 공사 시나 사은 관계로 배알할 때 사모와 공복, 문무관이 평상 집무 시에 사모와 상복을 입었다. 전쟁같이 비상시에는 몸을 가볍고 민첩하게 하기 위해 문무백관이 융복(철릭)을 입었다. 무관복으로는 구군복(전립, 동다리, 전복)이 있다.

금관과 조복,
고종부 흥성대원군
이하응 초상

양관과 제복

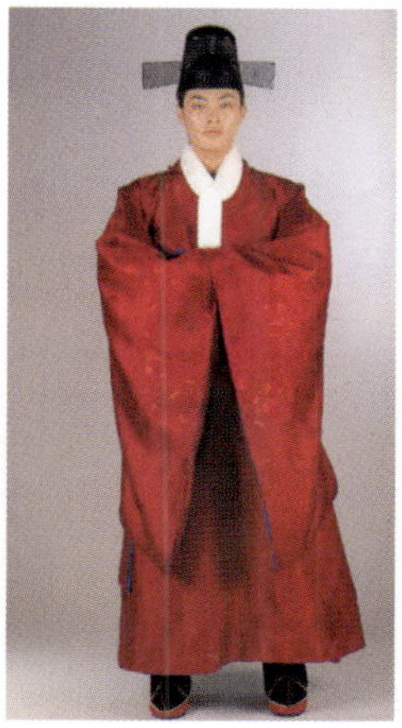

사모와 공복

사모와 상복,
윤휴 영정

융복(전립과 천릭),
이순신장군 영정

전립과 구군복(동다리,
전복), 이순신 장군 영정

(3) 사인복(士人服)

사인복이란 벼슬을 하지 않은 선비의 복식을 말하는데, 조선시대 생원, 학생, 사인 등 유생들이 착용한 의복이다. 철릭 위에 입었던 긴 조끼모양의 답호(褡護), 저고리와 치마가 붙어 밑에 주름이 있는 철릭(天翼), 뒤에 뒷자락이 있고, 폭이 넓은 도포(道袍), 옆이 갈라져 있고, 크기에 따라 소창의, 중치막, 대창의로 나뉘며, 대창의에 검은 가장자리가 있는 학창의가 있는 창의(氅衣), 둥근소매와 모난 깃과 굽은 단을 갖는 심의(深衣), 국말 의복 간소화에 따라 소창의에 무(옆구리에 단 삼각천)를 단 두루마기(주의, 周衣)가 있다.

답호

철릭

도포

대창의

소창의

학창의

심의

두루마기

(4) 서민복(庶民服)

서민 남자들은 예부터 입어온 우리나라 고유복식인 저고리, 바지를 입었다. 여러 가지 복식금제로 직물과 문양, 색 등에 제한이 있어 가장 기본이 되는 흰색으로 무늬가 없는 면직물로 만든 옷이 기본 복식이었다. 저고리, 바지, 마고자, 두루마기 등이 있다.

저고리와 바지

마고자

2) 여성복식

(1) 궁중예복

① 적의

대례복은 명에서 사여한 적의가 국말까지 준용되었는데 우리나라 왕비의 적의(翟衣)는 대홍단(大紅緞)으로 지었고, 심청색 바탕감에 길이로 12등분하여 적문(翟紋)을 넣어 대개 148쌍을 수놓았고, 또 작은 윤화(輪花)를 사이 사이에 넣었다. 깃은 홍색으로 하고 도련, 수구에 홍색선과 운용문을 직금하였다. 적의에는 중단, 폐슬, 옥혁대, 대대, 수, 옥패, 말, 석, 옥규를 갖추었다.

적의를 착용한 영왕비

중단

적의

대대·후수

전행웃치마

폐슬

적의보

옥대

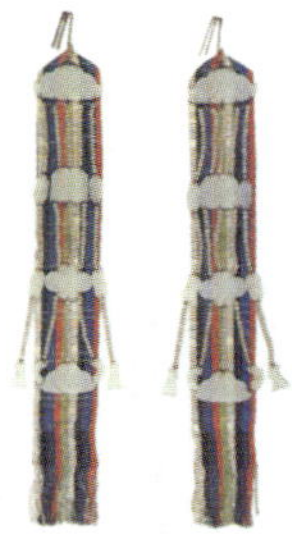

폐옥

청말

청석

② **원삼, 활옷, 당의**

원삼은 겹으로 하여, 적자색 또는 다홍색 길에, 뒤가 길고 앞이 짧으며, 소매가 넓으면서, 끝에는 홍, 황의 두 가지 색동과 금직단의 백한삼(白汗衫)이 붙어 있었다. 어깨와 소매 아래, 저고리 단 부분과 7척 길이의 홍단대에는 운봉문(雲鳳紋)을 화려하게 금직하였고, 앞가슴과 뒤에는 쌍봉문의 흉배를 장식하였다.

활옷은 옷에 꽃 무늬가 많은 것으로 화의(花衣)라고도 하며, 우리말로는 활옷이라 하였다. 다홍색 비단 바탕에 장수와 길복을 의미하는 물결, 바위, 불로초, 어미봉, 새끼봉, 호랑나비, 연꽃, 모란꽃, 동자 등의 수 외에 이성지합(二姓之合), 만복지원(萬福之願), 수여산(壽如山), 수여해(壽如海) 등의 글씨를 수놓았고, 수구에 한삼을 달며, 대다를 띠었다.

당의는 간이예복 또는 소례복으로 평복 위에 착용하였는데, 길이가 무릎까지 내려 오고 소매는 좁았다. 언제부터인지 일반 부녀자들이 예복으로 착용하고, 궁중에서는 평상복으로 입었다. 당의는 녹색 비단 겉감에 다홍색 삼팔(삼팔주, 올이 고운 명주천)을 넣고 자주색 안고름과 겉고름을 달았으며, 소매 끝에는 창호지를 속에 넣은 한삼이 달려 있었다.

귀인 양씨의 원삼 착용모습

홍원삼

활옷

당의를 입은 유치원 시절의 덕혜옹주

영왕비 당의

(2) 일반 의복

① 저고리

저고리는 우리의 고유 복식으로 조선시대에 와서는 젖가슴이 보일 정도로 저고리 길이가 짧아진 데다가, 진동과 품이 좁고, 소매 배래도 직선으로 좁아져서, 옷이 몸에 꼭 끼었다. 또 고대가 좁고, 끝동과 깃 나비는 저고리 길이에 비하여 넓으며, 고름과 곁마기는 좁고 짧았다. 색깔은 주로 노랑 저고리에 다홍치마, 옥색 회장 저고리에 남치마, 흰색 회장저고리에 옥색 치마 등을 많이 입었다. 갑오경장 이후 직배래의 좁은 소매가 곡선 배래로 변하고 넓어지기 시작하였다.

조선시대에는 회장저고리가 생겼는데 회장저고리는 양가 부녀만이 입었고 상민들은 입지 못하였다. 또 여름용으로는 얇은 견이나 사를 두 겹으로 한 깨끼저고리가 있었고, 방한용으로는 저고리 위에 덧입는 덧저고리와 마고자가 조선 말기 이후에 등장하였다.

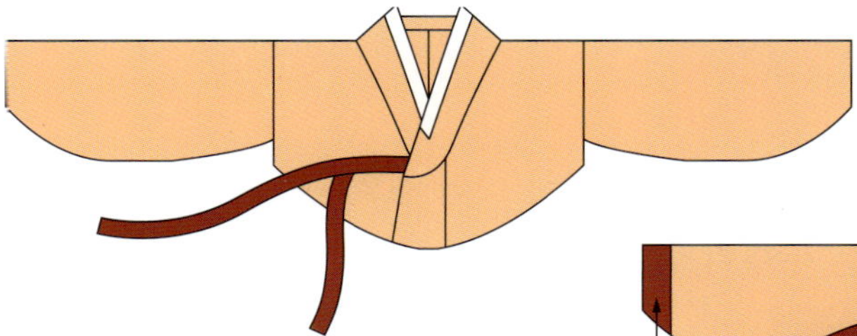
민저고리

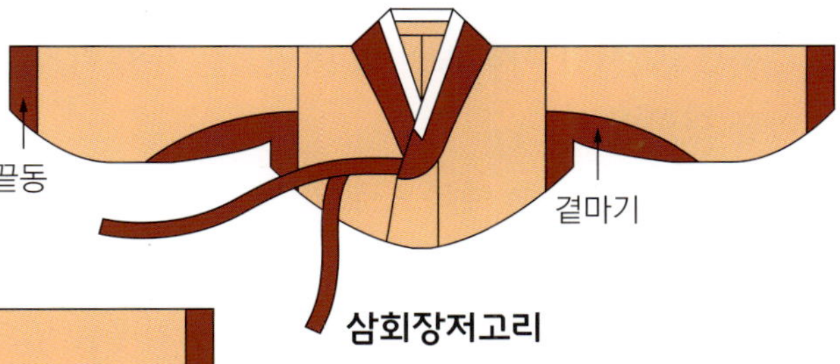

삼회장저고리

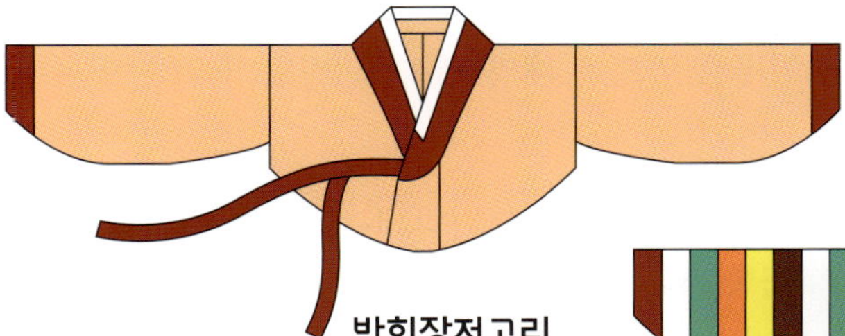
반회장저고리

색동저고리

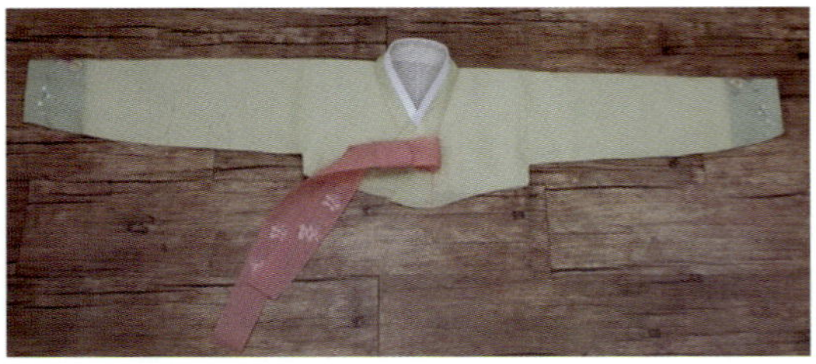

깨끼저고리

덧저고리

마고자

② 치마

조선 시대에도 길고 넓은 치마를 입었는데 치마 속에는 여러 겹의 속옷을 입어 하체를 부풀렸고, 서민 이하 노비의 여인들은 두루치기라는 폭이 좁고 짧은 치마를 입고, 앞치마를 덧입었다.

스란치마는 궁중 예복으로 입었던 가장 화려한 치마로서, 보통 치마보다 비단 폭 1폭만큼이 더 넓고, 길이는 30cm 정도 더 길어서 땅에 끌렸다. 사(紗)나 단(緞)을 가지고 다홍 또는 남색으로 겹치마를 만들고, 치마를 입었을 때 땅에 닿을 정도의 위치에 나비 15~20cm 정도의 스란단을 달았다.

대란치마는 15cm 정도 떼어 다시 스란단을 한 단 더 붙이는데, 위의 단은 아랫것 보다 약간 작은 너비로 대었다. 스란단의 금박 무늬도 계급에 따라 달랐다.

무지기 치마는 상류 계급에서 예복을 입을 때 치마 밑에 입던 특수한 속치마이다. 색깔과 길이가 다른 천을 한 층층으로 붙여 만들었는데, 마치 페티코트같이 치마를 부풀려 버티는 역할을 하였다.

대슘치마는 왕족이 사용하던 속치마의 일종으로 예복을 입을 때 허리는 무지기 치마로 버티고 치맛단은 대슘치마로 버티었다. 대슘치마는 무지기 치마 안에 입는 것인데, 치맛단에서 높이 4cm 정도를 창호지로 백비를 하여 모시로 싸서 붙였다. 따라서 치마단이 뻣뻣하게 위·아래로 버티어졌다.

스란치마

대란치마

무지기치마

대슘치마

③ 노리개

저고리의 겉고름, 치마 허리에 차는 여자용 장신구로서, 재료에 따라 종류가 많았고, 형태는 동물과 식물, 생활 주변 용품 등으로 대개 장수를 빌고, 액을 피하며, 복을 비는 종교적인 염원을 뜻하는 것으로 택하였다. 그 밖에 향갑, 향낭, 침낭, 장도, 괴불 등이 있다. 삼작 노리개는 3개가 함께 붙어있는 것이고, 단작 노리개는 1개의 노리개를 패용하는 것이다.

④ 신

마른 신은 바닥을 가죽으로 하고, 겉은 비단으로 배접해서 만들고, 앞코와 뒤꿈치에 이색 무늬를 넣어, 귀인들이 신었다. 궁혜, 당혜, 운혜 등은 형태는 모두 같은 것으로, 궁혜는 궁중용이고, 당혜는 코에 당초문을 놓은 것으로 양가댁 부녀가 신었으며, 운혜는 코와 뒤꿈치에 운문(雲紋)을 놓은 것으로 제비 부리같이 생겼다. 이것은 일반 여염집 부녀들이 신었다. 남자는 태사혜를 신었는데 비단이나 가죽으로 물을 하고 코와 뒤축부터는 흰 줄무늬를 새겼다.

은방아다리 대삼작노리개

원형향갑 단작노리개

별전괴불

진신의 형태는 당혜나 운혜와 같은데, 가죽을 기름에 절여서 만들고, 징을 바닥에 쭉 둘러 박았기 때문에 일명 징신이라고도 한다. 상류 계급의 부녀들이 신었다. 미투리는 삼으로, 짚신은 짚으로 만들었는데, 미투리는 결이 곱고 짚신은 거칠다. 대개 서민급 이하의 부녀자가 신었다. 나막신은 나무를 파서 만든 것으로, 비 올 때 비신으로 사용되었다.

당혜

운혜

태사혜

진신

미투리

짚신

나막신

3. 머리 형태

삼국시대와 고려를 거쳐서 조선시대에 이르는 동안에 여인들은 머리 모양 및 머리 장식품을 개선, 발전시키면서 머리를 아름답게 꾸미고자 노력하여 왔다. 조선시대 초기 여인의 머리 모양은 고려시대의 머리 모양을 그대로 습용하는 가운데 조선시대 중기 부녀들 사이에 가체 양식이 크게 유행되었다. 가체 양식은 그 기원이 원에서 왔다고 하고 있는데, 삼국시대와 중국의 당에서 이미 존재하였다. 다만 조선시대에 들어오면서 명제(明制) 궁양(宮樣)의 수식을 본받은 가체로 말미암아 높고 거대해지기 시작했다.

조선시대 여인의 머리 모양에서 자주 문제되고 논의되었던 것은 얹은 머리 즉 '체계(髢髻)양식'이라고 할 수 있는데 체계는 가체로 꾸미는 것으로 자기 머리에 다리인 '체자(髢子), 월자(月子)'라 불리운 다래를 넣어서 덧붙이는 것으로 그것에 소용되는 비용이 과다하여 체계 하나의 값이 중인 열 집의 재산을 넘을뿐만 아니라 그 수식으로 밀화석황과 금옥주패 및 칠보 등을 하여 이것으로 인해 가산을 탕진하고 예를 어기게 되는 일이 많았으며 국가 경제에도 미치는 영향이 많았다. 이 가체가 가장 심했던 영·정조 시대는 이와 같은 사치를 금하기 위하여 체제 개혁을 뜻하기에 이르렀다.

영조 32년에 '사족부녀의 가체를 금지하고 속칭 족두리로 대체하라. 가체의 제도는 고려때부터 시작되었는데 곧 몽고의 제도이다. 그러나 사대부 집안의 사치가 날로 성하여 부인이 한 번 가체를 하려면 많은 돈을 허비하게 되는데 서로 자랑하고 본 받아, 높고 큰 것을 숭상하니 왕이 이를 금지하였다'고 하였으며, 다음 해인 영조 33년에, '지금 금할 것은 부녀자의 체계이다'라 했고, 동년 12년에 '부녀자의 체계를 금하고, 후계, 즉 쪽머리로 대신하라. 오래 전부터 바로 잡으려고 여러 번 조정 대신들에게 자문하였고, 심지어는 책제를 내어 시사까지 하였으나 끝내 정답을 얻지 못하였다'고 기록되어 있다.

이 당시 여인들의 머리에 드는 비용은 십가(十家)의 재산을 윗도는 가격이었다 한다. 십가의 재산이 어느 정도 되는지는 알 수 없지만 사족부녀자들이 체계로 인해 가산을 탕진할 정도로 비용이 많이 든다는 것을 알 수 있다. 그러므로 가체를 대신하여 자기 머리로 할 수 있는 후계가 영조대부터 시작되었음을 알 수 있다.

그 후 영조 39년에, '제신 중에는 체계의 대용인 족두리가 불편하다고 하며, 그것은 궁중의 양식과 별로 다를 바 없고, 주패로 장식한다면 그 비용이 체와 같으므로 다시 체계를 하라'고 하였다. 영조의 체계금지가 처음 발령이 내린 후로부터 8년 만에 폐기되고만 원인을 살펴보면, 체계의 대용인 족두리를 일반인이 그다지 환영하지 않았고, 따라서 대신들의 반대가 있었다는 것, 그리고 장식에 따라 비용이 적지 않다는 것 등을 들 수 있으나 뿌리 깊이 박혔던 체계의 습속을 하루 아침에 개혁하기 어렵다는 데 그 근본 원인이 있었다고 할 것이다.

그러나 정조대에는 전대 영조의 유지를 이어받으며 부녀 발제(髮制) 개혁정책을 습용하려고 힘썼다. 영조대에서 한 번 실패한 경험이 있는지라 이를 다루는데 상당한 신중을 기하였던 것 같다.

정조 3년에, '영원히 행할 수 있는 제도를 얻은 다음에야 체계를 금할 수 있다. 비록 화관으로 대용하자는 의견이 있으나 만약 주옥금패를 장식하게 된다면 그 비용이 체계보다 도리어 많을 것이다. 내가 등극한 후 먼저 궁중에서부터 이것을 금하여 발(髮)을 쓰던 것을 목(木)으로 대용케 하였는데, 이것이 가계(假琦)의 제도인 바, 궁양(宮樣)은 일반 민간이 사용할 수 없는 것이며, 화관도 품복이니 만큼 하천들에게까지 사용케 할 수 없으니 이런 것이 어려운 일이다. 근래 사치한 풍속이 고질적인 폐단을 이루고 있다'고 하였다. 이 때부터 목으로 만든 떠구지가 생기게 되었는데 이 떠구지는 사치를 없애고 근검을 숭상하는 데서 생겨난 것이다. 이로부터 9년간은 부인발제에 대하여 별말이 없었으니, 이로써도 부인발제에 대하여 얼마나 신중을 기했는지를 알 수 있다.

그 후 9년 뒤인 정조 12년에 또 다시 부녀발제에 대한 문제가 조정에서 논의되었는데, '체계의 피해는 지대하므로 마땅히 금하되 먼저 대신할 문건이나 제도가 필요하다'는 것이 중신들의 의견이었다. 이와 같이 가체금지는 당시 개혁해야 할 일 중에서 가장 절박한 문제로 부각되었으므로 정조는 그 해 12년 10월에 '가체 금지령을 회복시킨다'는 교지를 내렸다. 곧 이에 따라 '가체신금절목'을 작성하였는데 그 내용을 보면 다음과 같다.

〈가체신금절목(加髢申禁節目)〉

1. 사족(士族)의 처첩과 여항(閭巷)의 부녀로 무릇 다리를 땋아(編髢, 편체) 머리에 얹거나 본발(本髮)로 머리에 얹는 제도는 일체 금지한다.

2. 체계(髢琦)를 대신하는 낭자의 쌍계(雙髻)와 사양계(絲陽髻)는 혼전에 사용하는 것이므로 사용해서는 안되고 머리를 땋아서 '쪽'으로 대신하라. 머리에 얹는 것은 전과 같이 족두리로 하되, 면(綿)으로 만든 것이나 대(竹)로 만든 것을 따질 것 없이 안팎을 모두 흑색으로 하라.

3. 이번 금제는 오로지 사치를 없애라는 성덕에서 나온 것이다. 족두리로 대용한다는 핑계로서 칠보 같은 것을 여전히 사용하면 개제는 이름뿐이고 검소의 실이 없게 되는 것이니, 무릇 금옥주패(金玉珠貝)와 진주당계(眞主唐旗), 진주투심(眞主套心) 등으로 장식하는 것은 일체를 금단한다.

4. 어유미(於由味)와 거두미(巨頭味)는 벼슬 있는 부인이 당시 착용하는 것이고, 인가혼례에 소용되는 것이므로 금하지 않는다.

5. 족두리에 장식하는 것은 금조(禁條)에 있는 것인 즉, 혼례 때 소용되는 칠보족두리에 대하여 세를 주거나 세를 내는 것은 금하고 이 령이 내린 후에 범하는 자는 수모(首母: 미용사)나 여쾌(女漂: 중매하는 여자)를 따질 것 없이 아울러 법사(法司)에 보내져 율에 의하여 정배하며, 여쾌가 잡패물이라고 해서 여러 가지 물건을 매매하는 악습은 어떤 것이나 구전(舊典: 예전부터 전하여 옴)을 밝혀 포도청에 부쳐 규찰하여 엄단케 하라.

6. 상민, 천인의 여인으로 거리에서 얼굴을 내놓고 다니는 일과 공사천(公私賤 : 공노비와 사노비)은 머리털로 얹는 것은 허용하되, 계발을 붙이거나 가체하는 것은 금단하라. 각 궁방의 무수리, 의녀(醫女 : 여의사), 침선비(針線婢 : 침술사) 등과 각 영읍의 여기(女妓: 여자 기생)들은 본발로 머리를 얹은 위에 가리마(加里亇)를 써서 등급을 구별하는 뜻을 보이라. 내의녀(內醫女 : 왕실 여의사)는 전대로 모단(冒緞 : 모자의 겉을 싸는 비단)을 쓰되 그 외는 흑삼승포(黑三升布 : 검정색 성글게 짠 거친 베, 주로 상복을 만드는데 쓰인다)를 사용하라.

7. 경사(京師, 서울)는 동지 일을 기한으로 하고, 지방(外方, 외방)은 동지 일에 공문을 보낸 것으로 보고, 공문이 도착한지 20일을 기한으로 하여 일제히 준행하라.

8. 기한이 정해진 후 준행치 않는 자의 가장을 발견 되는대로 엄중 처벌하라.

이상 절목에서 보는 것과 같이 정조는 절목까지 만들어 강력하게 체계금제를 시도하였지만, 체계가 오래된 습관이고 단시일 내에 실효를 거두는 것이 용이하게 이루어지지는 않았던 것 같다.

그것은 신금절목을 내린데도 불구하고 정조 14년에 '상천여인의 본발한 머리가 처음보다 커져서 이대로 두면 어찌 하는가'하고 걱정했으며, 정조 16년에 발생한 체계사기사건을 보더라도 짐작할 수 있다.

그 후로 부녀발제에 관한 기록이 별로 나타나지 않아서 자세히는 알 수 없지만 얼마 안 가서 부녀발제의 개혁이 실효를 거두기 시작했다고 본다. 즉 순조 중엽 이후 전국 부녀가 다 다래로 머리 얹는 법을 없애고 다만 자기 머리털로 뇌후에 쪽을 지은 후 작은 비녀를 꽂았는데 이것이 그대로 풍속이 되었다. 그리하여 쪽머리는 그 형태 즉, 쪽의 위치가 초기에는 뒤통수에 계속하던 것이 점차 내려와 이조말경에는 저고리 위에 있게 되었으며, 그 후 개화기가 되면서 다시 뇌후로 올라가 지금에 이르렀다.

1) 남성의 머리 형태 및 수식

조선시대 남성의 머리 형태를 단원 김홍도(1745~1806), 긍재 김득신(1754~1822), 혜원 신윤복(1758~1814)의 풍속화첩에 나오는 그림으로 보면 남성의 추계, 추계에 망건 쓴 모습, 속계, 편발, 대머리, 더벅머리 같은 머리 모양이 나타난다. 추계는 상투머리라고 불리는 조선시대 대표적인 남성의 머리 모양이다. 망건은 추계를 하고 이마에 둘러쓰는 장

상투

망건과 상투

속계

변발

대머리

더벅머리

조선시대 남성들의 머리 모양

식으로 추계만 하는 경우와 추계에 망건을 두르는 경우가 있었는데, 이것은 신분에 관계없이 사용하였다. 속계는 묶은 머리로 어린 아이들이 머리를 땋지 않고 묶기만 하고 다니는 경우이다. 편발은 조선시대 대표적 아이들의 수발형태로 머리를 땋은 것을 말한다. 대머리는 조선시대에도 남성들은 장년성 탈모가 있었을 것이므로 스님이 아닌 일반인도 대머리가 있었고 이들은 추계 등을 하지 못했거나 상투를 뒤쪽에 틀었던 것으로 보인다. 더벅머리는 머리를 더부룩하게 짧게 내려뜨린 머리 모양이다.

남성의 수식은 건, 패랭이(평량자), 검기전립, 방건(사방관), 갓(흑립), 고깔, 송낙(송라립), 유건, 복건, 삿갓, 사모, 전립(벙거지), 탕건, 초립, 깔때기가 있다. 건은 형겊 따위로 만들어서 머리에 쓰는 물건을 통틀어 이르는 말로 이 시대에는 다양한 건을 두르는 방식이 있었다. 패랭이는 댓개비로 엮어 만든 갓으로 조선시대 역졸, 보부상 같은 신분이 낮은 사람이나 상제가 썼다. 검기전립은 대궐잔치에서 칼춤을 출 때 쓰는 모자를 말한다. 깔때기처럼 뾰족한 모자에 금속 정자를 달고 공작의 깃과 상모를 꽂으며 모자의 둘레에 오랑우탄의 피로 물들인 붉은 천을 두르고 청색 명주 끈을 단다.

방건은 선비들이 실내에서 쓰던 관모로 말총으로 사각형 형태로 짰다. 갓(흑립)은 선비가 썼던 대표적 관모로 주로 말총이나 가늘게 자른 대나무를 엮어 형태를 만들고 그 위에 흑칠하여 만들었다. 그러나 이 시대에는 평민도 사용한 것으로 보인다. 고깔은 승려나 무당 또는 농악대들이 머리에 쓰는 위 끝이 뾰족하게 생긴 모자이다. 송낙은 승려가 평상시에 납의와 함께 착용하는 모자이다. 죽순껍질, 대나무잎, 소나무 겨우살이를 엮어 만든다. 유건은 유생들이 실내에서 쓰는 두건으로 검은색의 삼베를 접어 사각형의 모자를 만들고 윗번은 귀를 접어 뒤로 넘긴 형태이다.

복건은 유생들이 도포에 갖추어 머리에 쓰던 건이다. 검은 헝겊으로 위는 둥글고 삐죽하게 만들었으며 뒤에는 넓고 긴 자락을 늘어지게 대고 양옆에는 끈이 있어서 뒤로 돌려 매게 되어있다. 삿갓은 햇빛이나 비를 피하는데 사용한 모자이다. 사모는 관리들이 주로 평상 집무복인 단령과 함께 쓰던 관모로 혼례 때에는 평민도 착용할 수 있었다. 전립은 무관이 사용하던 모자로 동물의 털을 다져 만들었다. 탕건은 말건을 덮은 모자로 그 위에 다른 관모를 쓸 수 있는 밑받침으로 착용했다. 초립은 조선시대 성인 남자가 쓰던 모자로 가는 풀을 엮어 만들었다. 주로 평민이 사용하였다. 깔때기는 두꺼운 종이로 판을 세워 붙이고 전체에 검은 칠을 한 건으로 금부의 나장, 형조의 패두 또는 의식을 차릴 때의 군뢰들이 머리에 썼다.

건

패랭이

검기전립

방건(사방관)

갓(흑립)

고깔

송낙(송라립)

유건

복건

삿갓

사모

전립(벙거지)

탕건

초립

깔때기

조선시대 남성들의 수식

2) 여성의 머리 형태 및 수식

(1) 여성의 머리 형태

① 얹은 머리

ⅰ. 대수(大首)

대수는 궁중에서 왕비의 의식용으로 대례복 차림에 사용되었던 머리 모양이다. 대수는 가체로 꾸미고 있으며 그 모양이 과대하고 화려했다. '적의의 관은 구적관(九翟冠 : 황비가 국의〈國衣〉에 착용한 관)이어야 하는데 수식은 국속에 따라 마련하였다.'고 한 것으로 보아 적관을 구할 수 없으면 국속에 따른 수식으로 화관같은 것을 사용하였던 것 같다.

대수의 양식은 앞에서 보면 머리 정상은 고계를 만들고 그 밑으로는 좌우 어깨까지 내려오면서 A자형으로 펼쳐진다. 뒤도 앞과 같으나 중간에 좋으로 머리를 땋고 그 위에 비단 댕기를 묶고 있는 것이 다르다.

이때의 얹은 머리는 조선조에 들어오면서 명의 수식을 본받은 가체로 말미암아 높아지기 시작하여 다투어 화려하게 꾸미기를 좋아하여 그 사치 풍조와 폐단이 극심하였다. 가체에 대한 논의는 영조 3년(1727)에서 정조 20년(1796)까지 70여 년간 계속되었다. 성종대의 고계는 사방일척이라고 하였는데 조선왕조시대에 사용된 가장 적은 주척이 20.81cm이므로 최소한 21cm 정도의 높이는 되었던 것이다.

이와 같은 대수에 사용한 가체의 크기에 대하여 연산군일기 8년에 공주길례에 사용된 체자가 150속인 것으로 보아 궁중의식용 대수가 과대하였음을 짐작할 수 있다. 또한 영조 3년에 가례시에 사용된 체발을 보면, '전례가 50속'이라 했고 '왕명에 의하여 감량수

대수(좌 : 영친왕비, 우 : 의왕비 김씨)

구적관

가 20속'이라는 기록을 보면 1속의 크기가 어느 정도인지 알 수 없지만 가례시 사용한 체발을 감량한 것으로 미루어 당시 가체에 의한 사치가 컸음을 짐작할 수 있다. 영친왕비의 사진을 보면 적의에 사용되었던 대수의 모양이 과대하고 화려했음을 볼 수 있다.

순종황제 형제가족 사진

덕혜옹주, 영왕비(이방자여사), 윤황후, 순종, 영친왕, 영친왕 아들 이진, 이진을 안고 있는 사무관

대한제국 황실 가계도

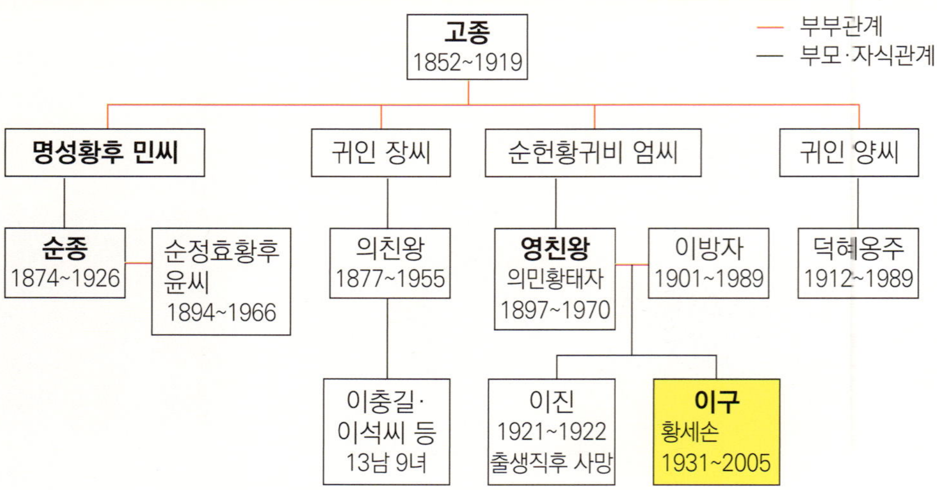

* 고종은 9남 4녀를 두었으나 일찍 죽은 왕자는 제외했음

ii. 큰머리(巨頭味 : 거두미)

정조 12년 가체신금절목에 '어유미(於由味), 거두미는 명부용이며, 인가의 혼례시는 사용을 허락한다.'라고 있으니, 어유미와 거두미는 명부가 당시 착용하던 것으로 거두미는 명부 중에서도 특히 궁중에서 품개를 가진 귀인 등 후궁들인 내명부와 부녀가 사용한 것이다. 국혼 때는 물론 헌종대만 하더라도 대궐법도가 엄격하던 때는 연일, 정조, 동지의 문안시에도 썼고, 그 밖에 진연같은 큰 잔치에 왕비를 위시하여 내인들은 큰머리를 썼다.

큰머리의 양식은 가리마 위에 첩지를 매고 그 위에 어염족두리를 올려놓고 다리 꼭지를 땋아 뒷머리에서 머리형대로 좌우로 갈라 어염족두리 위에 고정시키는데 두 줄로 하였다. 그 위에 가체로서 둥글게 구부려 만든 거대한 아계(丫髻)를 덧부쳤다.

목제가 아니고 인모로 된 큰머리인 아계(丫髻)는 이것만을 만드는 계관(髻官)이 있어 공출되어 온 다리를 머리같이 곱게 땋아서 밀초로 붙쳐서 실물같이 만들었다. 단 비빈 공주의 경우는 사람의 두발로된 가체로서 만들고 내인들은 나무로 만들어서 까맣게 칠을 한 떠구지를 썼다.

큰머리

떠구지

정조 3년에, '내가 등극한 후에 먼저 궁중에서부터 이것을 금해야 한다. 옛날에 모발로서 하던 것을 나무로 대신하게 하였으니 이것은 가계의 제이다'라고 하여 아계는 조선중기 이전에는 두발로서 만들어 사용했으며 후기에 오면서는 왕비 및 왕세자빈 이외에는 나무로된 가체틀인 '떠구지'를 사용하였던 것 같다.

iii. 어여머리(於由味 : 어유미)

어여머리는 명부(命婦)가 당시 착용하며, 명부 중에서도 외명부가 하던 머리 모양이다. 궁중에서는 출가한 공주, 옹주와 양반가에서는 당상관 부인만이 할 수 있었고, 상궁은 지체 높은 지밀상궁만이 할 수 있었던 머리 모양인데, '또야 머리'라고도 하였다.

어여머리의 양식은 가리마 위에 첩지를 매고 그 위에 어염족두리를 쓴다. 어염족두리는 겉은 검정색 공단이고 속에는 목화솜을 넣었으며 중앙부분에 잔주름을 잡아 양쪽이 볼록하게 둥글며, 아랫부분에는 면직물을 밑받침으로 덧붙였다. 또한 표면의 중앙 정부(頂部)에는 자색 견사로 된 굵은 끈이 달려있다.

어여머리는 다리 일곱꼭지를 한데 묶어 두 갈래로 땋아 어염족두리 위에 얹고 비녀와 매개댕기로 고정시킨다. 예장을 할 때는 어염족두리를 머리 위에 올려 놓고 어여머리를 둘러서 봉잠을 중앙에, 떨잠을 좌우에 꽂아 호화로운 수식을 한다.

정조 12년 가체신금절목 가운데, '어유미는 명부가 상시에 착용하는 것이나 인가에서 잔치와 혼례때에 사용하는 것은 금단하지 말라'고 한 것으로 보아 혼례 때에도 어여머리가 사용되었음을 알 수 있다.

어여머리 (좌 : 순종효황후 윤씨, 우 : 명성황후 추정 사진)

이상에서 어여머리는 조선 중기까지만 해도 외명부가 입궐할 때, 또는 의식에 하던 머리 모양이던 것이 후기 및 국말에 가서는 비빈을 위시한 내명부도 사용하였고, 입궐 할 때 어여머리가 아닌 첩지머리로만도 꾸몄다 한다. 또한 후기 및 국말에 와서는 떠구지머리와 어여머리가 큰 구별없이 혼용되었던 것 같다.

ⅳ. 트레머리(화려한 얹은 머리)

얹은 머리는 삼국시대 이래로 우리나라 부녀의 기본머리 모양으로 조선시대에 들어오면서 명제 궁양의 수식을 본 받은 가체로 말미암아 높고 커지기 시작했다. 상류사회에서는 좋은 다리를 사용하여 보기 좋게 얹고 끝에는 빨간 댕기를 매었으며, 천인들은 풀머리로 초라하게 얹었다. 코머리와 비슷한 모양이나 두 갈래로 땋아 머리둘레를 한 바퀴 돌려 정수리에 고정시키는 것으로 코머리보다 머리의 길이가 길어야 예쁘게 얹어졌으리라고 추측된다.

가체의 크기는 성종실록에 '성중호(城中好) 고계사방일척(高琦四方一尺)'이라 하여 사방높이 일척은 약간의 과장이 있다고 하더라고 김홍도의 '큰머리 여인'에서 가체의 크기를 짐작할 수 있다.

이와 같은 얹은 머리는 가체로서 높고 거대하였고, 서로 다투어 사치하며 화려하게 꾸미기를 좋아하므로써 사치풍조가 극심하였던 것으로 여겨진다.

가체를 꾸미는 과정은 풍속화에서 볼 수 있는데, 김홍도의 '빨래터'에서는 제 머리만으로 머리를 얹는 상천인의 모습을, 신윤복의 '빨래터'에서는 타인의 머리칼인 가체다리와 가체를 잇고 있는 상천인의 모습을 볼 수 있다.

신윤복의 인물풍속화에서는 여인들의 얹은 머리가 자주 보이는데 회화에 나타난 여인들의 대부분은 기녀나 상천인들로서 제머리만으로나 가체를 이용한 얹은 머리를 하고 있다.

이상에서 조선시대에는 가체로 꾸민 얹은 머리를 즐겼으나 가체금지령이 있은 후부터는 군중과 양반 부녀는 차차 쪽머리에 족두리로 변형되고, 상천인의 부녀들만이 그대로 얹은 머리를 사용했는데, 그것도 자신의 머리로서만 꾸미게 되었다.

트레머리, 미인도, 신윤복

머리 얹기

v. 코머리

부녀자들의 자기의 본래 머리를 한 갈래 또는 두 갈래로 땋아 머리 끝에 발간 댕기를 들여 머리둘레를 감아 돌려 끝이 옆으로 되게 하여 고정시킨 머리형이다.

② 쪽머리

i. 쪽머리(北髻, 後髻, 娘子머리)

결혼한 부녀의 보편적인 머리 모양으로 삼국시대부터 존재하였다. 조선시대 후기에 오면서 궁중과 양반가녀들에게 일반화되었으며, 최근까지지도 일부 중, 노년층에서 사용되고 있다. 쪽의 위치를 목선을 중심으로 하여 목 위로 또는 아래로 내리는 것은 그 때 그 때의 자기 개성과 유행에 따라서 다르다.

쪽머리에 대하여 '오주연문장전산고(五州衍文長箋散稿)'에서는 '우리나라 부녀자들의 수식이 이조 중엽에서 정조 신해이전까지는 가체라는 큰 다리가 있어 그것을 자기머리에 섞지 않고 그대로 땋아 머리 위에다 둘러얹고 비녀를 꽂았다가, 정조 신해 이후에 와서 가체를 금지하고 북계를 하게 했는데 속명 낭자이다. 이는 머리를 땋아 빙빙 둘러 뒤통수에다 서린 다음 비녀를 꽂는 것인데 그 위에 족두리를 씌었다. .....중략..... 순조 중엽 이후에는 부녀자들이 다리를 드리는 풍속을 버리고 단지 자기 머리만을 땋아 뒤통수에다 쪽을 지은 다음 작은 비녀를 꽂았는데, 이것이 그대로 풍속이 되었다. 경인년간에 이것을 금하고 다시 변발요수, 즉 얹은 머리를 하였는데, 종래는 행하지 못하고 금일에 이르렀다. 이것이 우리나라 부인 수식의 연혁이다.'라고 하여 쪽머리가 조선시대에 전국적으로 보편화된 것은 실학사상의 영향이 있었던 순조 중엽 이후(1800)라고 할 수 있다.

그 때는 쪽이 뒤통수에 달려있던 것이 점차 내려와 말엽에는 저고리 위에 있게 되었으며 그 후 개화기에 다시 올라가 지금에 이르렀다고 한다. 그러나 쪽머리가 풍속화된 뒤에도 긴 다리를 이용한 사치가 유행하고 있었음을 '거가잡복고(居家雜服考)'의 기록으로 알 수 있다.

'금세 우인들은 땋은 머리 체를 머리 위에 붙이고서 그것을 낭자두라 한다. 낭자두란 다리를 얹는데 있어서 높고 크게 하는 것을 금지하고 있었으므로 조금 작게 만든 다리로 대신하여 뒤에 땋아 붙인 것을 말한다. 낭자두가 조금 작은 다리라 할 지라도 근래에 와서 또 점점 커지고 길어져서 오히려 사치한 것을 다투게 되어 옛날에는 머리에 얹던 것을 목과 어깨 사이에까지 메고 지게 되었다.'라고 하여 땋은 머리처럼 긴 형태의 다리를 이용해 쪽을 크게 만드는 것이 조선시대 말기의 새로운 유행이었음을 알 수 있다.

쪽머리의 양식은 이마 중심에 가르마를 타고 머리를 양쪽으로 곱게 빗어 뒤로 넘긴 후 쪽 뒤에서 한데 모아 검정댕기로 묶어서 한 가닥으로 땋아 끝에다 자주색의 조짐댕기를 들이고 쪽을 찐 후 비녀로 고정시키는 형태이다.

이와 같은 쪽머리는 후기에 이르면서 관중과 사족부녀의 의식용 두발양식을 제외하고는 왕비까지도 평상시에는 댕기와 비녀만으로 하는 쪽머리를 사용하였고, 소례복차림의 의식 등에는 쪽머리에 화관만으로 치장하였다.

쪽머리, 민화, 해외소장, 조선 후기

쪽머리(1890)

쪽머리, 민화, 해외소장, 조선 후기

조선

ii. 조짐머리

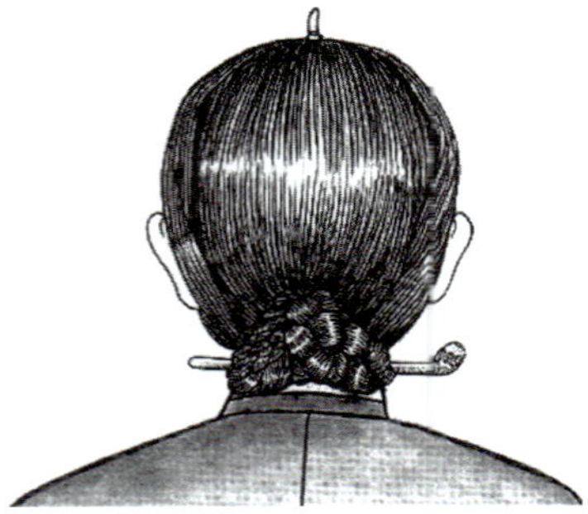

조짐머리

조짐머리는 반가 부녀자들이 궁중 출입 시 하거나 대궐 내인들이 주로 하는 가체의 일종이다. 궁궐의 지밀상궁들은 아침에는 어여머리에 족두리를 쓰고 저녁에는 자러 가므로 조짐머리를 빗고 올라간다고 한다. 다리 열 꼭지로 쪽을 찌어 첩지끈과 연결시킨 가체의 하나로 쪽머리에 얹어 장식하였다. 정조때 가체금지령을 내려 얹은 머리 대신 쪽머리를 장려하게 되자 쪽을 돋보이게 하기 위하여 생긴 것이다. 비녀와 떨잠으로 장식하였는데 '사절복색자장요람'에는 '10월부터 정월까지는 도금한 용잠을 2월에는 옥으로 된 모란잠을 5월에는 민옥잠과 떨잠을 꽂는다'라고 했다.

iii. 첩지머리

첩지머리, 윤비

부녀자들의 첩지로 예장한 머리형을 말한다. 첩지의 사용에 있어 왕비나 내인들은 평상시에 사용하였고, 외명부는 입궐할 때에 당의에 착용하였다. 의식때에는 첩지머리 위에 족두리나 화관을 얹는다.

황후와 왕후는 용첩지, 왕비, 세자빈은 광금(鑛金) 봉첩지, 상궁은 은제 개구리첩지, 정경부인은 광금 개구리첩지, 정부인은 후미만을 광금한 개구리첩지, 상중에는 흑색 개구리첩지를 달아 신분을 표시하였다.

첩지머리의 양식은 앞머리 가르마 중앙에 첩지를 대고 첩지의 양쪽머리를 좌우 귀 뒤로 돌려 쪽머리 또는 어여머리와 함께 묶는다. 이 첩지의 장식은 화관이나 족두리 같은 것을 쓸 때에 이를 고정시키는 역할을 하므로 궁중에서는 평상시에도 첩지머리를 하고 있었으니 그것은 신분의 상하구별과 궁중법도에 따라 어느 때 족두리나 화관을 쓰게 될 지 모르기 때문이었던 것이다.

새앙머리

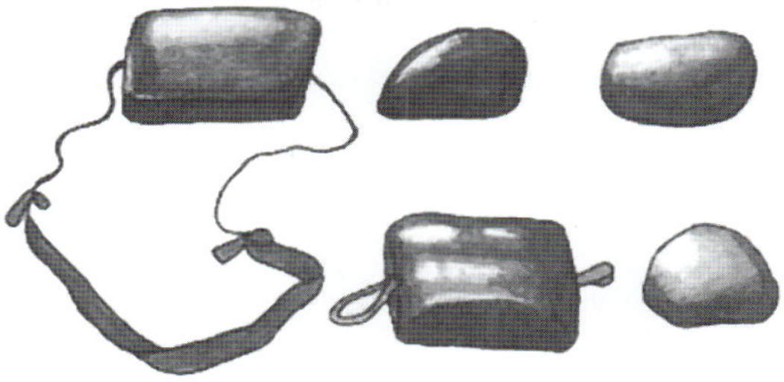

석웅황

ⅳ. 새앙머리(생머리 · 사양계)

일명 사양계(絲陽髻)라고 한다. '생'이란 문헌에는 '사양'이라고 나오며 남자 아이들의 쌍상투에 해당한다. 정조 12년 가체신금절목 중에는 '낭자쌍계와 사양계는 혼전에 쓰는 것이므로 써서는 안 된다'고 한 것은 주로 미혼녀의 머리 모양인 것이다. 조선시대 후기에는 궁중의 어린 소녀인 아기내인의 머리 형태이었다.

새앙머리 양식은 다리 한 쌍을 땋아 밑에서부터 말아올려 머리 뒤에 둥그렇게 놓고 자주댕기를 매는 것이다. 이 생머리에 자주댕기를 느리는 것은 일정하지 않아, 왕을 모시는 지밀내인은 네 가닥, 침방, 수방의 생각시들은 두 가닥이며, 그 밖의 처소의 아기내인은 새앙머리도 못했다.

양반가에서는 정초, 동지, 연일문안에 입궐할 때 새앙머리에 석웅황(石雄黃)을 매거나 떨잠을 꽂았다. 새앙머리는 다리 한 쌍을 각각 땋아 처음에는 약 17~18cm 길이로 가지런하게 묶고 중간을 매개 댕기로 맨 후, 본인의 머리와 같이 매어 계급을 표시하는 댕기로 맸다. 정조 때 가체신금절목에서 기혼녀의 사양계를 금지한 바 있다.

ⅴ. 낭자쌍계

낭자쌍계는 정조의 '가체신금절목' 가운데 언급한 바와 같이 미혼녀가 사용하던 머리 모양이다. 김홍도의 '평양감사 환영도'의 맨 아래 동기의 모습이 낭자쌍계의 형태라고 여겨진다.

낭자쌍계의 양식은 낭자라는 말이 쪽머리를 일컫는 것으로 머리를 땋아 머리 뒤에서 좌우로 갈라 두 개의 쪽을 찐 형태이다.

낭자쌍계,
평양 감사 환영도, 김홍도

조선

③ 땋은 머리

i. 귀밑머리

삼국시대부터 우리나라 미혼녀의 기본머리 형태로 양쪽 귀 위의 귀밑머리를 땋아 뒤에서 모아 다시 땋아서 늘이고 끝에 댕기를 들인 것으로, 머리 채가 긴 것을 자랑으로 삼아 이에도 가체를 하였으며, 반가의 규수들은 귀밑머리로 귀를 가리고 일반 처녀들은 귀를 가리지 않았다.

우리나라 옛말에 '귀밑머리 맞풀어 언약한 사이'라는 말이 있는데, 처녀가 시집을 가면 처녀의 상징인 귀밑머리를 풀어 쪽머리를 하기 때문에 나온 말이다. 또한 조선시대에는 반드시 머리 형태를 단정하게 하는 것만이 예의의 전부는 아니었다. 즉 땋은 머리의 경우 좋은 일을 당했을 때는 머리를 촘촘하게 땋지만 나쁜 일을 당했을 때는 느슨하게 땋는 것의 예의였다고 한다.

귀밑머리, 신윤복

색은 붉은 자주색으로, 반가의 규수는 제비부리댕기를 썼고 겉으로 드러나는 부분에는 적절히 금박을 하고 댕기 코에는 석웅황, 옥나비 칠보장식을 달기도 했으며, 서민 처녀는 말뚝댕기(모판댕기)만을 맬 수 있었다.

ii. 종종머리(바둑판 머리)

나이 어린 소녀들의 머리형으로 가르마를 똑바로 타고 양쪽 머리를 각각 3cm씩 세 줄로 땋고 그 끝을 모아 땋아서 도투락 댕기나 말뚝 댕기를 드린 것이다.

종종머리

(2) 여성의 수식(首飾)

① 화관

화관은 족두리와 같은 기능으로 족두리보다 화려하여 당의나 활옷을 입을 때에 주로 사용하였다. 조선시대 중기에는 궁중연회 때 춤추는 여자들이나 여령들이 사용하였으나 영정조때 가체금지령이 내려지면서 사대부 여인들도 족두리나 화관을 사용하게 되었고 서민들도 혼례때는 원삼, 활옷과 함께 사용하였다. 종이나 헝겊으로 관 모양을 만들고 그 위에 여러 가지 패물로 장식을 하고 작은 비녀 2개로 머리에 고정시켰다.

② 족두리

족두리는 고려 중엽에 우리나라에 들어온 것으로, 조선시대 중엽 이후 부녀자의 가체를 폐지하고, 족두리를 사용하였다. 그러나 많은 패물로 족두리를 장식하여 사용했기 때문에 이것도 금하였다. 검은 비단으로 만들었으며 모양은 위에서 보면 여섯 모로 되어 있고 아래보다 다소 퍼져 있으며, 속에는 솜이 들어있는 것과 비어있는 것이 있다. 장식이 없는 것은 민족두리, 패물로 장식을 하면 꾸민 족두리라고 한다.

화관

화관, 덕혜옹주

화관을 쓴 기생들

족두리를 쓴 영왕비

꾸민 족두리

족두리함

어염족두리

③ **떨잠**

큰머리나 어여머리를 할 때 머리 앞 중앙과 좌우 양 옆에 꽂는 머리 장식으르 둥근형과 네모형 등 여러 가지가 있으며 옥판 위에 은 용수철을 달아 여기에 여러 가지 칠보장식과 패물로 장식을 한다. 은사로 가는 용수철을 만들어 나비나 새모양의 장식을 하는 것을 떨이라고 하는데 이 떨이 있는 장식을 떨잠이라고 하는 것이다.

④ **뒤꽂이**

쪽진 머리 뒤에 꽂는 장식품으로 은으로 만들어 머리부분에 칠보나 패물로 여러 가지 모양을 만들어 붙이는 것이다.

⑤ **첩지**

얹은 머리 대신 쪽진 머리를 하거나 족두리를 권장하기 시작하면서 생겨난 것으로 황후가 사용했던 용첩지, 왕비가 썼던 봉첩지 그리고 내외령부가 사용했던 개구리 첩지가 있다. 그 외에 사대부 부녀들은 예장할 때만 사용했으며 일반 서민들은 혼례 때 족두리와 화관이 흘러내려오지 않게 하기 위해 사용하였다.

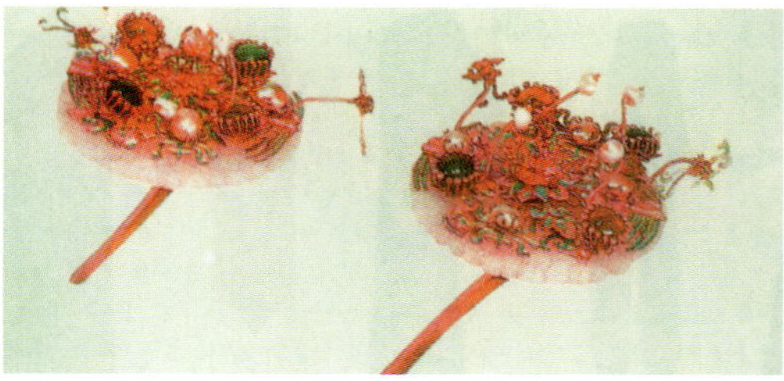

떨잠

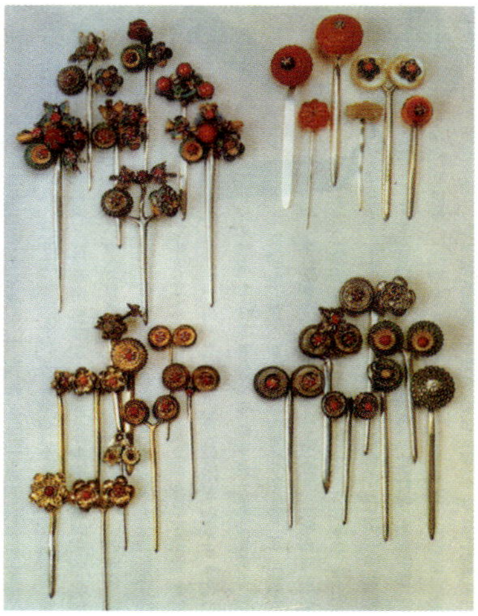

뒤꽂이

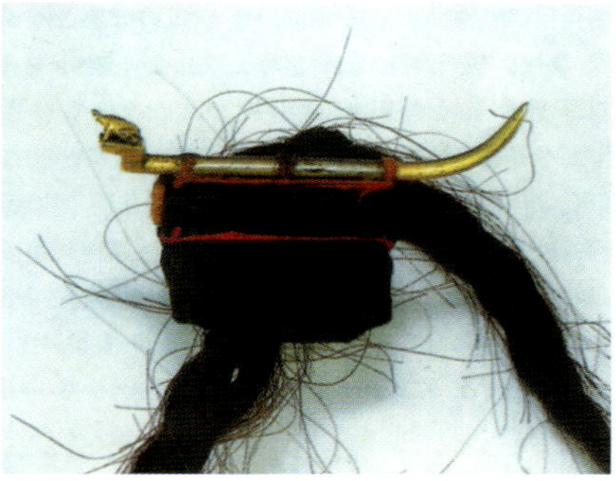

첩지

첩지머리, 윤황후

첩지

⑥ 비녀

비녀는 쪽진 머리에 장식하는 수식의 하나로서 모든 부녀자가 사용하였는데, 가체에 치중하던 사치가 비녀로 관심을 돌려 재료와 형태가 다채로왔다. 비녀 머리의 형태나 재료에 따라 이름을 달리 했는데, 형태에 따라서는 용잠, 봉잠, 호도잠, 서북잠, 화월잠, 매죽잠, 국잠, 석류잠 등으로 이름을 불렀고, 재료에 따라서는 금잠, 은잠, 옥잠, 비취잠, 흑각잠 등으로 이름을 불렀다. 서민층에서는 나무, 뿔, 뼈 등으로 된 것만을 사용하였다.

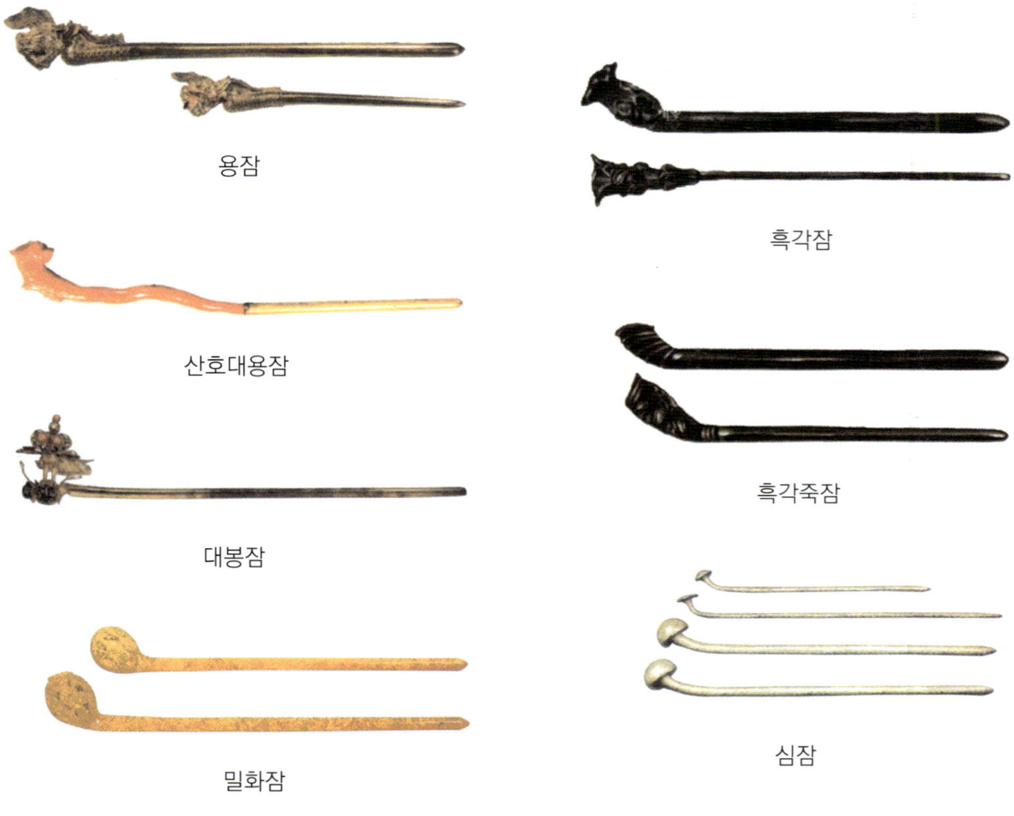

비녀

⑦ 댕기

삼국시대부터 있었던 것으로 미혼녀가 하였으나 조선시대에는 미혼녀만 댕기를 사용하였던 것은 아니며 부녀자들도 머리를 정리하거나 엮기 위하여 얹은 머리나 쪽진 머리에 댕기를 사용하였으며, 장식만을 위한 것도 있었다.

매개댕기

제비부리댕기
(고이댕기)

큰댕기

도투락댕기

말뚝댕기

드림댕기(앞댕기)

배씨댕기

댕기

⑧ 빗치개

빗치개는 실용과 장식을 겸한 것으로 빗의 때를 제거하기 위해 사용하고 평소에는 뒤꽂이처럼 쪽에 꽂아 장식했다.

⑨ 귀이개

귀이개는 실용과 장식을 겸해서 사용하는 것으로 귀청소에 사용하고 평소에는 쪽진 머리에 꽂아 장식했다.

⑩ 화관궤계

신부가 쓰던 화관의 일종이다. 철사로 큰 틀을 만들어 바깥둘레에 머리털과 솜을 놓고 검정 공단으로 곱게 싼 후 층이 지도록 여러 종류의 꽃을 꽂아 화려하게 장식했다. 신부 머리는 양쪽으로 곱게 빗어 쪽을 찌어 비녀로 고정시킨 후 정수리에 다리로 쪽을 만들어 얹고 작은 보조비녀를 꽂아 고정시킨 다음 화관궤계를 얹어 비녀를 꽂아 장식한다. 개성지방 신부들이 사용했다.

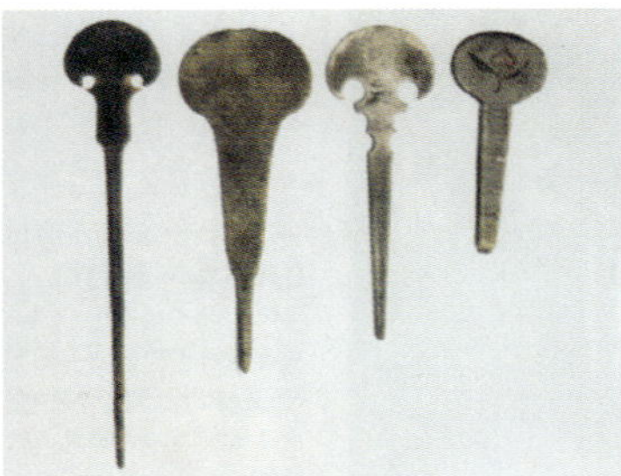

빗치개

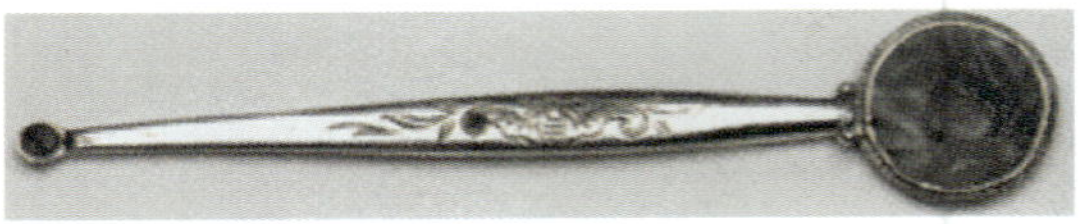

비취·은 귀이개 뒤꽂이

화관궤계

(3) 여성의 쓰개

① 너울

조선시대 여성의 관모 중 국초부터 국말까지 궁중 양식 또는 반가양식으로 존속해 왔으며 형태는 속에 원립(圓笠)이 있고, 그 위를 포대형으로 덮었으며 얼굴에 위치하는 부분은 망사같은 천으로 하여 앞을 볼 수 있게 하였고 길이가 길었다.

② 장옷

부녀자들이 외출할 때 얼굴을 가리기 위해 사용하던 것으로 초기에는 서민부녀자들만 사용하였으나 후대에 오면서 양반의 부녀자들도 착용하였다. 형태는 두루마기와 비슷한 것으로, 겉은 녹색 명주나 목면으로 만들고, 안은 자주색으로 하였으며, 수구에는 백한삼을 달았다. 동정 대신 넓적한 흰색 헝겊을 대어 이마 위 정수리에 닿도록 되어있다. 앞은 여며지도록 단추를 달았고, 여기에 이중 고름이 양쪽에 달려있어 손으로 여미도록 하였다.

너울

장옷, 이승영기, 신윤복

③ 쓰개치마

쓰개치마는 형태는 치마와 같으나 길이가 치마보다 30cm 정도 짧고 폭도 좁게하였다. 썼을 때 치마 허리가 얼굴 둘레를 두르고 손에 쥐어질 정도로 짧으며, 보통 치마 폭으로 주름을 겹쳐 잡아, 쓴 모양이 머리 위로 불룩하게 올라왔다. 흔히 옥색 옥양목 치마를 방안에 걸어 두었다가 문 밖을 출입할 때에 손쉽게 쓸 수 있게 하기도 하였다. 또한 계절에 따라 겹 또는 솜을 두어 사용하였다.

④ 천의(薦衣 : 처네)

서민층 여인들이 외출할 때 쓰던 쓰개의 하나로 개화기에 서북지방에서 주로 겨울철 방한용으로 사용하였다. 자주색 명주나 무명에 녹색 혹은 남색 안을 넣어 만들었다. 모양은 쓰개치마와 비슷하나 길이가 짧았다. 양 옆에 넓은 무를 달고 솜을 두어 만들었는데, 장옷보다 길이가 짧고 소매는 달지 않았다. 머리에 쓰기 좋게 4개의 주름을 잡아 깃을 달고 동정을 달았으며 양쪽 깃머리에 끈을 달아 뒤통수에 매게 했다. 같은 모양으로 크게 만들어 아기를 업는데 쓰이는 포대기 등도 천의의 일종이라 할 수 있다.

쓰개치마, 월하정인, 신윤복

천의, 문종심사, 신윤복

⑤ 전모

조선시대 부녀들이 외출할 때나 말을 탈 때 쓰던 모자의 하나로 대 테두리에 14~16개의 살을 대어 기본형태를 만들고 여기에 한지를 발라 만들었다. 표면 가장자리에는 나비와 꽃무늬, 수(壽), 복(福), 부(富), 귀(貴) 등의 글자를 장식하였다. 안에는 쓰기에 편하도록 머리에 맞춘 테가 있으며, 그 머리테 양쪽에 색깔이 다른 끈을 달아 턱 밑에서 매면 얼굴이 보이지 않게 된다.

⑥ 차액(가리마)

조선시대 부녀들이 쓰던 쓰개의 하나로 너비 65cm 가량의 검은 비단이나 자색 비단을 반으로 접어 두 겹으로 한 후 그 속에 두꺼운 종이를 배접하여 만드는데 납작한 책갑의 형태이다. 정조 12년의 가체신금절목에서는 각 궁방의 무수리, 의녀, 침선비, 그리고 각 영읍의 여기(女妓)는 다른 사람과 구별하기 위해 제머리를 머리에 얹고 그 위에 가리마를 쓰게 하되 내의녀는 모단(冒緞)을 사용하고, 나머지는 검은 삼승포를 쓰게 했다.

광해군 중기 이후 얹은 머리의 금지와 함께 족두리를 쓰게 되면서 사용이 줄었고, 이후에는 가운데 솜을 넣어 앞머리 쪽을 족두리 모양으로 오뚝하게 만들기도 하였다. 신윤복의 풍속화 '청금상련'에 나타난 것으로 미루어 정조때까지는 남아있었던 것으로 보인다.

전모

차액, 청금상련, 신윤복

(4) 난모(煖帽)

① 아얌

아얌은 남자의 이엄이 변한 것으로 둘레 운두를 낮추어 귀를 덮지 못하게 하였고, 뒤에 아얌 드림이라는 자주 댕기에 밀화나 금으로 만든 매미를 군데 군데 달아서 장식하였다. 아얌 둘레에는 2~3cm의 검정 털로 선을 둘렀고, 앞뒤에 술끈이 달려있어 멋과 풍치가 있었다.

② 조바위

조바위는 부녀의 방한모의 하나로 조선말기 양반층에서 서민에 이르기까지 널리 사용되었다. 윗부분은 트고 뒤는 낭자머리가 보이게 둥글게 팠다. 제물볼끼가 있어 귀와 뺨을 가린다. 겉감은 흑색이나 자색의 사(紗)나 단(緞), 안감은 남색, 흑색 등의 단이나 주(紬), 면으로 만든다. 이마 위에는 금, 은, 비취, 옥, 자마노, 그 밖에 모조품으로 수, 복, 등의 글자를 새겨 장식하였고, 앞 이마와 뒤를 연결하는 끈은 자주색이나 검정색 조영(組纓)이나 산호주를 꿴 끈에 오색 술 장식을 달았다.

③ 남바위

남바위는 방한모 중 역사가 가장 오래된 것으로 형태는 귀와 머리부분을 가리되, 머리 위쪽을 열어 놓고 이마를 가리며 가장자리에 모피를 대고 뒤를 길게 하여 뒷덜미를 덮게 하였다. 남자는 검정, 여자는 자주나 남색 비단으로 하였다. 안은 비단이나 목면을 사용하였고, 가장자리는 털로 선을 둘렀으며, 뒤로 완전히 덮어 넘어갈 수 있도록 길게 만들어 끝을 제비의 부리 모양으로 하였다. 앞·뒤에는 술 장식을 하였고, 끈을 단 것은 조바위와 같다.

④ 풍차

조선시대 방한용으로 착용한 모자의 하나로 초기에는 양반계급에서 주로 썼으나 점차 평민화 되었다. 겉은 흑색, 자색, 남색 단을 안은 남색, 초록의 견을 넣어 만들며 가장자리는 흑색이나 밤색의 토끼, 여우의 모피를 두른다. 형태는 남바위와 비슷하며 꼭대기에는 둥글게 공간을 두었고, 귀와 뺨, 턱을 가리는 볼끼를 달아 사용하지 않을 때는 뒤로 제쳐서 끈을 맸다. 남자용은 이 위에 관이나 갓을 쓰며 여자용은 앞뒤에 봉술을 달고 산호, 비취 등으로 장식한다.

아얌

조바위

남바위

풍차

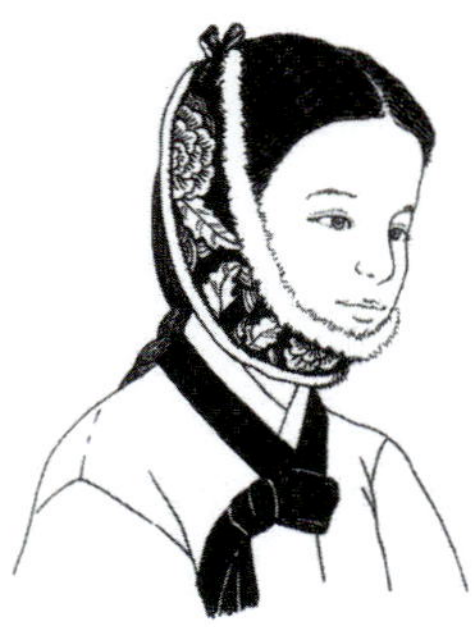

볼끼

굴레

⑤ 볼끼

빰과 턱을 덮기 위한 방한용으로 겉감은 비단, 안감은 면으로 하며 길쭉한 털로 선을 둘렀다. 여자아이는 자주색, 남자아이는 남색을 많이 사용하였다.

⑥ 굴레

아이들의 장식적인 쓰개로 돌을 맞이한 아이가 많이 쓴다 하여 돌모자라고도 하는데 4, 5세까지의 남녀 어린이가 착용했다. 굴레는 춘추, 하절용과 동절용으로 나누어 진다. 춘추, 하절용 굴레는 동절용에 비해 통풍이 원활하도록 가로, 세로의 가닥을 성글게 교차시킨 천으로 만든다. 귀를 덮는 부분에는 총명이란 문자를 수놓았다. 겨울에는 검은 비단에 솜을 두어 짓되 얼굴만 내놓게 하여 방한의 목적도 겸하였다. 주로 비단으로 만들고 색은 남, 흑, 연두, 적색 등을 쓰고 모부의 가운데에는 길상문을 수놓거나 금박으로 장식하였다.

4. 화장형태

조선시대에는 유교적인 문화배경과 남성 우월적인 사회풍조, 임진왜란, 정유재란 등의 오랜 전쟁으로 인한 정치, 경제적 이유 등으로 인하여 전반적으로 고려시대에 비하여 화장의 경향이 소박해지는 경향이 있었다.

그리고 치장이 화려했던 고려시대에 대한 반작용으로 화장 및 모든 차림에 대해서 검소함과 정결함이 강조되었고, 일반 여성들의 화장이 담박해 진 것은 고려시대부터 기생과 궁녀들에게 행해져 내려온 화려한 분대화장과 구별되기 위함의 이유도 있었다.

이러한 사회 배경으로 인하여 수려한 겉모습과 내면의 모습을 동일시하는 삼국시대의 영육일치 사상은 신체의 정결함이 마음의 정결함을 의미하는 사상으로 그 내용을 달리하게 된다. 그리하여 여성뿐 아니라 남성들도 세수와 목욕 등 신체를 청결히 하는 것을 중요시 여기게 되었다. 유교의 영향으로 고려시대에 전신욕을 즐기던 것과는 달리 조선시대에는 부분욕으로 변하였으나 제사를 드리기 전에는 반드시 목욕 재계를 하는 풍습이 있었고 사대부 등 상류층에서는 온천욕과 향탕, 난탕(蘭湯) 등을 등을 즐겼다. 인삼(人蔘湯)탕은 피부를 윤택하게 만들었고 고조선 시대의 단군신화에 등장하는 마늘은 조선시대의 미용을 위해서도 쓰여져 마늘 목욕은 여드름 치료와 동상 예방의 효과가 있었다. 그리고 난탕은 미용뿐 아니라 발향 효과도 있었다.

목욕 재계, 단오풍정, 신윤복

춘화집, 미인도, 김홍도

미인도, 신윤복

1800년대의 기녀의 모습

혼례식 때의 연지곤지 화장

이렇게 신체를 정결히 한 다음 피부를 깨끗하게 가꾸는 기초 화장법이 발달하게 되는데, 이는 미인박명의 고정관념이 지배하는 사회풍조의 영향도 있었다.

조선시대에는 이상적인 여인상과 미인상으로 양분화되는데, 이상적인 여인상은 지(智), 덕(德), 체(體)를 고루 갖추고 둥근 얼굴형과 건강한 골격을 갖춘 며느리감의 여인이었으며 미인상은 흰 피부색과 갸날픈 몸매의 궁녀나 기생의 모습이었다. 이러한 현상은 여성들이 화장하는 패턴에서도 크게 달리 되는 모습을 나타내게 된다. 즉 일반 여성들은 피부 기초 화장 위주로 하는 엷은 색조의 은은하고 수수한 담장(淡粧)을 즐겼고 화려한 분대화장은 기생 중심으로 행해졌다. 연산군은 장악원(掌樂院)이라는 유흥장에 기생들을 모아놓았으며, 미모에 따라 3등급으로 나누기도 하였으며, 이들의 분대(粉黛)화장법을 적극 장려하기도 하였다.

조선 시대의 색조화장은 백색피부 호상의 영향을 받은 분화장과 눈썹화장, 연지 등이 있다. 분화장은 아침에 꿀을 발라 각질을 벗겨내고 했으며, 사대부 여인들은 복숭아 색의 분을 사용함으로써 흰 분을 바르는 기녀들과 구분되고자 하였다. 눈썹화장은 눈썹숱과 길이를 적당히 다듬었는데, 버들잎 모양으로 둥글고 자연스럽게 그리는 것이 유행이었다. 그리고 검정색, 밤색, 회색, 자색 등 여러 가지 색이 사용되었는데, 식물을 태워 만든 재의 색에 따라 다른 색들이 표현되었으며, 검정색 미분 위에 황분을 발라 부드러운 느낌을 내기도 하였다. 이들 재료들은 관솔에서 나오는 유연이나 참기름 등, 식물성 기름과 함께 개어서 사용되었는데, 눈썹을 표현하는 미묵 중 가장 고급은 달개비 꽃잎을 태운 재와 호마유를 개어 만든 송연묵이었고 서민들은 아궁이의 숯 검댕이나 보리 깜부기를 이용하였는데, 이 재료들은 고급 제품에 비해 잘 지워졌다.

또한 연지는 입술과 양 볼이나 이마에 사용되었는데, 입술은 끝에만 빨갛게 발라서 멀리서 보면 흡사 구슬을 머금고 있는 것처럼 보였으며, 혼례식 때에는 양 볼에 연지와 이마에 곤지를 찍었다. 이와 같이 조선시대의 여인들은 평상시에는 화장을 하지 않더라도 외출시나 명절이나 혼례식 등에는 화장을 하였으며 화장을 하는 데도 익숙했다.

조선시대의 화장품의 제조는 보염서라는 기관에서 궁중의 화장품을 전담하였으며 고려시대와 같이 경장(鏡匠)과 소장(梳匠)이 있었으며 궁중의 여인들과 외명부, 기생들이 사용하는 분을 제조하는 분장(粉匠)과 궁중에서 쓰는 각종 향을 제조하는 향장(香匠)이 관내에 있었다. 한편 일반인들이 쓰던 대부분의 화장품은 직접 만들어서 쓰던 경우가 대부분이었는데, 이는 이 당시의 가족제도가 대가족제도였으므로 일손도 많았고 자연 재료로 만들기도 손쉬웠기 때문이었다. 규합총서에는 당시의 화장품 제조 방법들이 수록되어 있다.

여성들은 자가 제조된 화장품 외에 화장품의 구입은 대부분 방문 판매를 통하여 구입했는데 이는 조선시대의 사회가 유교적인 관념으로 인하여 외출이 자유롭지 못했기 때문이었다. 주로 화장품과 화장구 등을 취급하는 매분구와 일상 생활용품을 파는 방물장수를 통해 방문판매가 이루어졌으며, 따로 화장품을 판매하는 육의전의 분전(粉廛)이 있었다. 조선 후기에 가서는 분전 이외에도 일반 사장(私匠)이나 연지나 분을 파는 가게들이 생겨났으나 그리 활성화되지는 못하였다.

V. 현대

1. 1900년대

1) 문화사적 배경

일본은 러일 전쟁에서의 승리로 1905년 7월 포츠머드 조약에 의해 한국에 있어서의 정치, 경제, 군사상의 특권을 러시아로부터 인정받고 이등박문을 한국에 파견하여 군대를 동원하여 궁궐을 포위한 후 대신들을 협박하여 한일협상조약을 억지로 체결하였는데 이것이 1905년에 체결된 을사조약(乙巳條約)이었다. 그러나 국민들의 민족적 자각은 더욱 성숙하게 되었으며 상실되어가는 국권을 되살리기 위해 범국민적인 애국계몽운동의 하나로 여학교 설립이 추진되어 이 기간 동안 많은 여학교가 설립되었다

19세기말 신교육의 실시, 신생활 운동 등 특히, 단발운동의 전개는 개화를 본 궤도에 오르게 하였고 이 시기 전반에 걸친 서구문물의 유입과 기독교의 포교활동을 비롯한 정치, 사회적 변화는 자연, 한국인의 의식구조와 의, 식, 주 등 일상 생활에 지대한 영향을 미치게 되었다.

2) 복식사적 배경

개화기와 함께 우리의 의생활은 커다란 개혁을 맞는다. 즉 1876년 이후의 문호개방은 전통적인 관습과 가치관의 변화와 더불어 의복에 있어서도 큰 변화를 초래하였다. 고종32년(1894년) 임오경장시 관복을 개정하였고 단발령이 내려지고 양복을 입게 되자 일반국민도 그에 따르게 되었다. 1900년대 4월 17일 칙령에 의해 신라 28대 진덕여왕 이래 조선 509년까지 착용해 온 중국식 관복이 구미식 관복으로 변화되었다.

한국전통복식이 불편하게 느껴져서 군관복 중심의 남성복식이 먼저 변화되었다. 여성복식은 남성의 급진적인 변화에 비해 여성의 근대의식의 함양에 발맞추어 집단복식을 중심으로 서서히 변화되기 시작했다.

1900년대 군복 및 단발

이러한 가운데 여성사회에서는 신분계급이 몰락되고 여성의 지위가 향상되면서 외부출입이 가능하게 되었고 더욱이 기독교의 전래로 여성들은 개화사상에 눈뜨게 되어 서양 여성복식의 편리함을 보고 그 옷을 모방하기 시작했다. 차츰 개화에 눈뜬 신여성들의 사회진출로 인하여 여성운동이 1898년을 기점으로 활발히 전개되었는데 이 해에 설립된 찬양회(讚揚會)는 생활개선을 위해 많은 노력을 하였으며 특히 1906년〈여자 교육회〉는 의복개량을 위해 당시 유행하던 비단옷은 피하고 새로운 의상연구를 통해 개량된 의복의 모형까지 제시하는 적극적인 활동을 하였다.

1900년대는 이화학당 출신으로 미국에서 유학하고 돌아온 의사 박에스더가 우아하고 검소한 양장 차림을 하였으며, 외국에서 영문학을 전공하고 귀국한 하란사(河蘭史, 본명: 金蘭史)도 고전적인 양장차림에 베일로 얼굴을 가리고 모자를 쓰고 다녔다고 한다.

양장 교복의 효시는 1907년 숙명여학교의 교복이며 개화교육을 받은 당시 학생들의 교복은 우리나라 여성 양복을 주도한 최초의 그룹이라 할 수 있었다. 그러나 이 시기에 대부분의 일반 여성은 치마저고리를 입었다.

1890년대는 저고리 길이가 매우 짧아졌다가 1900년부터 차차 길어지기 시작했으며 치마는 별 변화는 없었으나 신여성 사이에서는 이때부터 짧은 치마를 입기 시작하여 긴 치마와 짧은 치마의 이중구조를 지니게 되었다.

우리나라에 재봉틀이 들어온 것은 1877년부터이며 이로 인해 1906년 이후부터는 섬유공업이 가내공업에서 근대식 기계공업으로 개정되는 과정을 밟게 되었다.

1900년대 이화 학당의 학생복

트위드 워킹 드레스
1800년대 말~1900년대 초기 선교사 부인들이 물려주어 우리나라 최초의 양장여인들이 착용하였던 의상

백색 면 베티스트 깁슨 블라우스와 흑색 롱 모직 스커트
착용년대 : 1800년대 말~1900년대 초기
기증자 : 신혜순

3) 머리 형태

1894년 고종 31년 일본을 위주로 한 개혁파 김홍집 내각은 갑오개혁을 단행하여 정치, 경제, 사회, 문화 전반에 걸쳐 개혁 작업을 진행하였다. 이 중 하나가 단발령으로 고종 자신부터 머리를 자르고 하이 칼라 머리를 하면서 전국에 단발머리를 할 것을 명하였으나 유교사상에 젖어있었던 당시 사람들은 머리털은 부모가 내려주신 몸의 일부이므로 감히 잘라 버릴 수 없다며 강력히 저항하였다.

그러자 관리들이 칼이나 가위를 가지고 다니면서 거리나 성문에서 사람들의 머리를 강제로 잘랐으며, 나중에는 집에까지 들어가서 강제로 머리를 자르기도 하였다. 단발령과 양복착용에 대한 시민의 견해는 독립신문의 경우 '머리깎고 양복 입는 것은 기둥도 세우기 전 장판부터 놓는 격으로 선후는 바뀌었으나 언제든지 할 일이며 백성에게 편리한 일인 즉 정부에서 억지로 시키지 말고 백성에게 맡기도록 하라'고 주장하기도 하였다.

단발은 손질하는데 시간이 절약되고 머리감기 편리하고, 의복의 청결이 유지되고 활동하기 편하며 머리모양을 얼굴에 맞게 변화시켜 빗을 수 있으나 미장원에 가야 하는 금전의 낭비와 한복과의 조화가 어렵다는 의견이 있었다.

그보다 더 문제가 된 것은 남자의 단발이 1910년대에 실시되는 과정에서 보수와 진보간의 시비가 있듯이 여자의 단발에도 적지 않은 논란이 있었으며, 귀밑머리를 푸는 일, 옆가르마를 하는 일 등에도 논란이 있었다. 이러한 시대 상황하에서 단발령은 새로운 역사의 물결인 개화의 첫걸음이 되었다.

1900년 이전의 남학생은 상투로 빗고 망건에 갓을 쓰거나 땋은 머리에 댕기를 드려 늘인 학생이 있었으며 단발령 이후에는 깎은 머리에 모자를 썼다. 경신학교 학성들의 머리

머리와 땋은 머리, 얹은 머리

남학생의 머리

는 70여 명의 학생 전부가 상투로 빗고 망건에 갓을 썼으며 땋은 머리를 댕기에 드려 뒤로 늘이기도 하였다. 경기고교 학생들의 머리는 깎은 머리이며, 보성학교 학생은 깎은 머리에 학생모나 갓을 쓴 학생, 머리를 땋아 뒤로 늘인 것으로 보이는 학생, 깎은 맨 머리의 학생 등이 있었다. 1895년 단발령이 내린 지 10년이 경과했을 때도 한국의 전통을 고집하고 신법령에 저항하는 이들이 있었다. 이에 학교 당국에서 삭발을 강요했을 때는 자퇴를 하는 학생들도 있었다고 한다.

갑오개혁 이후 우리나라에는 서양문물이 들어오고 있었다. 조선에 살았던 서양 여성들은 주로 외국공관의 외교관 부인들이거나 여선교사들이었는데, 그녀들은 양장 차림이었고, 퐁파두르 스타일의 머리에 모자를 쓰거나 그대로 다녔다. 이화학당과 정신여학교가 설립되어 서양식 교육을 전달했고, 이로 인해 신여성이란 말이 나오게 되었다.

당시 일반 부녀자들의 머리모양은 종전과 같았는데, 처녀들은 앞가르마를 타서 붉은 댕기로 땋은 머리를 뒤로 내렸고, 부인들은 기호 지방 이남에서는 동백기름을 발라서 머리를 윤이 나게 한 다음 참빗으로 매끄럽게 빗어서 땋아 쪽머리를 하였다. 쪽진 머리는 조선시대 후기의 모양과 같으나 목 뒤로 늘여지게 쪽지던 것을 조금 올려 하는 경향이 있었다.

처녀의 땋은 머리 위에 댕기를 드린 머리를 댕기머리라 하는데, 댕기에는 제비부리처럼 끝이 뾰족한 제비부리댕기와 끝이 뭉뚝한 말뚝댕기가 있었다. 댕기의 색깔은 빨간색과 자주색으로 댕기가 넓고 길수록 자랑스럽게 생각했다.

간혹 부인들의 쪽머리에도 중심부에 장식으로 댕기를 드려서 쪽머리 가운데에 포인트를 주기도 했다. 쪽머리의 장식으로는 비녀와 뒤꽂이가 있는데, 비녀에는 금비녀, 은비녀, 옥비녀, 목비녀 등이 소재에 따른 구분이 있고, 모양에 따라서는 만죽절(은으로 만든 일반적인 것), 용잠(용모양 비녀), 떨잠(예장 때 꽂음), 흑각 매화잠 등이 있었다.

뒤꽂이는 장식용으로도 쓰이고 어떤 불상사, 즉 급체나 복상사를 예방하기 위해서도 썼다. 끝은 은으로 아주 예리하게 만들었고, 머리 쪽은 산호, 비취, 밀화, 백옥, 호박 등의 보석으로 갖가지 모양을 만들었는데 여염집 여인들보다 기생이나 첩살이 여자들이 더 애용하였다.

2. 1910년대

1) 문화사적 배경

1907년 을사조약과 한일신협약이 체결되었고 1911년의 조선교육령(朝鮮教育令), 1915년 교육회, 1920년의 사립학교규칙 개정령을 발표했다. 그리하여 근대교육의 시작이래 민족사상을 육성해오던 사립학교가 1911년부터 1921년의 10년 동안에 1,365교(校)가 문을 닫았다. 1914년 발발하였던 제1차 세계대전이 종전하던 1919년 2월8일, 일본 동경에서 유학생들은 독립선언문을 낭독하기에 이르렀고 3.1운동이 일어나게 되었다.

2) 복식사적 배경

1910년 한일 합방의 체결로 한국의 국권은 완전히 상실되었으나 3.1운동을 계기로 여성운동은 문화, 사회, 신앙활동 등으로 다양해졌으며 애국심에서 외국 의상보다는 한복을 착용하였다.

1910년대 일반 여성의 복식은 치마허리의 변화를 제외하고는 별다른 변화가 일어나지 않았는데, 새로운 어깨허리를 고안한 사람은 1911년 이화학당의 교사들이다. 치마가 허리끈이 풀어져 흘러내리는 것을 방지하기 위해 꽁꽁 묶어야 했던 한복에 어깨끈을 달았다. 이것은 가슴을 압박하지 않고 위생과 건강상에도 좋다고 판단되어 한국인 여교사가 먼저 입어본 후, 학생들에게 고안한 어깨허리의 패턴을 나누어 주어 재봉시간을 이용해 고치도록 하였다. 이러한 치마의 개량은 일반 여성들에게 빠른 시일 내에 널리 퍼지게 되었다. 이러한 사실은 미스 월터(Miss Walter)의 회고록에서도 잘 나타나고 있는데, 체조시간에 간편히 개조한 긴 저고리에 통치마를 입어본 학생들은 편리하고 실용적인 면에 반하여 이를 일상복으로 입기 시작하였다.

저고리에 있어서도 단소화 경향이 나타나고 버선목이 보일 정도로 짧아진 치마와 길어진 저고리 차림에 내외용 우산을 든 모습 그리고 일반 부녀자의 쓰개치마 착용의 모습은 개화의 정도와 신분에 따라 다르게 나타났던 복식의 양상을 한눈에 볼 수있다.

3) 머리 형태

고종 때 마지막 미국 공관장을 지냈던 김윤창의 부인 고순영이 1906년에 양장을 하고 머리는 퐁파두르(pompadour : 팜프도어라고도 하는데 이는 머리를 치켜올려 빗어 정수리에 틀어 얹고 리본을 매거나, 이마 위에 모자의 챙같이 불쑥 내밀어 빗어서 챙머리라

팜프도어(앞줄 왼쪽에서 두 번째)

댕기머리

고도 함, 또는 히사시가미라고도 함) 스타일에 꽃으로 장식한 모자를 쓴 스타일로 귀국하였다. 또 우리나라 최초의 문학사인 하란사가 미국 유학을 마치고 멋진 양장차림에 모자를 쓴 새로운 헤어스타일로 귀국하여 장안의 화제를 불러일으켰다. 또 1907년 동경유학생 최활란은 당시 동경에서 유행하던 히사시가미를 한 후 양말에 구두를 신고 검정 통치마를 입고 귀국하였는데 이 모양은 당시 최첨단의 새로운 여성 스타일로 화제가 되었다. 이 머리 모양은 즉각 이화학당의 큰 학생들이 따라 하였으나 얼마가지 못하였고, 이 뒤를 이어 트레머리가 생겨났다.

트레머리는 옆가르마를 타서 갈라 빗고 뒷머리를 땋아 뒤에다 넓적하게 틀어 붙이는 식으로, 넓적하고 클수록 보기 좋다고 하여 속에다 머리심(게바다)을 넣고 겉에는 머리를 입혀서 크게 틀었다.

그러나 이화학당의 저학년인 열 두서너 살 되는 학생들은 귀밑머리를 길게 땋아내려 자주색 댕기를 머리 끝에다 매었다. 그리고 이들 보다 좀 더 큰 고학년의 학생들은 멋을 낸다고 길게 땋은 머리를 두 번 또는 세 번으로 구부려서 그 위에다 나비 모양의 큰 리본을 매었다. 당시 사람들은 이 머리 스타일을 다리미 자루라고 불렀다.

그러나 아직도 일반 부녀자는 문 밖 출입이 자유롭지 못했고, 외출을 할 때는 남녀의 내외법이 있어서 쓰개치마나 장옷으로 몸과 머리를 가리고 다녔다.

1907년 3월에 부인의 개량한복이 인허를 받으면서 여성들의 헤어 스타일에도 변화를 가져와 1910년대에는 챙머리, 트레머리를 많이 하였다. 또 신교육을 받지 않은 젊은 여성들 속에서도 댕기머리에서 트레머리로 바꾸는 사람들이 나타났고, 뒤로 간편하게 하나로 묶는 머리 스타일도 나왔다. 중년 이상의 여성층에는 쪽진 머리에 변화를 가져오지 않고 여전히 쪽머리를 고수하였다.

둘레머리라는 것도 있었는데 이것은 머리를 뒤에서 한 가닥으로 굵게 따서 머리 둘레에 터번 모양으로 둘러 머리 위에 틀어 얹고 핀을 꽂은 머리로서, 조선시대 어여머리와 유사하나 이것을 하는 사람은 극히 적었다. 그 밖에 S자 모양으로 틀어 머리 뒤에 종으로 붙이는 S자 머리와 8자 모양으로 머리 뒤에 횡으로 틀어 붙인 8자 머리, 양쪽 귀를 가려 빗는 머리, 도우넛 모양으로 빗어 붙이는 말뚱 머리, 로루마끼 머리 등이 유행하였다. 날씨가 추울 때의 방한모로 조바위와 남바위가 있는데 이 역시 중, 노년층에서 많이 사용하였다.

4) 화장형태

20세기에 들어서서 조선왕조도 개화의 물결을 맞이했는데, 개항이 되면서 외국의 화장품이 밀려들어왔고 이에 자연히 국산 화장품보다 품질이 좋고 화장법이 간편한 수입품들이 각광을 받기 시작하였다. 개항 초기에는 우리나라와 가까운 동양, 즉 일본과 중국에서 주로 화장품이 유입되었다.

1910년대만 해도 지금 서울의 소공동과 퇴계로의 일신국민학교 근처에 백인 창녀들이 많이 살았었는데 이들은 백인계 러시아 아가씨나 유태인의 혼혈들로 시베리아와 상해, 천진 등지에서 밀입국한 이들이었고 이들의 단골손님은 주로 청국의 무역상인들이었다. 그 당시 그들에게는 화장품이 가장 환대 받는 화대였기 때문에 화장품을 청국에서부터 마련해 왔고 직접 사용하는 용도 이외에 소량으로 밀수입된 화장품을 한국의 기생이나 외부에 밀매하는 부업도 하였다. 개중에는 매음을 부업으로 하고 양화장품 밀매를 본업으로 하는 백인 창녀도 있었다. 이처럼 서양화장품의 출처는 백인 창녀촌이었고 일본화장품의 출처는 화월루, 청화정 등 일본요정, 묵정동의 쌍림관, 용산의 도산 등 일본유곽이었다.

거래는 종래의 매분구(賣粉具)들이 앞서 언급한 데서 사다가 한국의 기생들에게 팔았는데, 왜분보다 양분이 더 비쌌기 때문에 명월관(明月館) 등 고급기생들만이 양분을 사 썼고 왜분은 중간 기생들이 사용했으며 그밖에 명동이나 도동, 을지로에 산재해있던 창녀들은 이 외래분을 사 쓸 만큼 넉넉하진 못했다. 그러기에 권번기생제(券番妓生制)로 되었을 때 그들의 계급을 나누는 말로 "양분기생", "왜분기생", 국산인 "연분기생"으로 나누어 부르는 말이 생겨나기도 하였다.

이 같이 당시 한국의 화장수요분포는 기생 창녀나 나들이에 장옷으로 얼굴을 가리지 않아도 되는 천민의 부녀자들, 그리고 황족이나 극히 개화한 몇 가문의 부녀자에 국한되어 있어서 화장을 한다는 것은 부도덕하다거나 천민의 할 짓으로 인식되기도 하였다. 개화의 신물결은 일본풍으로 여겨져서 그리 환영받지 못했던 사회적 분위기는 신화장이 급속히 유행하지 못했던 원인이 되기도 했다.

3. 1920년대

1) 문화사적 배경

1920년 이후 일본이 채택한 정치노선은 문화정치를 표방한 식민지 분할정책이었다. 동아일보, 조선일보의 두 조선의 일간지 창간에서도 보여지듯이 제한된 범위내에서 언론활동 등의 자유가 보장되었다. 집회 결사의 자유도 어느 정도 풀어주었다.

표면적이기는 하지만 문화정치를 표방하고 있었으므로 복식도 사회환경적 영향을 받아 활기를 띠기 시작했다. 1920년대 들어서면서 개화의 속도는 빨라지기 시작해 서구문물의 영향은 복식문화에까지 깊숙하게 침투하게 되었으며 당시 명사들은 신문이나 잡지를 통해서 양장을 하자는 글을 발표하였고 여학교에서는 교과과정으로 양재과목을 가르쳐서 서양복 보급을 도모하였다. 이 시대에 최초의 미용사라는 직업이 생기고 헤어 디자이너도 등장하였다. 1924년부터는 동아일보와 조선일보에 가정란이 구비되었고, 여성잡지도 출간되기 시작했으며 1927년에는 일본인에 의한 최초의 기성복점인 "정자옥(丁子屋)"이 개정하였다.

2) 복식사적 배경

1920년대에도 일반여성들은 전통복식을 주로 입었는데, 쓰개치마가 폐지되었고 1930년대를 전후로 저고리 길이가 13~14cm 정도까지 길어지고 화장이 짧아졌다. 진동, 소매너비, 수구도 더욱 넉넉해졌고 특히 배래선은 뚜렷한 곡선을 이루었다. 고름의 형태도 넓고 길어졌으며 동정도 길어졌다.

속옷도 혁신적으로 변화하였는데 치마의 어깨허리가 속옷에도 응용되었고 서양의 속옷류가 전통 속옷의 자리를 대신하게 되었다. 재래식 속옷 중 속적삼은 셔츠로, 다리속곳, 속속곳, 바지는 팬티로 단속곳, 너른바지는 속바지로, 무지기 대슘치마는 속치마로 대체되었다.

1919년 3.1운동이 실패한 후 사회전반에는 독립을 위한 힘을 길러야 한다는 자각의 목소리가 높아졌다. 1920년 당시의 여학생 교복의 형태는 흰 저고리에 검정 통치마 차림의 통일된 형태였다. 겨울에는 거의 모든 학생들이 검정 두루마기를 공통으로 착용하고 검은 양말을 신었으며 여름에는 흰 양말을 신었다.

1920년대 이후의 체육은 학교체육의 작은 틀을 벗어나 명실상부한 사회체육을 지향하였다. 스포츠웨어도 정식으로 경기에 알맞은 유니폼을 착용하게 되었다. 학교를 중심으로 여자의 체육활동이 시작된 이래 우리나라 여성이 참가한 최초의 경기는 1923년 개최된

현대

아리랑 영화, 나운규 감독, 1926

제1회 조선여자정구대회로, 이전에는 흰 치마저고리에 백색 긴 양말 그리고 흰 수건을 댕기드린 머리에 동여매고 테니스를 하였으나 이후에는 무릎길이의 스커트를 입고 댕기드린 머리 그대로 경기하는 것을 볼 수 있다.

우리나라 최초의 여성심판으로 알려진 김복림은 통치마에 길이가 긴 저고리를 입고 트래머리를 하고 경기에 임했는데 당시의 복식풍속을 알 수 있게 한다. 1925년경이 되어서야 흰 블라우스에 검은 블루머 체육복을 입히는데 성공한 것으로 보인다.

3) 머리 형태

새로운 패션의 변화에 발맞춰 여성의 미용을 위한 전문 미용실이 1920년경에 등장하였다. 1920년 8월 13일자 신문(신문명 미상)의 광고란에 다음과 같은 광고가 실리기도 하였다.

> **얼굴 곱게 하는 곳, 통지만 하시면 설명서를 거저 보냄.**
> **경성 운미동 팔십 칠번지**
>
> **– 경성미용원**

을사보호조약이 체결되고, 한일 합방이 되었을 때 우리나라에는 일본인이 경영하는 음식점이 진고개(현재의 충무로)에 생겨났는데, 일본에서 이름 있는 미인들을 데려와 통감부에 일하는 일본인 고위층과 친일파 조선인들을 상대로 영업을 하였다. 일본 여성들이 조선 땅으로 몰려들자 진고개에 일본인이 경영하는 미용실이 6개나 들어서게 되었다.

서구에서는 제1차 세계대전이 끝나고 여성복식과 헤어 스타일이 기능적으로 변화하면서 단발머리가 유행하게 되었는데, 우리나라에도 1929년 기생 중 처음으로 남도 출신의 정금숙, 서도 출신의 김금도 등이 일본유학을 마치고 단발머리 스타일로 돌아와 헤어, 패션계에 화제가 되었다. 이 스타일이 신여성과 멋쟁이 여성들 사에에서 급속히 유행으로 퍼져나갔고, 더욱이 단발의 대명사로 된 신여성 중에 당시 무용가로 이름 높은 최승희가 있었다.

최승희는 1926년 숙명여중을 졸업하고 오빠 최승일의 권유로 서울에 공연하러 온 당대 일본 제일의 무용단 이시이 무용단을 따라 도일하여 이시이 바쿠에게 3년간 사사한 후 1929년에 귀국해서 최승희 무용연구소를 설립했다. 1937년에는 미국, 유럽, 중남미로 3년간 공연을 떠나기도 하였다.

여학생들의 머리를 보면, 어린 학생들은 여전히 뒤로 땋은 머리였으나, 큰 학생들은 가미 머리를 많이 하였다. 가미 머리란 머리 둘레에 싱을 넣어서 말아올리고 앞머리는 가르마를 타서 밋밋하게 하거나, 모양을 좀 낸다면 세트를 말거나 아이론으로 웨이브를 주는 스타일이었다.

단발머리

최승희의 단발

1296년 경에는 머리를 땋아내리는 학생들에게 '첩지머리'라는 것이 유행하였다. 이것은 앞가르마를 똑바르게 타고, 양쪽 귀밑머리를 땋을 때 이것을 세 가닥으로 갈라 앞의 두 가닥을 엮은 그 위로 남은 한 가닥을 곱게 빗어 첩지를 씌운 것처럼 하는 것이었다. 이렇게 첩지 머리를 빗고 다 빗은 연후에는 또 앞머리를 빗으로 긁었다 놓아서 일부러 머리카락이 약간 어수선하게 늘어지게 하는 것을 멋이라고 생각하였다. 앞머리를 약간 내리는 애교 머리의 유행은 1929년 신문의 풍자화에도 보인다. 가미머리에 앞머리를 약간 내리고, 짧은 통치마에 개량 적삼을 입은 신여성의 사치를 풍자하고 있다.

1920년경 트레머리가 '예배당 쪽' 혹은 '전도부인 쪽'이라고 하여 유행될 당시, 평안도 안주의 여염집 부인들간에 이 '예배당 쪽'이 크게 유행하자, 양반들은 이 쪽을 찐 부인들은 동네 샘터같은 공동 시설을 사용하지 못하게 하였다고 한다.

한편 모자의 유행을 살펴보면, 20년대에는 고종의 딸 덕혜옹주가 클로시를 쓰고 다니기 시작하여, 이 모자가 유행되었다.

4) 화장형태

여성의 개방이 급진적으로 이루어진 1920년대에는 분 이외에 비누, 향수 등의 화장품이 유럽에서도 시작하였는데, 이 같은 외제 화장품의 수입은 국산 화장품의 제조를 촉진시키는 기폭제 역할을 해서 국내에서도 국산 화장품이 선을 보이기 시작하였다.

1916년에 가내 수공업 형태로 제조해서 포목상점이었던 박승직 상점에서 덤으로 주던 박가분은 반응이 좋자 대량 생산을 해서 전국에 제품을 내놓게 되었고 1922년에는 정식으로 제조허가를 받기도 하였다. 박가분은 가루가 미세해서 피부에 잘 먹고 화장이 오래 갔으므로 당시에 선풍적인 인기를 끌었다. 박가분은 처음에는 향이 없는 상태로 선을 보였으나 나중에는 사향이 첨가되기도 하였으며, 다른 분들과 마찬가지로 유해 성분이 첨가된

박가분

연분이었다. 이렇게 박가분에 대한 반응이 좋자 머릿기름과 미백로션류 등이 외제 화장품을 본딴 형태로 출시되었으며, 이들 화장품들은 여러 가지 효능을 지닌 것처럼 신문상에 광고되기도 하였다. 이처럼 작은 규모이긴 하지만 일반인들을 위하여 제조된 국산화장품들이 출시되면서 신식화장품들이 재래 화장품들을 대체하기 시작했다.

이 당시 화장품들은 덜어서 파는 분매(分賣: 나누어서 팜)방식으로 판매되었으며 이러한 판매방식은 경제 사정이 좋지 않았던 당시에 파는 사람이나 사는 사람에 있어 합리적인 판매 방식이었다.

일제시대의 미백화장품 광고

호시미 백분 광고, 동아일보, 1925.7.30.

레도백분 광고, 동아일보, 1927.3.18.

구라부 백분, 동아일보, 1928.3.9.

현대

수입 화장품값이 오르고 여염집여자들간에 박(薄)화장이 유행하자 개화에 예민했던 당대신문들은 "이제 가정부인들이 몸파는 천녀와 구별할 수 없게 되었으니 한심스럽기 그지없다"면서 개탄을 하는 기사를 내기도 하였으며 1927년 11월 27일 조선 일보에 게재되었던 기사를 보면 다음과 같다.

> "분이라 하면 의례 흰 것만을 연상하는 것은 벌써 과거의 일이 되고 지금은 분가운데 살색, 분홍색, 청색, 황색, 자색 등이 있습니다. 그것은 광선에 따라 사용하게되는 경우와 피부색에 따라 사용하는 경우가 있습니다. 즉 조명이 발달된 무대용 또는 전기의 인공광선에 의지하여 된 것이니 물론 이것은 극장용의 안료로부터 일반화한 것입니다.
>
> 화장의 색채를 희게만 하는 것보다는 색채로써 음영을 짓는 것이 한 걸음 나아간 화장술이라고 하지 않을 수 없습니다. 극장용으로는 이십 종 이상이 있으나 그 여러 가지 색채 중에서 다섯 가지나 일곱 가지를 선택하여 이것을 사용하여 색채의 감을 내게 하고 혹은 얼굴의 결점을 보충하여 가는 것이 현대의 가장 새로운 화장법입니다.
>
> 그러면 어떤 색채를 가려 쓰는 것이 적당한지 이것을 먼저 알아야 할 것이나 이것은 낮과 밤이 각각 다르니 낮에는 얼굴빛에 의하여 색채를 정하고 밤에는 사용하는 광선의 색을 알아 빛을 바꾸어야 하겠습니다. 광선이 붉은빛이면 흰빛 혹은 누른빛이 좋고 광선이 푸른빛이면 푸른빛과 보랏빛은 금하고 누른빛이나 살빛을 택할 것이요, 보통 흰 광선 앞에는 보랏빛이 날카로운 미를 발휘하게 됩니다.
>
> 위에 말하는 것은 다만 예에 지나지 못하나 이러한 화장을 하는 때에는 그 빛의 광선 앞에서 하는 것이 효과를 얻게 됩니다. 다른 빛 앞에서 상상력으로 하면 짙고 엷은 것이 잘 조화되지 않을 염려가 있습니다.
>
> 그리고 연지는 진분홍빛, 연분홍빛, 등색, 벽돌빛 등이 있으나 특히 외국품에는 색의 종류가 많습니다. 이것도 광선이나 그 사람의 얼굴 빛을 따라 선택하면 화장의 효력은 한층 더 충분히 나타날 것입니다. 밤에 바른 연지는 붉은 색이어야만 되는 것은 결단코 아닙니다. 화장품 가운데도 분빛과 연지빛과 향기는 그 시대의 유행을 말하는 것이므로 의복의 유행과 한 가지로 변화무쌍한 것입니다."

이와 같은 기사 내용에 의하면 개화기에 이미 여러가지 색채 메이크업이 선을 보였으며 얼굴의 형태와 낮과 밤 등 시간대별로 다른 화장을 하는 것과 패션의 변화에 따른 화장의 유행에 대한 인식이 있었음을 알 수 있다.

여성들은 혼례시 수모(手母)의 도움을 받아 화장과 성장(盛裝)을 하는 응장성식(凝粧盛飾)을 하였고 정월 초하루와 대보름날, 삼짇날, 단오날, 추석 등에는 곱게 단장하는 풍속이 있었다.

4. 1930년대

1) 문화사적 배경

1929년의 우리나라 여성들은 기미독립운동과 광주학생 사건을 계기로 여성의 사회진출에 대한 의욕이 더 높아지고 사회도 여성의 교육문제에 관하여 지대한 관심을 갖게되어 여성운동이 더욱 활발해졌다. 특히 문학, 예술, 교육 등 각 분야에서 확고한 위치를 차지하여 다양하고 깊이있는 활동을 전개했다. 이 여성운동의 활발한 전개는 다른분야는 물론 의상에도 큰 영향을 주었으니 그것은 일본 유학생과 신여성의 양장착용에 따른 양장의 일반화 경향이었다. 여성단체에서 양재강습, 편물강습을 열었으며 각 신문의 "가정란"에서는 해외의 모드까지 접할 수 있게 되었다.

그러나 1937년에는 중일(中日)전쟁을 연 일본은 1941년에는 태평양전쟁을 도발하기에 이르러 우리나라는 전시상태를 갖추게 되었으므로 잠시 침체되었다. 1938년 3월 제3차 개정교육령이 공포되어 정과(正科)이던 조선어를 그 해 4월부터 철저히 금하였다.

2) 복식사적 배경

1930년대는 양장이 일반화된 시기이다. 이 시기 의생활의 또 한 가지 특징은 치마의 폭이 줄어들고 짧아져 갔으며 바지가 밖으로 보이던 것이 보이지 않게 되었으며 짧은 치마에 어울리는 양말과 양화(洋靴)가 유행되자 버선은 양말과 병용되어 이중구조로 변했다. 속적삼, 고쟁이 등이 점차 없어지고 서양식 하복류(下服類)를 많이 입게 되었다.

양장 도입기에 있어 여성복의 이러한 변화과정은 서서히 이루어졌다. 시대의 첨단을 걷는 신여성들은 새로운 스타일을 찾고 흡수하였는데, 우선 쓰개치마를 쓰지않게 되었고, 머리모양에 다양한 변화와 유행이 나타났다. 증가일로에 있는 양장여성은 유행에 민감했고 신발도 양화, 경제화, 고무신 등으로 옛 신발의 모습은 찾아보기 힘들게 되었다.

일본은 이러한 세태의 변화에 편승하여 우리 민족의 미풍약속을 말살시키려는 음모로 한복착용을 방해하였다. 이러한 강압에 의해 여학생의 교복은 대개 블라우스, 스웨터, 주름치마, 넥타이, 모자 등으로 구성되었다. 여학생의 교복을 모방한 양장이 일반여성에게

청춘의 십자로 영화, 안종화 감독, 1934

1933년 이화여전 학생의 의복

전래되고 숙명농구단의 일본원정으로 현대식 여성 스포츠웨어가 등장함에 따라 일반여성들은 대담한 양장을 착용하게 되고 등 허리가 노출된 드레스가 출현하였다. 1930년대 우리나라 양장계는 활발하고 이전보다 화려해졌다.

3) 머리 형태

우리나라 여성으로는 최초로 미용실을 개설한 사람은 오엽주로 1933년 화신백화점 안에 화신미용실을 열어 경영하였다. 오엽주는 일본에서 미용공부를 하고 돌아와 광복 후에는 미용학원까지도 개설하였다. 우리나라 여성이 경영하는 미용실이 화신미용실 하나였으므로 장안의 화제가 되었고 장난기 있는 남정네나 주정꾼들이 날마다 몰려와 기웃거렸다고 한다. 당시의 퍼머(電髮) 값은 지금은 상상할 수 없도록 비싸서 한 번 퍼머하는데 쌀 두섬이었다고 한다.

그 당시의 퍼머는 전기 퍼머로, 히트 퍼머라고도 하는데 열을 이용하여 웨이브를 만드는 퍼머넌트를 미용실에서 하였다. 퍼머뿐만 아니라 아이론, 마사지, 염색, 매니큐어까지 했다. 고객은 주로 기생들이었고 멋쟁이 신여성, 영화배우, 연극단 배우들도 주요 고객이었다. 이런 퍼머를 최초로 한 사람은 영화배우 이월화라는 주장도 있고 소설가 김명순이라는 주장도 있으며, 이화학당 출신의 신여성 문마리아, 정애식, 최예순, 윤성덕, 서은순이라는 기록도 있다. 그러나 오엽주가 퍼머 머리를 최초로 선보인 사람이다.

'경향신문' 복식 담당기자로 일했던 김유경의 저서 '옷과 그들'을 살펴보면 오엽주는 1904년 황해도 사리원 출생으로 원래는 영화배우 지망생이었으나 일본에서 미용기술을

여학생의 머리 스타일

최초의 미용실을 개설한 오엽주

배우는 것으로 진로를 바꾸었다고 한다. 그녀는 미용실을 개업하기 전 쌍꺼풀 수술을 하고 선글래스를 착용했으며, 콜셋으로 몸매를 가꾸었고 굽 높은 구두를 신었던 장안의 유명인이었다.

타고난 미모에다 사교술도 뛰어났던 그녀는 돈을 쓰는 데에도 거침이 없어서 가는 곳마다 화제를 뿌렸다고 한다. 그런 그녀가 퍼머를 시작하자 내노라하는 여성들이 다투어 찾아와 머리를 맡겼다. 퍼머 값은 초기에 5원 정도였는데 높은 가격에도 불구하고 고객은 계속 늘어났다. 특히 부유층 여성들이 줄을 이었다.

오엽주는 한국전쟁 후에도 지금의 신세계 백화점안에 미용실을 개업했다가 미국으로 이민, 87세로 작고했다. 그녀가 선보인 퍼머 스타일은 남성의 단발령 만큼이나 여성들에게는 큰 파급효과를 주었다.

1930년경부터 히사시가미(비발, 庇髮)가 완전히 사라지고 여학생들은 머리를 틀어 올리기 시작하였는데, 이때 머리 정수리 부분에 계바다(머리심)라고 하는 심을 넣어 머리 꼭대기와 뒤통수가 나오게 하였다. 이화나 진명, 숙명의 여학생들 사이에는 단발머리가 계속 유행하였는데, 1920년 말에는 여학생들뿐만 아니라 멋쟁이 신여성들 사이에 계속 유행되어 단발미인 모단걸이라는 신용어가 나올만큼 보브 스타일이 오래 유행하였다.

1937년경 부터는 젊은 여성들이 긴 머리를 자르고 퍼머넌트를 하기 시작하였다. 이러한 단발과 퍼머의 유행은 모자의 유행을 더욱 촉진시켰는데, 이들 모자는 초기에는 챙이 좁은 것이었고 시간이 지난 뒤에는 다소 넓어졌다.

1930년대는 영화산업이 발달하면서 영화배우의 헤어 스타일이 대중화되었는데 이때 앙글레즈(anglaise) 스타일을 최첨단을 걷는 배우나 카페 또는 바의 여성들이 주로 애용하였다. 그러나 당시 일반적으로 많은 여성들이 애용한 헤어스타일은 일본여성의 헤어스타일을 본받은 일명 가미 머리였다.

4) 화장형태

1930년대부터는 일본인들이 대부분의 화장품 산업을 장악하고 있던 장업계에 한국인들의 화장품 제조 참여가 눈에 띄게 늘어났다. 그 인물들로는 광업향장연구소의 서석태, 에레나화장품의 김동엽, 피가몬드의 문영수, 동보 구리무의 임선환 등이 있었다.

광업향장연구소의 서석태는 납성분이 함유되지 않은 백분으로 서가장분이라는 이름을 붙여 박가장분과 경쟁하였고 1937년에는 그동안 큰 시장을 잡고 있던 박가분이 자진 폐업하게 되었다.

국내 화장품이 백분 생산 위주에서 연지 같은 색조 화장품이 선을 보이기 시작하였는데, 그 상품으로는 '베니'라는 제품이 있었다. 하지만 이러한 색조화장품은 당시의 유교적이고 보수적인 사회풍조로 크게 유행되지는 못하였다.

5. 1940년대

1) 문화사적 배경

1945년 8월 15일, 우리나라는 일본으로부터 해방을 맞이하게 되었다. 광복후 신교육제도 수립을 위해 1945년 10월 학교재개와 시기를 같이하여 설치된 교육심의회는 한국교육의 기본이념을 설정하고 그에 따라 교육제도 개혁을 시행하였다. 정부수립후 1949년 12월에 공포된 교육법에 의해 고등교육도 제도적으로 체재를 정비하였다.

1950년대부터 일반사회의 대학관도 크게 변화하여 대학이 소수 엘리트 양성 기관으로부터 남녀차이를 넘어 능력을 가진 국민모두에게 개방되는 다수의 국민교육기관으로 변모되어 갔다.

해방후 이른바 민주주의 교육은 제도 및 법적으로 남녀대등한 여성교육이 이루어졌다. 그 결과 여성교육은 근대화 및 민주화의 급진적 변화를 가져왔다. 해방후 여성의 신교육이수 인구의 급속적인 증가는 여성들로 하여금 재래의 남녀평등과 불평등의 인습을 타파시켜 나가는데 크게 기여하였다.

1948년 대한민국 정부수립 때까지는 여성지도자 중심으로 남녀평등과 여성권익보호를 위한 운동이 그 나름대로 펼쳐지고 있었음을 볼 수 있었다. 그러나 전쟁 이후 분단국가로 되면서 우리 사회는 보수화되어 갔다.

2) 복식사적 배경

1939년 제2차 세계대전의 수난기를 맞아 전위태세와 물자절약을 위해 갖가지 새로운 복장이 나타나기 시작했다. 남자에게는 국민복, 여자와 여학생은 몸뻬를 입는 것이 강요되어 전쟁수행의 노동에 적합한 것으로 개조되었다. 이로 인하여 여성의 복장은 여자다운 유연함은 완전히 상실되고 남성적이고 활동적인 스타일로 되었다. 또한 어깨 폭을 넓게하여 딱딱한 패드를 넣고 허리를 꼭 맞게 한 상의에 몸뻬를 통일적으로 착용하고 간단복(簡單服)을 만들어 주로 어린이들에게 입혔다. 한편 여러 가지 개조복과 함께 부속품을 제거하고 간편하고 실질적인 의상이 강조되고 연료절약을 위하여 두툼한 의상을 입고 군복 종류의 스타일을 많이 입었다. 이러한 패션 현상은 대전이 종료될 때까지 계속되었다.

1945년 대전이 끝나고 조국의 광복과 더불어 치욕(恥辱)적인 몸뻬와 간단복을 벗어 던지고 한복을 다시 즐겨 입기 시작했다. 한편으로는 1930년대에 유행했던 세일러(sailor), 주름치마, 블라우스가 잔존하고 해외에서 귀국한 교포들의 영향으로 밀리터리(military) 스타일이 보급되고 밀리터리 룩에 허리를 더 가늘게 한 볼드 룩(bold look)이 나왔다. 이때는 실용적이고 기능적인 테일러드 슈트를 입었고 그 후 드레시한 투피스, 원피스를 입었다. 광복 이후 서구문물의 도래는 여성의 복장을 해방시켰다. 그 당시 양장이 우리에게 편안함은 주었지만, 한복의 허리강조가 없는 하이 웨이스트의 볼륨없는 차림에 익숙해져 있던 작은 여성의 체격에는 맞지 않았다.

1947년 파리의 크리스찬 디올(Christian Dior)의 뉴룩(new look)은 오트 쿠튀르의 독창성을 세계에 과시하고 이때부터 우리는 서양의 복장을 받아드리기 시작했다. 이는 여성의 미를 되살리는 중요한 역할을 하였으며 우리 한국의 여성들에게서도 큰 호평을 받았다. 1948년에 로맨틱한 드레스가 유행이 되자 속옷에 대한 관심도 높아 콜셋, 브래지어, 페티코트 등으로서 스커트의 선을 한층 더 강조하였다. 대중들은 한복을 입고 외출했다.

1940년대 몸뻬

현대

당시 색에 대해서도 무척 제한되어 있었다. 우리나라 서민들의 의상색은 오랜동안 백색을 사용하였고, 이 때문에 백의민족(白衣民族)으로 명명되어 오기도 하였다. 이는 권력층이 서민의 의상색에 규제를 두었고 염료의 발달이 늦었기 때문이다.

3) 머리 형태

1945년 광복 이후 일제 말에 금지되었던 퍼머넌트가 다시 등장하였다. 가미 머리나 묶은 머리에 익숙해 있던 일반 여성들도 퍼머나 세팅, 또는 아이론으로 웨이브를 내어 멋을 부렸는데 머리 전체에 웨이브를 낸다는 것은 그 당시의 미용기술로는 어려웠다. 그래서 뒷머리는 적당히 빗고 앞머리는 아이론으로 컬과 웨이브를 자잘하게 내었는데 이것을 그 당시 통사용어로 아라이(잘게 볶는다는 뜻) 아이론이라 불렀다. 또한 멋쟁이 유한부인들은 머리에 싱을 집어넣어 머리 뒤를 부풀게 한 스타일을 했는데, 그것을 도르마키라고 불렀다.

최첨단의 멋을 내는 여성이라든가, 영화배우, 요정의 여성들 사이에 유행했던 머리형으로는 링고 스타일이 있는데, 이는 이마 앞머리를 잘라 위로 향하게 둥글게 말아서 붙인 것으로 바나나 한 개를 올린 것 같은 웨이브를 머리에 낸 스타일이다.

광복 후의 퍼머는 주로 전기퍼머였다. 이북에 화력발전소가 있어서 전기를 전국에 공급해 주었는데 전기를 중단하자 불퍼머를 개발하였다. 지금의 번개탄과 비슷한 것으로 손가락 크기만 한 연료를 가봉이라 했는데, 그 가봉에 불을 붙여 퍼머집게의 양쪽에 두 개씩 네 개를 넣어 은박지를 대고 머리를 말아서 퍼머를 하였던 것이다. 가봉의 재가 옷에 떨어지고 잘못하면 불똥이 옷에 튀어 구멍이 나기도 했다. 머리카락이 타서 끊어지기도 했고 심지어 이마나 귀 주위에 화상을 입기도 했지만 그러한 것들에 개의치 않고 불퍼머를 하였다.

아이론의 웨이브는 미용실에서 머리에 기름을 발라 종이를 대지 않고 아이론으로 둥글둥글하게 말아올리는 소위 지라시라는 스타일이 유행하기 시작했다. 그 후 시간이 지나면서 종이를 대서 머리를 말아 부드러운 웨이브를 내기도 하였다. 이 지라시 스타일은 앙글레즈(anglaese) 헤어에서 파생된 스타일로 앙글레즈 스타일은 일제 말기에서 광복 초기까지 멋쟁이 여성들이 애용하였던 세로롤의 웨이브 스타일이다. 앙글레즈란 프랑스어로 영국풍이란 뜻이며 고대 그리스 시대부터 있었으나 19세기 초에 많이 하기 시작했다.

광복 이후 젊은 여성들은 대부분 어깨에 못 미치는 길이의 단발에 퍼머를 하여 옆가르마를 하는 경우가 더 많았으며, 1948~1949년 경에는 머리가 짧아지고, 머리의 아랫 부분에만 웨이브가 있는 세미 업 스타일이 유행하였다.

광복 직후에 미용업을 한 여성들의 대부분은 신여성이거나 관리직의 부인들이었다. 또한 미용업의 권익보호와 친목을 위하여 미용조합연합회를 구성하였다. 광복 후 제일 먼저 미용학원을 개설한 사람은 오엽주였다. 그 뒤 임형선이 예림 미용학원, 권정희가 정화고등기술학교를 설립하여 많은 미용인을 배출했다. 미용실을 개설하려면 학원 졸업증을 제시해야만 했기 때문에 미용학원이 계속해서 많이 생겨났다.

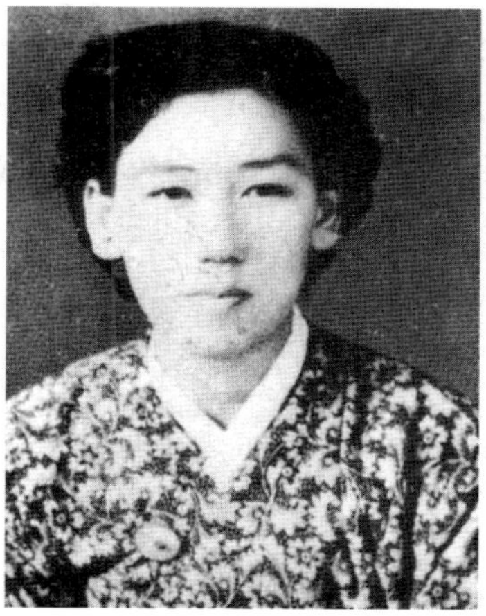

퍼머 머리

그러나 1947년에는 미용사자격시험준비위원회를 구성하여 준비위원으로 김춘자, 이정녀, 장소분, 신숙자, 최유리, 조용안, 김상진 등 7명이 위촉되었다. 시험과목은 이론시험으로는 환경위생 중 주로 소독법에 관한 것이었고, 실기로는 핑거 웨이브, 세트, 퍼머였다. 시험관리는 서울시 위생과에서 하였다.

광복 후 3년이 지난 1948년 10월 1일 서울 시청에서 서울시 제 1회 미용사 자격시험 합격자 발표를 하였다. 준비위원들도 다같이 시험을 봐서 합격을 하였다. 그 후부터 미용실을 개설하려면 자격 시험 합격증이 있어야만 했다.

4) 화장형태

1945년 우리나라가 해방되자 신식 화장품의 생산과 판매를 대부분 맡아했던 일본의 역할이 없어지면서 화장품 원료의 생산도 없어지고 수입도 힘들어서 일반인들의 화장품의 구입은 힘들어지게 된다.

일본이 물러나면서부터는 미국을 비롯한 서양의 문화가 커다란 영향을 미쳤는데, 특히 패션 분야에 새로운 유행이 많이 선보였고 화장 분야는 그다지 큰 반향을 일으키지 못하였다.

6. 1950년대

1) 문화사적 배경

1950년 우리나라는 해방 직후의 혼란스러웠던 사회, 정치, 경제, 문화 등 각 분야에 점차 질서가 잡혀서 다소 안정된 생활을 하려던 차 비극적인 6.25동란을 당하여 다시 사회가 혼란해지고 우리 문화 전체를 잃게 되었다.

3년동안 계속된 전쟁은 휴전 협정으로 끝났으나 여태껏 남자에만 의존하던 여성들도 직업전선에 나가게 되었다. 이 시기를 전후해서 정비석의 "자유부인"(1954년)이 베스트셀러로 등장하여 변혁기의 새로운 화제를 낳았다. 이렇듯 전쟁 후 한국사회는 미군이 남한에 진주한 후 군정을 통하여 미국 교육 제도의 도입, 미국적인 민주정치 제도의 도입에 의해 미국의 정치, 경제, 사회, 문화적인 영향력을 크게 받아 해방의 물결이 들이닥쳤으며 흥청거리는 사회는 각종 사회문제에 직면하고 있었다.

1950년대 한국사회는 해방 이후 60년대까지는 전통적인 정치 및 경제관계, 문화구조의 변동으로 가족중심의 문화구조는 사회적 통합의 기능을 상실하여 공허하고 무기력하며 충동적인 행위를 유발하는 아노미(anomie) 현상이 나타났다.

2) 복식사적 배경

일제 탄압과 6.25동란을 통하여 우리는 우리 고유의 미풍(美風)을 빼앗겼고 올바른 생활양식, 어떻게 입고 언행을 해야 하는가의 전형을 잃고 있었다. 이러한 환경에서 갑자기 도래한 서양의 문물, 생활양식, 의상 등은 소화과정 없이 애용되어 구제품과 함께 흉내내기에 급급한 패션이 되었다. 그러나 이러한 사회적 변화는 문화발전을 촉발했고 경제적, 정치적 발전은 국민생활을 향상시켰다. 법제도상 여성의 지위가 개선되어 점차 대가족제도에서 핵가족제도로 분화되면서 남성만의 특권이었던 사회적 직업의 선택이 여성에게도 가능하게 되었다. 이런 변화로 가정에서 사회로 연결되는 많은 문제가 발생되면서 과도기적 현상이 나타났다.

여성의 사회진출에 따라 손질이 간편하고 실용적인 나일론(Nylon)이 소개되었다. 1954년 수입되어 유행하기 시작한 나일론이 선풍적인 인기를 끌어 한복지, 양복지 등 의복의 어느 곳에나 사용되었는데 이에 신문에서는 나일론이 의류에 범람하나 인체에 해로운 점을 기술하기도 하였다.

1955년에는 정부에서 복장 간소화를 요망하여 춘추복 등에 국민복 착용을 하도록 하는 등 신생활 운동이 전개되었으나 실효를 거두지 못하였다. 이는 전쟁에서 벗어나 안정을 찾으면서 서구 문물의 접촉과 함께 물질주의적인 가치관의 변화로 인하여 새로운 것을 수용하려는 심리가 형성되었기 때문이라 여겨진다.

1956년 여름에는 양장 여성들이 매우 많아졌는데 이는 한복에 비해서 양장이 비교적 경제적이고 활동이 편리하기 때문이었다. 이때에 외국의 유행을 모방한 로우 웨이스트(low-waist)형이 월등하게 많이 보였으나 이것은 타운 드레스로 우리나라 본래의 체형에는 어울리지 않는 것이었다.

1957년에는 전반적으로 변화가 심하지 않은 기본형인 디자인에 작년까지 로우 웨이스트였던 것이 정상위치로 되돌아와 주니어들에게 어울리는 프린세스 라인, 원피스에는 엠파이어 룩이 유행되었다. 스커트 길이는 무릎 바로 밑의 샤넬 라인(Chanel line)이 최신 유행으로 등장하였다. 서구의 유행라인이 우리나라에도 본격적으로 수용되고 있음을 볼 수 있다.

1958년에는 프린세스 라인에 플레어를 넣어 날씬한 스타일에 칼라없는 활동적인 여름철 원피스로 웨이스트를 졸라매지 않는 색 라인(sack line) 원피스가 소개되었다. 노라노 패션쇼에도 색 라인을 중심으로 한 것들을 선보였는데 이는 지난 봄 프랑스의 디자이너들이 발표한 작품에서 힌트를 얻은 것이었다.

1950년대 명동거리 패션

자유부인, 한형모 감독, 1956

3) 머리 형태

1950년 한국전쟁과 유엔군 참전으로 유엔군이 우리나라에 주둔하게 되자 양공주들의 롱스커트와 웨이브가 강한 컬의 퍼머 스타일, 빨간 입술연지, 빨간 매니큐어의 손톱 등 이국적인 풍경이 일반 여성들 사이에도 퍼져나갔다.

미국 잡지와 영화의 영향으로 우리나라의 헤어스타일도 서구화되었는데, 으드리 햅번이 주연한 영화 '로마의 휴일'이 상영되자 그녀가 하고 있던 이탈리안 보이란 헤어스타일이 햅번 스타일이라 불리며 전세계 헤어 스타일에 센세이션을 불러 일으켰으며(1953~1957) 스잔 헤이워드, 리타 헤이워드의 웨이브진 긴 머리 스타일도 유행하였다. 특히 햅번 스타일은 뒷머리 모양으로 남녀 구별이 안되어 '꽁지 빠진 할미새'라고 비꼬는 말이 나오기도 하였다.

1950년대 중반에도 불퍼머를 하였으나 콜드 퍼머액이 새로 들어와 전기나 가봉으로 하던 번거롭고 불편하던 시대는 차츰 막을 내리게 되었다. 여성들은 여전히 아이론으로 단발형의 안 말음(우치마키)과 바깥 말음(소도마키)을 선호하여 헤어스타일에서 개성을 찾아 볼 수 없었으며 미용실에서 연탄불에 아이론을 넣어 머리를 하였기 때문에 연탄냄새로 골머리를 앓는 미용사들도 생겼다. 그 후 프로판 가스가 나오자 연탄냄새는 사라지게 되었으나 1960년대 말까지 동네의 작은 미용실에서는 계속 연탄불을 사용하였다. 또한 목단가루라는 것을 말아서 머리에 얹고 망을 씌운 스타일과 우에브 가루라는 일자 단발에 웨이브를 준 스타일이 유행했다.

1950년대에 인기있었던 머리 형태를 연도별로 살펴보면 1951~1952년에는 푸들 스타일이 등장하였고, 1955년에는 포니테일 스타일이 어려보이는 장점으로 긴 머리의 주니어 층에서 유행하게 되었고 1956년경에는 S자형의 웨이브가 특징인 로맨스 스타일과 귀

미망인, 박남옥 감독, 1955

로맨스 빠빠 영화, 신상옥 감독, 1960

를 덮는 중단발의 지극히 여성스러운 스타일이 유행하였다. 1958년에는 짧은 머리가 줄어들고 긴 머리모양이 많아지면서 웨이브를 이용한 양감이 있는 스타일이 나타났다. 이후 머리의 양감이 줄어들기 시작하는 1959년에는 스완 라인형이 인기가 있었고, 1960년에도 이와 비슷한 프린세스 스타일이 유행했다.

1950년대 후반에는 미장원이 늘어나고 고데가 일반화되어 퍼머머리, 혹은 생머리에 불로 달군 고데기로 머리를 펴거나 굵은 웨이브를 주어 손질하였다. 전반적으로 보아 광복 이후에는 젊은 여성들 사이에서 어깨정도 길이의 긴 머리가 유행했으나 1950년대 후반으로 올수록 점차 짧은 머리의 여성들이 늘어났다.

여성들의 사회참여가 많아지면서 특수층과 부유층이 주고객이었던 미용실이 대중화되었으며, 미용이 생활의 일부로 인식되어 일반 여성 고객도 많이 늘어나게 되었다. 그러나 1950년에는 미용기구나 재료들이 잘 구비되어 있지 않았다. 퍼머를 할 때 신문지나 노트를 잘라서 페이퍼 대신에 이용을 했고, 바느질 가위로 커트를 했으며 연탄불로 아이롱을 했고, 고객들 중에는 머리에 이가 많은 사람이 많았다. 가봉 퍼머를 할 때에는 가봉가루가 떨어져서 손은 물론 얼굴이며 몸통이 새까맣게 되었고, 미용기술을 연습할 만한 기구가 전혀 없어서 미용계 초보자들은 손님의 머리를 태우기가 일 수 였다. 1950년대 후반에 가서야 콜드 웨이브, 토닉퍼머 등 1회용 퍼머약이 처음으로 판매되었다.

1950년대를 거치면서 헤어 스타일이 급격히 다양해짐에 따라 미용사들의 활동은 더욱 활발해졌다. 1957년에 전국의 미용조합연합회를 총망라하여 대한미용총연합회를 발족시켰다. 박계국이 협회장으로 선임되었고 1961년에는 연합회를 사단법인체로 승격시켰다.

4) 화장형태

1950년 6.25전쟁이 발발하자 국산 화장품 산업은 위축되었으나 전쟁 이후 미군이 주둔하게 되었기 때문에 밀수된 수입화장품, PX 유출품이 화장품 시장의 판도를 바꾸어 놓았다.

또한 이 당시 화장법은 이 당시 수입되었던 서양영화에 의해서 유행의 큰 영향을 받았는데, 1950년대에 서양에서 유행했던 영향을 그대로 받아 오드리 햅번처럼 굵고 진한 눈썹과 길고 진한 아이라인을 그렸다. 아이섀도도 눈이 입체적으로 보이도록 화장했으며 피부표현도 서양여성들이 혈색 있게 보이기 위해 핑크색을 쓰는 것을 그대로 본따 핑크 계통의 파운데이션과 립스틱이 유행하였다.

이때도 역시 하얀 피부에 대한 선호는 계속되어서 미백 효과가 있는 팩이나 화장품이 인기를 끌었으며, 피부 손질 제품 중 제일 많이 사용되었던 제품은 콜드 크림이었는데, 이 제품은 화장을 지우는 용도 외에 화장을 하기 전이나 마사지를 위해서도 다목적으로 사용되었다. 이처럼 콜드크림을 사용하는 화장을 했기 때문에 화장한 모습은 윤기가 흐르고 번들거리는 화장법이 유행하기도 하였다.

7. 1960년대

1) 문화사적 배경

1960년의 4·19혁명과 1961년의 5·16 군사쿠데타는 사회전반에 걸친 급격한 변혁을 가져왔다. 1960년대에는 사회의 각 차원에 서구의 새로운 과학기술이 도입되었고, 교통 및 통신의 확대와 이에 따른 도시화의 촉진 그리고 대중매체의 대량보급이 이루어진 시기였다. 대중매체의 대량보급은 서구문화와의 접촉기회를 늘려주었고 이는 국민들의 의, 식, 주 및 언어생활 등에 변화를 가져왔다. 이 시기는 우리나라의 복식이 세계무대를 향해 발돋움하던 시대였다.

새롭게 추진된 경제 정책들은 선진국과의 경제유대는 물론 문화교류의 폭을 넓혔고 패션가에도 풍요를 가져왔을 뿐만 아니라 국제무대로의 진출도 현저해졌다. TV의 보급 증가로 여성들은 TV 출연자들의 의상에 크게 영향을 받았는데 당시 방송 내용이 서구적인 것에 편중되어 있어서 의복은 대부분이 양장이었고 이것은 일상복으로 양장착용을 가속화시켰다. 양장생활이 보급되자 1960년대 중반부터는 의복 유행에 민감해졌고 계절에 따라 발표되는 서양의 콜렉션(collection)에 관심을 가지고 신문, 잡지, TV 등을 통해 서양의 작품들이 본격적으로 직수입되기에 이르렀다.

2) 복식사적 배경

60년대는 유행의 시작을 알리는 황금기였다. 여성복의 경우 1960년경에는 상의는 짧고 스커트는 타이트한 것으로 차츰 짧아졌으며 네크라인이 앞 뒤로 많이 파이고 허리는 꼭끼게 입거나 페티코트를 받친 원피스가 유행하였다. 또한 서민적이고 활동적인 여성들의 의복에 편히 입을 수 있게 만든 테일러드 슈트나 코트가 애용되었으며 커다란 단추를 장식했다.

63년에는 간단하면서도 경쾌한 느낌의 침착하고 짙은 색 계통이 많았으며 스커트의 길이가 약간 길어지고 실루엣은 루즈한 선으로 동적인 미를 강조하는 것이 특징이다.

67년 유행은 대체로 영룩(young look)이라 하여 모양은 간단하고 색채가 화려하여 몸의 선을 따라 달라붙게 내려오다가 밑이 퍼지는 원피스와 재킷이 많았으며, 한국에서 미

미니스커트, 윤복희 가수, 1960년대

1960년대 거리패션

니는 1965년도에 가수 윤복희가 입고 입국하면서 1968년 폭발적으로 유행하였고, 그 해 가을부터는 판타롱이라 불리는 테일러드 팬츠 슈트가 등장하였다. 그것은 미니의 열풍이 식어가고 있을 때 새로운 것에 대한 요구도가 높아져서 캐쥬얼 웨어가 크게 유행한 것이라고 볼 수 있다.

1969년에는 옵티컬 아트의 영향으로 기하학적 문양의 프린트나 강렬한 색채, 대담한 선의 절개가 보이며, 미니에 대한 반대적인 현상으로 1967년 발표되어 빛을 보지 못했던 맥시가 다시 등장하였으나 대중화 되지 못하였다.

3) 머리 형태

1960년대는 머리모양의 변화가 많았다. 커트 기술의 향상과 다양화로 커트형의 머리모양이 유행되었는데 1961년에는 진 세바크가 주연한 영화 '슬픔이여 안녕'에서 주인공 세실의 쇼트 머리가 일명 세실 커트라 불리며 젊은 여성들 사이에 유행하였고, 1962년에는 언발라스 스타일이 등장하였다. 또한 로켓 라인이라는 귀 양 끝이 뾰족하게 뻗치는 커트가 유행하였다.

1960년대 초에는 앞머리 부위와 귀 양옆에 높이를 준, 즉 부푼 양감을 준 헤어스타일이 유행하였다. 앞의 높이, 양옆의 부풀기가 2중으로 되어있어 듀오 라인이라는 이름이 붙었다. 그런데 우리나라에서는 이 헤어스타일이 바가지를 엎어 놓은 것 같다 해서 바가지 스타일이라고 부르기도 했다. 한편 백조 라인이라는 조금 변형된 스타일도 있었는데, 부드

진 세바크의 세실 커트

백조 라인

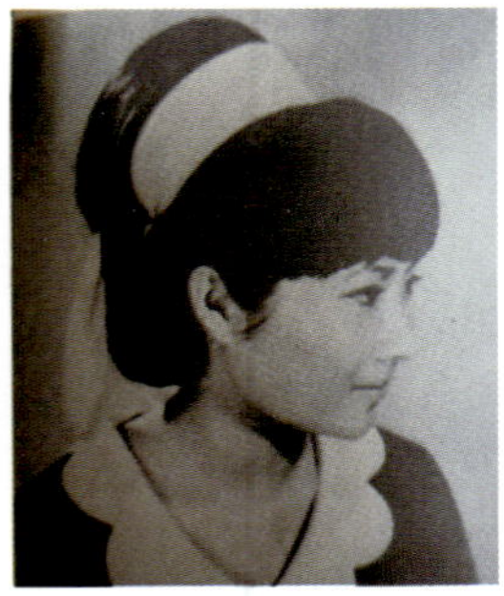

크라운 봄베지 스타일,
스완미용실 김윤정, 1960년대

러운 웨이브를 사이드와 후두부에 준 풍만하고 온화한 형으로, 특징은 후두부의 가운데로부터 약간 밑으로 바람에 날린 듯 털끝을 올리고 앞에는 이마를 내보이는 스타일이다. 바가지 스타일이나 백조라인의 스타일은 미용 용어로는 일명 크라운 봄베지 스타일이라 하였는데, 이는 크라운에 볼륨이 있고 부풀어있는 모양에서 나온 말이었다.

1960년대는 영국의 메리 퀀트가 미니 스커트를 내놓으면서 모델인 리즐리 허니, 일명 트위기에게 입혀 세계적인 선풍을 일으켰는데, 이때 트위기의 쇼트 헤어 스타일도 이와 함께 유행하였다. 1965년 우리나라에 짧은 쇼트 커트의 머리에 미니 스커트를 입은 윤복희가 귀국하면서 우리나라에도 본격적으로 쇼트 커트와 미니 스커트 붐이 일어나게 되었다.

1964년에는 업스타일이 대부분의 부인들 사이에서 유행하였다. 또한 63~64년에는 보브 스타일이 유행하였다. 1965년경 부터는 가발 붐이 일기 시작하였는데 머리 모양을 얼굴형과 옷차림에 맞춰 개성있게 선택함으로서 더욱 세련되게 멋을 낼 수 있었으며, 1966년에는 아주 짧은 머리형이 많았다. 1967년에는 동양인의 큰 얼굴과 빈약한 뒤통수에 조형미를 나타내는 기하학적 헤어 커팅이 많았다.

1968년에는 바가지 머리가 가수 윤복희씨에 의해 소개되었는데 이는 직장 여성이나 학구파 신여성에게 간편하고 손질하기 쉬운 머리 모양으로 널리 받아들여졌다.

이당시 대표적인 머리 모양은 크게 두 가지로 나뉘는데 그 중 하나는 중간 길이의 머리에 웨이브를 안으로 만 '우찌마키'이고 다른 하나는 밖으로 웨이브를 만 '소도마키'였다.

또한 양장이나 한복을 입고 올림머리를 함으로써 우아하고 고전적인 모습을 보였다. 또한 고데기를 사용해서 머리의 형을 살림으로서 장식적인 컬을 만들고 엑센트나 긴 머리 다발(가발)을 장식하는데 이것이 현대 드라이어의 시초가 되었다.

4) 화장형태

1960년대 역시 초기에는 1950년대의 화장법이 그대로 이어져서 윤기 있는 피부표현이 유행되었다. 1950년대에서 1960년대로 이어지는 유행의 전환점 구실을 했던 프랑스 배우인 브리짓드 바르도의 반항적이면서도 섹시한 메이크업이 그대로 유행하였다. 즉 눈에는 아이라인 부분에 녹색이나 파란색 계통의 아이섀도를 발랐으며, 과장된 인조 속눈썹을 붙이고 아이라인은 뚜렷하고 끝이 약간 길면서 들려 올라가도록 그렸다. 이렇게 눈화장이 강조되고 입술은 갈색 등 자연스러운 색을 칠하고 립글로스를 덧발랐으며, 입술라인은 아웃 라인으로 그려 눈화장과 맞추어 육감적인 모습을 강조했다. 그리고 이 당시 서양에서 트위기같은 초연하고 염세적인 모델이 인기를 끌고 전위적인 의상이 주목을 받음과 동시에 인위적인 메이크업이 유행하였는데, 우리나라도 예외는 아니었다.

1960년대는 이처럼 서양 배우의 입체적인 화장패턴을 따라 하는 것이 유행이었지만 한국인에 맞도록 화장이 진일보한 것을 알 수 있는 것은 서양인들처럼 핑크 계통의 파운데이션을 쓰지 않고 오클 계통의 파운데이션을 쓴 것이라 할 수 있겠다.

8. 1970년대

1) 문화사적 배경

1970년대로 들어서면서 군사정권체제는 국제적으로나 남북문제에서, 그리고 국내문제에서 여러 가지 심각한 도전에 직면하게 되었다. 대외적으로, 미국의 월남전 여파로 국내의 반전 분위기 고양되었고 막대한 군사비 투입으로 경제적 부담이 가중되자 한반도에서의 감군을 논의하는 등 세계전략 및 한반도 전략에 큰 변화가 일어나기 시작했다. 국내적으로는 심한 인플레이션(inflation)과 지속적인 국제수지의 악화 및 경기 침체에 시달렸다.

또한 1970년대 초에는 석유파동과 국제고금리로 인해 경제적 위기에 처했었으나 이때 중동의 건설붐이 일어 외환위기를 극복하게 하였다. 1973년 이후 1차 석유파동과 중화학공업의 비효율 문제를 극복하였으며 경제개발계획의 공업화와 양적 성장은 성공적이었다.

국민소득수준의 상승에 따라 구매력이 증대되었고, 소비 지출이 크게 늘어남과 동시에 소비 양태도 변화하였는데, 레저(leisure)와 레저산업의 개념이 차츰 등장하기 시작하였다.

1970년대 후반에는 경제가 고도 성장기로 접어들면서 아파트 붐, 부동산투기, 핵가족 시대로 접어들었다. 산업사회로서의 변화된 모습은 보다 편리하고 개성적인 삶으로 나타남과 동시에 전통적 가치의 상실, 상대적 박탈감의 증대 등의 부정적 측면을 가져왔으며, 이로 인해 사회적 긴장과 혼동의 증대를 가져오기도 하였다

또한 1970년대 초 특기할 만한 변화로 도시화와 노동 인구의 증가를 들 수 있다. 급속한 도시화는 많은 농민층이 도시로 유입되어 도시의 노동 계층을 형성하게 하였고 이들은 1970년대 초에 들어 부(富)의 분배와 참여를 주장하기 시작하였다.

2) 복식사적 배경

1970년대에 이르러서는 6.25동란으로 인한 전후 베이비 붐(baby boom)세대들이 영파워(young power)를 형성하게 되었고, 이들이 1970년대 중반까지 문화 전반을 이끄는 선두주자가 되었다.

경제 성장이 안정화 단계로 접어들면서 레저 붐이 확산되어 스포츠에 대한 관심이 높아짐에 따라 스포츠 웨어(sports wear)와 레저복 등에 대한 관심도 더욱 높아지게 되었고, 이의 영향으로 의복이 필수품이라는 성격에서 벗어나 착용 그 자체로부터 쾌적감을 추구하는 경향으로 흘러가게 되면서 외출복에까지도 스포티(sporty)한 요소가 내포되게 되었다. 또한 양장점 형태가 소규모 부띠끄(boutique) 소위 '살롱(salon)'형태로 바뀌면서 패션계가 활기를 띠게 되었고, 다양한 질감의 화학 섬유와 기성복이 대중화되어 복식계는 이전 시기보다 더욱 사치스럽고 호화스럽게 발전하게 되었다

1970년대에 주목할 만한 의복에는 미니 스커트와 핫팬츠, 판탈롱, 그리고 블루진을 들 수 있는데, 이들은 변화된 여성의 가치관을 반영하였고, 남성의 권위와 우월감에 대한 여성의 동등하고자 하는 표현이었으며 전통적인 성역할에 대한 반항의 자아 표현적 수단이었다. 미니스커트는 남성의 장발과 함께 유행하면서 국가의 단속대상이 되기도 하였다.

의복 재료에 있어서 1970년대에는 천연섬유에 대한 관심이 새로워졌으나 간편하고 값이 싼 합성섬유 직물에는 미치지 못하였고 1960년대 말에 등장한 폴리에스테르(polyester) 직물과 저지(jersey)류의 사용이 많았고, 합성섬유의 개발로 천연 섬유와 다름없는 질감과 다양한 색상을 지니게 되었다. 또한 털실의 원사 개발과 얇고 가벼워진 편물 기술로 기능적이면서도 유연한 보온성을 지닌 니트가 유행하였다. 유행 색상은 올리브, 브라운과 같이 침착하게 가라앉은 색이나 퇴색한 듯한 색이 선호되었다.

1970년대 핫 팬츠

1970년대 핫 팬츠, 미니 스커트,
판탈롱

1970년대 미니 스커트 단속

현대

3) 머리 형태

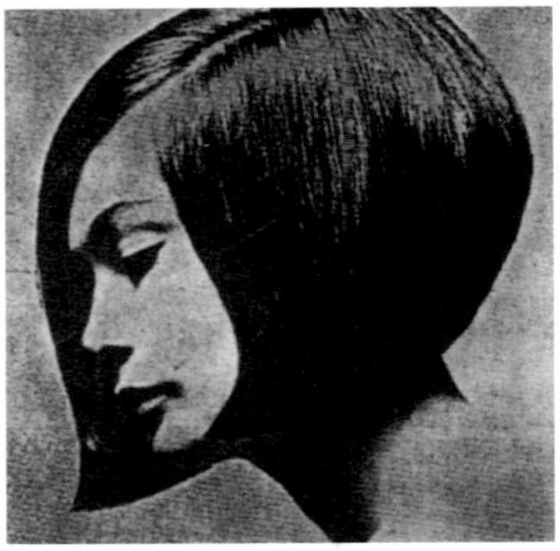

비달 사순의 크라시컬 보브

1970년대는 우리 나라에서 커트의 개념이 긴 머리를 그냥 자른다는 개념에서 모발을 각도에 의해 나누어서 기하학적으로 자른다는 개념으로 완전히 정립된 시대이다. 그리고 해외로 미용연수를 떠나거나 해외의 미용세미나에 참석하기 시작한 시기이기도 하다. 또한 기하학적인 커트를 창안한 비달사순의 기법이 우리 나라에도 들어와 유행하기 시작하였다.

1970년대 전반기는 커트 붐이 절정을 이루었던 시기였고, 내추럴 경향이 있었다. 또한 쉐기 커트라는 일명 거지 커트가 유행하였는데, 이 커트는 뒷목덜미 부위에 길게 레이어(layer) 커트한 것이다. 그리고 남자들 사이에 긴 장발과 함께 청바지 문화가 새로운 서구 스타일로 나타났다. 이러한 남성들의 히피 스타일은 당시 여성들 사이에 유행하던 짧은 머리와 대조를 이루었다. 또한 앞머리를 변형한 계단식이 유행하였으며 젊은 여성들은 간결하고 생동감 나는 상고머리 스타일을 하였다.

생활양식이 복잡해지고 여성들의 활동영역이 다양해짐에 따라 자연스러우면서도 간결한 머리형이 여성들 사이에서 받아들여졌다. 지금까지의 아이론과 세트에 의한 단단한 웨이브 구성이 서서히 사라지고 블로우 드라이란 가벼운 웨이브 스타일이 나왔는데 우리나

브로우 드라이에 의한 바람결 스타일

바디 퍼머

콘케이브 커트

라에 이 스타일을 처음 소개한 사람은 재미교포 미용가 홍계남이었다. 또한 바디 퍼머라고 부르는 자연스런 웨이브가 있는 퍼머가 유행했는데, 이 퍼머의 특징은 샴푸 후 스스로 손질하여 스타일을 만들 수 있다는 점이었다.

1970년대 중반부터는 머쉬룸, 즉 버섯모양의 머리모양이 꾸준히 인기를 얻었는데 이는 모발의 흐름이 중심에서 방사형으로 흘러서 옆이 넓게 되며 모발 끝이 안쪽을 향해서 모아진 실루엣의 스타일로 중세의 승려 머리 스타일에서 발달한 것이다. 이 스타일은 심플한 실루엣으로 기능성을 지니면서도 여자다움을 잃지 않는 디자인성으로 여성들에게 애용되었다. 또한 엄브렐러 스타일이란 머리끝이 바깥쪽 향하게 컬한 스타일도 인기가 있었다.

1975년에는 전형적인 웨이브를 강조하는 간편한 단발 모양이 유행하였고, 스트레이트 스타일과 웨이브 스타일이 대조를 이루었다. 1976년에는 짧은 머리가 새로운 스타일로 등장했으며, 1977년에는 콰이어 보이(성가대 소년)라는 청초한 느낌의 머리 모양이 유행하였다. 1978년에는 클래식한 느낌을 주는 풍성한 머리모양과 복고 스타일을 현대화한 머리모양, 웨이브가 많은 머리모양 등이 유행하였다.

1970년대 말부터는 불균형적으로 정돈되지 않은 듯한 머리 모양이 나오기 시작했는데, 콘케이브 커트(concave cut)라고 불린 이 커트는 1979년 미용연구가 강형숙이 낸 우리나라 최초의 헤어 창작집에서 소개되었다. 이 스타일은 형보다는 모발의 흐름과 질감에 포인트를 준, 새롭고 신선한 감을 주는 스타일이었다. 1978년에는 클래식한 느낌을 주는 풍성한 머리모양과 복고 스타일을 현대화한 머리모양, 웨이브가 많은 머리모양 등이 유행하였고, 1979년에는 머리카락을 땋아서 장식하는 디스코 머리모양이 유행하였다.

한편 1972년 최수자가 미국 뉴욕 I.B.S.(international beauty show)에 참가하여 입상하여 한국의 미용기술을 국제 무대에 처음 선보였고, 그 기술을 인정받았다. 1974년에는 우리나라 미용계 최초의 미용종합지 월간 '현대미용'이 김창석에 의해 발간되었다.

4) 화장형태

1970년대에는 새마을 운동 전개와 공업화, 수출 위주의 정책 산업화와 도시화가 활발히 진행되었고 이로 인해 국민 경제가 고속 성장을 하게 되면서 개인적 성향의 라이프 스타일이 점차 추구되었다. 또한 1950년 6.25전쟁 이후 베이비 붐 세대의 여성들의 경제 참여가 늘어나면서 여성들의 사회적인 지위가 향상되게 되었고 이로 인한 여성들의 소비패턴의 양상이 달라지게 되었다.

이에 발맞추어 장업계에서는 마케팅 부서가 상품 기획을 활발히 진행하게 되었고 이로 인해 많은 새로운 시장이 개척되었다. 1971년 봄 시즌에는 국내에서 처음으로 계절별 색조 화장품의 메이크업 캠페인이 실시되었다. 1970년대 이전까지는 주로 헤어 스타일을 실던 여성 잡지사에서도 유행하는 패션 스타일과 함께 그 시즌에 유행하는 메이크업 색조와 화장하는 방법 등을 더 세세하게 다루기 시작했고 여성들에게 이러한 메이크업 캠페인의 영향은 매우 컸다.

1970년대 초반에는 눈화장에 중점을 두어 아이섀도를 넓게 바르고 인조 속눈썹을 붙였으며 깊이감 있는 눈매를 강조하기 위해 마스카라를 사용하였으며, 눈썹은 가늘게 그리고 노즈 섀도를 강조해서 입체감 있는 화장을 했다.

1970년대 중반에는 여성스러움을 강조하는 메이크업이 주류를 이루었으며 눈과 입술을 위한 부분 메이크업의 색조가 여러 색으로 제시되어 1970년대 초반의 복고풍의 우아한 여성스러운 메이크업은 개성을 표출할 수 있는 메이크업으로 변화되었다.

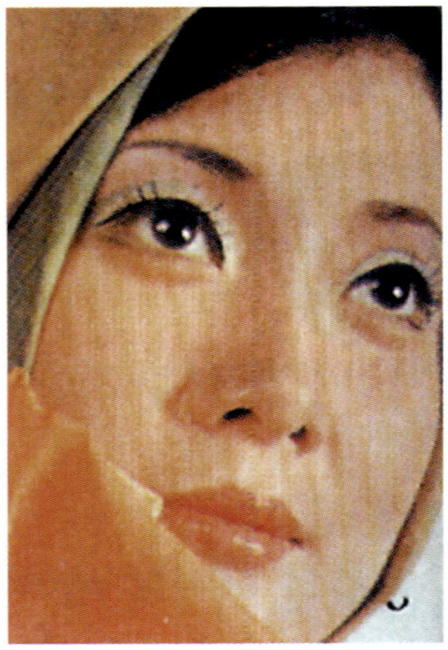

1972년 태평양화학 포스터

1970년대 후반에는 토털 코디네이션의 개념으로 패션의 유행칼라와 그 흐름을 같이 하는 색조 메이크업이 제시되었으며 T-Zone의 하이라이트를 강조하고 오클계의 피부 화장을 하는 등 입체적인 메이크업이 유행하였다.

이처럼 1970년대부터 다양하게 실시된 메이크업 캠페인은 메이크업 제품생산과 수요의 다양화를 촉발시켜 장업계의 발전에 이바지하였을 뿐 아니라 국민의 생활 문화 패턴에까지 영향을 미쳤다.

9. 1980년대

1) 문화사적 배경

1980년대는 신군부에 의한 강압정치로 사회전반에 걸쳐 어려움을 겪어야 했고 1979년의 석유파동과 10/26 광주민주항쟁 등의 사건들이 잇따라 일어나면서 경제는 불황과 인플레이션을 맞게 되어 산업은 매우 심각하게 침체되었다.

그러나 1970년대부터 시작된 중화학 공업의 집중적인 투자는 1980년대에 와서 그 효과가 나타나기 시작하였고, 경제는 정부의 지속적인 공업화 추진과 수출 증대 시책에 힘입어 양적 규모의 확대는 물론 질적 고도화가 추진되었다. 특히 노사 분규 등으로 인해 소득이 급상승하면서 과소비와 같은 현상이 대두되었고, 대외적으로 개방화와 자유화의 압력이 거세지면서 수입이 급증하고 소비자들의 욕구가 다양화되어 그 수준이 부쩍 향상되었다. 반면 공업화와 경제성장 과정을 통해 물질 우선 만능주의 풍조가 본격화되기 시작하였다.

여기에 86 아시안게임과 88 올림픽의 개최로 패션산업은 더욱 활기를 띠었고 외국 유명상표의 국내 도입으로 다양한 패션이 등장하게 되었다. 국제적인 관심도 고조되어 한국 패션은 서구 패션의 모방 단계를 벗어나 우리의 독자적 모드를 정립하였고 서구 패션과 조화를 이루면서 패션 모드의 국제화를 가져왔다.

2) 복식사적 배경

1980년대 GNP의 상승에 따른 소비 욕구의 다양화, 개성화, 고급화의 충족은 부정적인 측면을 보이기도 하였으나 패션에 대한 관심을 크게 증가시켰고, 패션 산업의 발달을 촉진시켰으며, 소비자들의 패션감각을 높여 주었다. 이와 함께 여성들의 교육수준의 향상 및 취업기회의 증대에 따른 소득의 증가는 이러한 변화를 더욱 빠르게 하였다. 우리 나라도 경제성장으로 풍요로운 삶을 영위하게 되자 이를 의복에 표현하고자 하는 욕구가 나타났고 그 한 예로 리치 룩(rich look)을 들 수 있다

1983년에 시행된 교복자율화는 변화에 대한 감각이 빠른 청년 문화를 주도적인 위치로 부각시켰고 이들에 의한 감각적인 새로운 문화가 형성되었다. 젊은층이 이제까지 가졌던 생활 스타일이 다양화되고 욕구가 세분화됨에 따라 기성복 업체도 연령, 취향, 생활스타

각진 어깨의 파워 슈트, 혜은이 가수, 1980년대

가죽 패션, 전인화 배우, 1980년대

천연소재의 사용, 금보라 배우, 1980년대

일에 따라 각기 특성이 다른 브랜드(brand)를 내놓아 다양한 패션시대가 개막되었다. 한 예로 이 시기는 쥬니어 패션(junior fashion)을 탄생시켰으며, 의류업계들도 젊은층을 겨냥한 새로운 제품개발에 주력하게 되어 국내 패션계는 활기를 얻게 되었다.

1980년대는 여성들의 지위향상과 사회진출, 생활수준의 향상과 건강에 대한 관심이 증가하면서 스포츠를 즐기는 사람들이 많아졌고 이에 따라 캐주얼 웨어가 등장하여 패션의 본격적인 캐주얼 시대가 시작되었다. 또한 여성의 사회진출로 어깨에 패드가 들어간 파워 슈트가 유행하였다.

의복의 유행은 주로 디자인과 색상의 변화에 의해서 진행되어 왔지만 1980년대부터는 새로운 기술로 인해 신소재가 발명되어 패션에 획기적인 변화를 주었다. 소득수준의 향상으로 전에는 특수계층에서만 착용했던 모피와 가죽이 대중화되었고 따라서 1987년 겨울에는 가죽이나 모피소재의 의복이 증가하는 추세였다. 또한 천연섬유의 단점들이 가공기술의 발달로 보완되면서 전반적으로 천연소재를 지향하는 패션경향이 나타났다.

1980년에 컬러 TV의 등장은 해마다 계절마다 유행색을 등장시켰는데, 1984년 여름에는 푸른색, 1986년 가을에는 녹색, 1989년 가을에는 와인색이 유행하였다.

3) 머리 형태

1980년대 초에는 여대생이나 직장여성을 중심으로 바리캉과 레이저를 병용한 커트인 펑크 헤어 또는 디스코 머리 같은 중성적인 헤어스타일이 참신한 멋으로 유행하였다. 커트와 퍼머의 디자인이 다양해졌고, 새 질감 요구에 부응하는 최신 미용기구가 많이 나왔다.

컷트와 퍼머

헤어 무스를 사용하여 앞머리 세우기, 라미화장품 광고, 김혜선 배우, 1989

굵은 퍼머와 리본의 유행, 김완선 가수, 1980년대

1984년부터는 가위와 바리캉의 부조화 커트 디자인이 유행함에 따라 헤어 디자인에 바리캉 기구가 본격적으로 사용되어 상고단발형 스타일이 유행하였다. 또한 해외여행이 자유화 되면서 많은 미용인들이 국제 대회나 헤어쇼에 참가하게 되었고 영국의 비달사순과 알란 인터내셔널, 이탈리아 미용가인 토니앤 가이, 미국의 피봇 포인트 등에서 미용연수를 하고 돌아왔다.

또한 웨이브에 싫증난 젊은 여성층에서 스트레이트 퍼머와 긴 머리에 굵게 살짝만 웨이브를 준 퍼머가 함께 유행하였고, 헤어 무스와 젤, 스프레이 등이 보급되어 이를 사용하여 앞머리를 세우는 스타일이 유행하였다. 이때는 세운 머리의 높이가 자존심의 높이와 비례한다는 말이 유행하기도 했다. 또한 외국의 유명 헤어디자이너인 알렉산더 드 파리, 지지 간디니와 같은 사람들이 국내에 와서 세미나를 개최하면서 그들의 작품이 우리나라 미용계에 영향을 주기 시작하였다.

1980년대 말에는 긴머리의 굵은 퍼머 스타일과 스트레이트(1984년 상반기부터 등장)가 계속 유행하였고, 머리핀과 리본이 유행하였다. 또한 전체적인 머리의 염색보다는 엑센트를 주거나 컬러의 조화가 돋보이는 대담한 컬러링이 미묘하게 이용되기 시작하였다. 컬러링은 헤어 패션에 필수적 아이템이 되어 1990년대에 들어서면서 정착되어 갔다.

퍼머넌트의 종류가 많아져서 기본형의 퍼머부터, 핀 컬 퍼머(특히 앞머리 형태에서 웨이브를 굵고 자연스럽게 나타내는 퍼머), 부메랑 퍼머 등 특수 로드를 이용한 퍼머가 성행하였다.

1981년에는 대한 미용사회에서 '미용회보'를 발간하여 국내외 미용정보를 파악할 수 있도록 하였고 헤어디자이너는 예술가라는 긍지를 갖게 하였다. 또한 1892년 세계미용연맹(C.I.C. : confederation international de la coiffure)과 O.A.I.(organization artistique international de la coiffure)에 정식 회원국으로 가입하여 36개 회원국의 일원이 되었다.

4) 화장형태

1980년대는 국민 경제가 안정되면서 국민 소득이 증대되고 건강과 여가 생활을 위한 분야의 관심이 증대되는 등 소비생활 패턴의 변화를 가져왔으며, 컬러 TV가 보급되고 학생들의 교복이 자율화되는 등 국민의 색에 대한 감각이 더 세련되어지고 개성화될 수 있는 계기를 맞게 된다. 또한 우리나라에서 86 아시안게임, 88 서울 올림픽이 개최되고 해외여행이 대폭 허용되는 등 외국 문화를 접할 기회가 많아지면서 외국과 우리나라의 패션 유행 주기의 차이는 점점 좁혀지게 되었다.

80년대 나드리 광고, 이보희 배우, 윤미라 배우, 이응경 배우

이처럼 소비 시장이 다양화되고 1986년 화장품의 수입이 완전 자유화되자 각 화장품 회사들은 외국의 기술을 더욱 확대 도입하여 성장을 꾀했으며 상품 시장을 세분화하여 레몬 화장품과 리포좀 화장품 등 다양한 자연 지향적인 기능성 제품들을 선보이면서 이에 따라 각 장업사의 판촉 경쟁도 더욱 치열해지게 되었다.

1970년대에 이어 여성의 사회 참여가 더욱 늘어나고 여성들의 소비 패턴과 미의식에 다양한 변화가 생겨 메이크업은 패션과 조화를 이루게 되었고 입술과 눈의 포인트 메이크업이 강조되는 등 여성들이 각자의 개성을 나타내게 되었다.

1980년대는 깨끗한 피부를 표현하는 베이스 메이크업이 주조를 이루었고 1980년대 초반에는 화사하면서도 신비로운 여성적인 포인트 메이크업이 유행하였다. 1980년대 중반에는 아이라인을 펜슬로 가늘고 자연스럽게 그리는 등 메이크업 패턴이 점차 내츄럴풍으로 변하다가 1988년 세계 올림픽을 맞이하면서 우리의 한국적인 신비로운 아름다움을 표현하고자 동양적 분위기의 황금색과 붉은 색 등이 제시되었으며, 눈썹과 입술선도 동양적인 곡선형으로 표현되었다.

1980년대에서 1990년대로 넘어가는 시기에는 여성들의 토털 코디네이션에 대한 개념이 더욱 발전하여 TPO(때와 장소와 경우)에 따라 의상에 맞추어 메이크업을 달리 하는 경향이 많아졌고 1980년대의 내츄럴한 유행패턴은 계속되었다.

10. 1990년대

1) 문화사적 배경

1970, 1980년대의 눈부신 경제발전의 성과에 힘입어 1990년대는 생활수준이 상당히 높아졌고 정치 사회적으로도 민주화가 진행되었고, 국제교류의 팽창에 따른 국제 의식도 성장하였다.

1995년 3월 1일, 보도 교양 오락 영화 등 각 분야의 21개 전문 채널(channel)이 일제히 본 방송을 개시하자 전국 50개의 종합유선방송국은 케이블을 통해 각 가정에 이를 송신했다. 이른바 케이블 TV 시대의 막이 오른 것이다. 방송학자들은 케이블 TV가 출범한 1995년을 '방송혁명의 원년'으로 규정하고 있다. 이는 케이블 TV나 방송계는 물론 우리 사회전반에 몰고 올 변화가 그야말로 혁명적이기 때문이다. 케이블TV 전송망을 기반으로 하여 각 가정과 사무실의 TV, 컴퓨터, 전화, 팩시밀리(facsimile) 등이 하나로 연결되는 멀티미디어(multi-media)시대에 들어와 이를 통한 대중상품이 일반화 되었다.

한편, 교육수준의 향상은 탈물질적 생활관을 낳는 중요한 요인으로 나타나 인류의 보편적인 사회의식을 갖도록 하였다. 예를 들어 지구환경보호,인권 보호,자유와 평등,인류애적인 세계시민의식 등이 새로운 가치기준으로 등장하였다.

물리적, 환경적, 지리적 귀속감도 크게 증대하고 있어 작게는 동호인 그룹에서 크게는 같은 생활양식을 추구하는 사회적 단위가 새로운 일차적 생활공간으로 나타나고 있다. 이에 따라 물자의 생산과 분배보다는 문화적 정보의 생산과 분배에 대한 요구가 더욱 높아지게 되었다.

2) 복식사적 배경

1990년대의 의복경향을 한마디로 표현한다면 아주 다양한 스타일의 혼재라고 할 수 있다. 오랫동안 계속 유행되었던 캐주얼 웨어에 식상한 층으로부터 정장이 다시 주요 관심품목으로 인기를 되찾기 시작하여 패션의 전반을 복고풍이 주도하고 부드러운 옷감과 부드러운 실루엣으로 여성다움을 부각시키려는 경향이 나타났다.

X세대로 불리우는 신세대들에게는 노출이 심하고 몸에 꼭 붙어 신체 윤곽을 그대로 드러내 주는 티셔츠와 초미니스커트, 핫팬츠, 청재킷, 화려한 프린트의 원피스, 군화스타일의 구두 등 왜색풍의 패션이 거리를 휩쓸었다.

환경보호와 내츄럴리즘의 영향으로 천연소재와 진이 유행하였고 품이 넉넉한 티셔츠가 많이 사용되었다. 또한 부드러움과 여성스러움의 강조로 시폰(chiffon)의 사용이 증가되

노출이 많은 X세대의 복식, 1990년대

청바지와 천연소재의 티셔츠, 1990년대

었고 데님(denim) 소재의 의복과 광택있는 소재가 많이 나타났다.

색상은 밝고 경쾌한 종류가 유행하고 있는데, 흰색과 검정색을 비롯해 빨강, 파랑, 노랑, 와인색, 카키색 등의 원색계열은 물론 크림, 라일락, 핑크, 그린, 아이보리, 하늘색 등 연한 파스텔 조의 색상도 선호되는 경향이 있었으며 화려하고 커다란 꽃무늬 등이 유행하였다.

3) 머리 형태

1990년대에는 패션이 아주 빠른 속도로 움직이고 있고 개성을 추구하는 풍조가 정착되는 시기였다. 1990년대 초에는 1960년대 복고풍으로 돌아가 로맨틱 보브라는 크라운 부위에 퍼머로 둥글게 양감을 살리면서 앞부분은 롤 스트레이트를 하여 자연스런 움직임이 있는 스타일이 유행을 타기 시작했다. 퍼머는 여러 가지로 개발된 특수 로드어 의해서 진행하게 되었고, 무스와 젤과 헤어 핀을 많이 사용하였다. 또한 코팅 퍼머가 유행하여 퍼머와 컬러 코팅을 동시에 처리하는 경우가 많았는데, 갈색, 와인색이 유행하였다. 그 외에도 94년 경에는 해초 퍼머, 산성 퍼머, 영양 퍼머, 산소 퍼머 등 자연스러운 웨이브와 함께 모발의 건강을 생각하는 퍼머가 유행하였다.

1990년대의 헤어 커트는 주로 레이저를 사용했다. 아니면 먼저 커트 가위로 스타일을 만든 다음 머리카락 끝 쪽에서 3~4cm 길이로부터 긁어 내리듯이 레이저로 치크를 해 주었다.

로맨틱 보브

헤어 컬러링은 더욱 다양하고 대담해져 총천연색으로 머리 전체를 염색하기도 하고, 모발 몇가닥을 블리치(bleach)해서 각자의 취향에 맞는 색깔로 염색하기도 하였다. 또한 패션가발이 유행하여 머리 모양도 옷과 같이 매일 바꿀 수 있다는 개념이 생기기도 하였다.

1990년대 말에는 모발 건강의 개념이 생겨서 퍼머와 염색에 의해 손상된 모발을 재생시킨다는 클리닉의 개념이 유행했고, 모발전문관리실도 등장하였다. 이와 더불어 젊은이들 사이에는 앞머리를 길게 층을 낸 긴 머리 스트레이트가 유행하였다. 또한 볼륨이 없이 머리에 달라 붙는 머리가 유행하였고, 헤어 리퀴드 등의 모발관리 제품 등이 유행하였다. 반짝이 젤도 유행하여 머리카락에 바르고 다녔다.

아이롱이 90년대 초반에는 외면당하다가 중반이후 아이롱 퍼머, 곱슬머리 스트레이트 등에 매직퍼머라는 이름으로 다시 등장하였고, 말기에는 헤어 익스텐션이 유행하여 몇 가닥 내지, 머리 전체에 머리 카락을 실리콘으로 붙여 머리에 컬러를 주거가 즉시 머리 길이를 바꿀 수 있도록 하였다. 또한 90년대에는 송부자씨를 중심으로 헤어 피스의 개발이 일어나 헤어 피스를 하나의 예술품으로까지 승화시켰다.

1991년에는 강릉의 영동전문대학과 부산의 동주여자전문대학에서 각 각 미용과와 피부관리과가 개설되어 미용학이 드디어 학문으로 인정받게 되었고, 미용전문인력을 매년 배출하게 되었으며 2000년에는 미용관련 과가 개설된 대학이 전국에 59개교가 되었다.

비달사순, 융게라스 등 전 세계적인 헤어 디자이너들이 한국에 와서 콜렉션을 가졌고, 1998년에는 Hair World Championship을 대한민국 서울에서 개회하여 우리나라 미용인들이 전세계의 미용계의 흐름을 쉽게 접할 수 있게 되었다.

1990년대 초에는 박준미장, 준오헤어, 박승철 헤어 스튜디오 등 국내 유명 미용실에서 프렌차이즈 사업을 시작하였고, 이것이 어느 정도 괴도에 오르자 자끄 데상쥬 등의 외국의 다국적 미용 프렌차이즈 들이 들어와 미용의 국제 경쟁시대의 막을 열었다.

4) 화장형태

90년대 초반에는 세계가 동서 화합의 무드로 진행되면서 미국과 소련간의 냉전이 종식되고 동구권이 개방되기 시작하는 커다란 변화가 시작되었고 지구 환경문제가 부각되면서 헤어스타일이나 메이크업에 있어서 자연스러운 여성미가 강조되었다. 그리하여 봄과 여름에는 부드러운 톤의 핑크나 오렌지 계통이 선보였고 가을과 겨울에는 브라운과 레드 계열이 주조를 보였다. 그리고 고전적이면서도 우아한 복고풍이 오랫동안 유행하였는데, 주로 1960년대와 1970년대의 복고풍 스타일이 리메이크되어 인기를 끌게 되었다. 오드리 햅번처럼 눈썹은 앞과 중간이 굵으면서 끝은 날렵하게 그리고, 아이라인은 끝을 약간 두껍게, 입술은 도톰하게, 피부 표현은 밝고 깨끗하게 하는 것이 유행하였다.

자연과 조화가 되는 그런지 스타일이나 내츄럴 스타일이 주목을 받으면서 신비하면서도 자연스러운 느낌의 에스닉 스타일이 대두되었는데, 이의 영향으로 그 동안은 색조 메이크업에 흔하게 쓰이지 않던 보라나 청록색 계열이 주목을 받게 되었다. 그리고 이러한 여파로 가을과 겨울에는 화려한 톤의 비비드한 컬러가 등장하면서 관능적이면서도 매력적인 이미지를 만들어 내기도 하였다. 이러한 동양풍의 분위기는 자연환경보존문제와 더불

자연스런 웨이브, 김희선 배우

다양한 색의 모발염색

두상에 달라붙는 스트레이트, 송윤아 배우

심은하 배우

이영애 배우

강수지 가수

어 첨단 과학화로 인한 인간 상실성에 대한 위기의식의 대두로 동양사상의 관심을 이끌어 내었고 또한 홍콩의 중국 본토 반환은 전세계적으로 정치, 경제적인 관심을 아시아로 모이게 하였다. 이러한 동양에 대한 정치, 경제, 문화적 관심은 패션과 메이크업 분야에 큰 영향을 미쳤다. 따라서 1920년대에 유럽에 선보였던 따뜻하고 깊이 있는 동양적인 색들이 유행하게 되었다.

한편 여성들이 자신의 개성을 주관있게 표현하는 경향이 점점 커지면서 금색이나 은색, 동색 등의 메탈릭 칼라들도 눈화장이나 입술화장에 시도되었고 블랙 메이크업이나 그래피즘 메이크업의 색다른 메이크업들의 이미지가 등장하였다.

1998년에는 우리나라 경제의 큰 경기 침체로 인하여 화장품 시장과 산업은 잠시 그 성장이 크게 둔화되기도 하였다. 21세기를 앞둔 1990년대 말에는 하이 테크노 지향의 펄이 가미된 메이크업 색조와, 자연스러우면서도 새로운 희망을 암시하는 밝고 부드러운 색상들이 동시에 선보이면서 인기를 끌었다. 컴퓨터로 인한 세계정보의 공유가 가속화되면서 메이크업의 유행은 많은 스타일들이 공존하는 양상이 두드러지게 되었다.

참고문헌

- 개화물결 100년, 우리옷차림의 어제와 오늘, 월간 멋, 1986. 5월호
- 구조주의, 헤어스타일과 메이크업. https://kr.pinterest.com/pin/1052435006677160273/
- 구조주의, 헤어스타일과 메이크업. https://www.momfabulous.com/how-to-style-a-bob/, (2025.1)
- 김두임(1992). 서양여인의 머리 형태와 머리장식에 관한 고찰. 이화여자대학교 대학원 석사학위 청구논문, 미간행.
- 김명자. 화장품의 세계. 정음사.
- 김민자(1986). 1960년대 팝아트의 사조와 패션. 한국의류학회지, 10권 1호, 69-84.
- 김수정(1989). 1950년대 이후 한국 패션의 변천과 그 양식. 이화여자대학교 대학원 석사학위논문, 미간행.
- 김수정. (2021). 조선후기와 바로크 시대의 인물화 비교연구 : 김홍도와 벨라스케스를 중심으로, 부산대학교 대학원 석사학위논문.
- 김수진. 패션과 메이크업 경향에 관한 연구. 상명대 석사학위논문, 미간행.
- 김영숙(1999). 한국복식문화사전. 미술문화
- 김유로(1997). 1990년대 패션에 나타난 쾌락주의. 서울대학교 대학원 석사학위 청구논문, 미간행.
- 김윤주(1998). 1990년대의 복식에 나타난 포스트모더니즘 특성 연구. 충남대학교 대학원 석사학위 청구논문, 미간행.
- 김은주(1989). 한국전통 화장품 속사에 관한 연구. 「복식」 13호.
- 김정아(1999). 현대 패션에 표현된 미니멀리즘에 관한 연구. 국민대학교 디자인 대학원 석사학위 청구논문, 미간행.
- 김정은. (2005). 조선후기 풍속화 연구 : 단원 김홍도와 긍재 김득신을 중심으로, 동국대학교 교육대학원 석사학위논문.
- 김정환(1998). 현대 패션에 나타난 homosexualism에 관한 연구. 숙명여자대학교 대학원 석사학위 청구논문, 미간행.
- 김주희(1999). 네츄럴리즘적 표현에 의한 패션 디스플레이 연구. 경성대학교 대학원. 석사학위 청구논문, 미간행.
- 김지연(1996). 복식에 나타난 해체주의 양식 연구. 서울여자대학교 대학원 석사학위 청구논문, 미간행.
- 김춘일(1983). Pop Art와 현대인. 서울: 열화당.
- 김현남(1996). 내면의 미를 창조하는 메이크업 연구. 명지대학교 교육대학원, 석사학위논문, 미간행.
- 김희숙(2000). 한국과 서양의 화장문화사. 청구문화사.
- 김희숙. (2000). 20세기 화장의 변천에 관한 연구. 미용학회지 2호.
- 김희숙. (2000). 해방이후. 한국여성 화장변천 및 특성에 관한 연구. 복식학회지 32호.
- 나무위키(2024. 11. ~ 2025. 2). https://namu.wiki
- 나무위키(2023. 2. 10). 김득신 필 풍속도 화첩. https://namu.wiki/w/%EA%B9%80%EB%93%9D% EC%8B%A0%20%ED%95%84%20%ED%92%8D%EC%86%8D%EB%8F%84%20%ED%99%94%EC%B2%A9
- 나무위키. (2023. 2. 9). 김홍도, https://namu.wiki/w/%EA%B9%80%ED%99%8D%EB%8F%84.
- 나인엽. (2022). 단원 김홍도의 풍속화 특징에 관한 연구, 세한대학교 대학원 석사학위논문. pp. 1, 26~35, 36~41.
- 나채희(1987). New Wave Fashion. 이화여자대학교 대학원 석사학위논문, 미간행.
- 南靜(1987). ハリ モート 200年. 東京 : 文化出版局.
- 네이버 블로그 고서화전. (2023. 2. 10). 단원 김홍도의 풍속화첩, https://blog.naver.com/cjdgkdus/222612879409
- 네이버 블로그 꿈꾸는 해치. (2023. 2. 10). 신윤복의 주사거배, https://blog.naver.com/talktozouxi/221418544905
- 네이버 블로그 비단공주의 하루. (2023. 2. 9). 국보 135호, 신윤복의 풍속도 화첩(혜원전신첩), https://blog.naver.com/silky6214/222587683974
- 네이버 블로그 일상탈출. (2023. 2. 10). 김홍도가 그린 신선들...군선도(국보 제 139호), https://blog.naver.com/atmpkj/222850304116)

- 네이버 블로그 전통놀이 연구단. (2023. 2. 9). 한국, 한국인의 풍류 '신윤복 풍속화 30점', https://blog.naver.com/PostView.nhn?isHttpsRedirect=true&blogId=dlpan_i&logNo=220782383274
- 네이버 블로그 한씨아저씨블로그. (2023. 2. 9.). 손뼉치며 감탄하네 김홍도의 풍속도첩, https://blog.naver.com/1006hjy/222439534816
- 네이버 지식백과(2024. 12. 10).
- 네이버 지식백과. (2023. 2. 10). 주사거배, 혜원전신첩, https://terms.naver.com/entry.naver?docId=1563821&cid=46721&categoryId=46879
- 네이버 지식백과. (2023. 3. 5). 김득신 필 풍속도 화첩, https://terms.naver.com/entry.naver?docId=4341137&cid=46660&categoryId=46660
- 네이버 카페 한류열풍사랑(2023. 2. 9). 한국, 한국인의 풍류 '신윤복 풍속화' 30점, https://cafe.daum.net/hanryulove/KTAr/187303?svc=cafeapp
- 노버트 린튼(1994). 20세기의 미술. 윤난지(역). 서울: 예경.
- 노선옥(1999). 한국인의 머리 형태와 화장에 관한 연구. 영동전문대학 교수 논문집.
- 大顔展國鋒, 石井禮子, 木村政司 森山佳代子/ 集巧社/1999.
- 데이비드 본드(1992). 20세기 패션. 정현숙(역). 서울 : 경춘사.
- 로버트 앳킨스(1993). 현대미술의 개념풀이 . 박진선(역). 서울 : 시공사.
- 로즈마리 램버트(1991). 20세기의 미술 . 김창규(역). 서울 : 애경산업사.
- 맥시멀리즘 스타일. https://kr.pinterest.com/pin/914862419137156/, (2025.1)
- 맥시멀리즘, 헤어스타일과 메이크업. https://kr.pinterest.com/pin/29203097579795432/, (2025.1)
- 맹인재. (1976). 풍속화고, 간송문화 10호, 서울 한국민족미술연구소.
- 모더니즘, 헤어스타일과 메이크업. https://kr.pinterest.com/pin/1477812373302537/, (2025.1)
- 모더니즘, 헤어스타일과 메이크업. https://kr.pinterest.com/pin/77476056085885579/, (2025.1)
- 문화원형백과. (2023. 3. 5). 고깃배, https://terms.naver.com/entry.naver?docId=1733141&cid=49295&categoryId=49295
- 문화재청 국가문화유산포털. (2023. 2. 10.). 김득신필 풍속도화첩, https://www.heritage.go.kr/heri/cul/culSelectDetail.do;jsessionid=NdmyEOjkjuJMzboiE5u1aoqs11w81iOUn14TlV47Dezr3O1ybt1j4lrA0al2YIyd.cpawas2_servlet_engine1?VdkVgwKey=12,19870000,11&pageNo=1_1_1_0
- 미니멀리즘, 헤어스타일과 메이크업. https://kr.pinterest.com/pin/263882859411887052/, (2025.1)
- 미니멀리즘, 헤어스타일과 메이크업. https://kr.pinterest.com/pin/827888344032345224/, (2025.1)
- 미용교재연구회(편)(1993). 종합미용이론. 서울 : 유신문화사.
- 박경자, 김용문. 우리나라 머리모양의 변천.
- 박윤심(2000). 1950년대 영화 의상과 메이크업의 분석에 관한 연구. 한성대학교 예술대학원 석사학위논문. 미간행.
- 박혜원(1988). Paul Poiret의 Modernism. 이화여자대학교 대학원 석사학위논문, 미간행.
- 박혜원(1991). 아르데코 패션의 색채에 관한 연구. 한국의류학회지. 15권 4호, 381~392.
- 백영자, 유효순(1991). 서양복식문화사 . 서울: 경춘사.
- 베비스 휠리어(1993). 20세기 양식(1900~1980). 조규화(역). 서울 : 수학사.
- 사진으로 본 의상변천 60년, 여성동아. 1976.11월호.
- 서유리(1994). Amercan Hippie와 그 복식에 관한 연구. 이화여자대학교 대학원 석사학위논문, 미간행.
- 섹슈얼리즘, 헤어스타일과 메이크업. https://kr.pinterest.com/pin/25121710416873060/, (2025.1)
- 섹슈얼리즘, 헤어스타일과 메이크업. https://kr.pinterest.com/pin/59320920075409982/, (2025.1)
- 손보경(1996). 현대 복식에 나타난 페미니즘 양식 연구. 서울여자대학교 대학원 석사학위 청구논문, 미간행.
- 송민정(1991). 우리나라 전통 화장문화에 관한 연구. 이화여대 대학원 석사학위논문, 미간행.
- 송보영(1997). 한국, 중국, 일본 여성의 색조화장문화. 경희대학교 대학원 박사학위논문, 미간행
- 송수원(1997). 후기 르네상스 궁정 복식에 나타난 매너리즘 양식, 서울대학교 대학원 석사학위 청구논문, 미간행.
- 시공디스커버리 총서(1998). 화장술의 역사
- 신상옥(1994). 서양복식사 . 서울 : 수학사.

. 안계환(2025. 1. 5). 유럽역사와 문화, 지도로 보는 유럽 역사, (https://blog.naver.com/aghon/221027519625)
. 안현경(1995). 20세기 서구여성의 머리 형태의 변천에 관한 연구. 이화여자대학교 교육대학원 석사학위 청구논문, 미간행.
. 안현경(2005). 헤어스타일 연출에 관한 연구: 수도권 20대 여성의 얼굴형과 헤어패션 감각을 중심으로, 이화여자대학교 대학원 박사학위논문
. 안현경(2023). 조선시대 풍속화에 나타난 머리모양과 수식에 관한 연구. 한국미용학회 29. 3.
. 앨빈 토플러(1994). 제 3의 물결, 전희직(역). 서울 : 혜원출판사.
. 양덕재(1998). 최신화장품학, 장업신보.
. 양세희(1996). 영 어덜트의 복식양식. 서울여자대학교 대학원 석사학위 청구논문, 미간행.
. 에이지리스 스타일. https://kr.pinterest.com/pin/85920305381271249/, (2025.1)
. 에이지리스, 헤어스타일과 메이크업, 기네스 펠트로우(Gywneth Paltrow), 2020. https://www.telegraph.co.uk/beauty/make-up/golden-glow-ageless-make-up-look-ruled-red-carpet/
. 위키백과(2024. 11. ~ 2025. 2). https://ko.wikipedia.org
. 유경옥(1998). 한국복식사. 수학사.
. 유수경(1989). 우리나라 여인의 머리모양에 관한 연구. 국민대학교 대학원 석사학위 청구논문, 미간행.
. 유희경, 김문자(2002). 한국복식문화사, 교문사
. 은영자(1998). 1990년대 패션에 나타난 오리엔탈리즘에 관한 연구. 계명대학교 대학원 석사학위 청구논문, 미간행
. 은하연.(2019). 21세기 한국 현대 여성의 동안 메이크업 이미지에 나타난 동안미(童顔美)의 문화사적 의미 연구. 이화여자대학교 국제대학원 석사학위논문.
. 이경성(1979). 공예통론 . 서울: 수학사.
. 이경은.(2007). 메이크업에 나타난 아방가르드 특성에 관한 연구 : 2001년~2005년 파리 컬렉션을 중심으로. 성신여자대학교 대학원 박사학위논문.
. 이경자, 송민정(1991). 우리나라 전통 화장문화에 관한 연구. 「복식」 17호.
. 이귀영(1997). 20세기 미용에 나타난 오리엔탈리즘. 한국미용학회지.
. 이귀영(1997). 서양과 한국 인물화에 나타난 미인상에 관한연구 논문집 제15권 제1호. 동남보건전문대학
. 이귀영(1999). 17세기 바로크 양식에 나타난 메이크업에 관한 연구 한국미용학회지 제5권 제2호
. 이귀영, Sally Kinsey(1994). Cubism and Orien talism in Art DecoSyracuse University
. 이귀영, 전선정(1998). 색채와 메이크업에 관한 연구. 영동전문대학 논문집 제 24집
. 이규만(1994). 단원풍속화 연구, 단국대 석사논문.
. 이나희(2020). 혜원 신윤복의 풍속화에 관한 연구, 수원대학교 미술대학원 석사학위논문. pp. 1~2.
. 이서형(2018). 여성복 컬렉션에 나타난 하위문화 스타일의 패션·메이크업·헤어스타일 표현특성 연구. 한양대학교 융합산업대학원 석사학위논문.
. 이순자(1970). 우리나라 여인의 머리 형태 및 장식에 관한 고찰. 이화여자대학교 교육대학원 석사학위 청구논문, 미간행.
. 이영애 외(1999). 뷰티디자인과 색채학, 청구문화사.
. 이정민(1998). 19세기 남성복에 나타난 댄디즘. 서울대학교 대학원 석사학위 청구논문, 미간행.
. 이주영(1994). 서양의 역사. 서울 : 대한교과서주식회사.
. 이주정(1988). 미국사 . 서울 : 대한교과서주식회사.
. 이현지(1990). 20대 여성 복식에 나타난 미니멀리즘에 관한 연구. 경성대학교 대학원 석사학위 청구논문, 미간행.
. 이화순(1993). 한국여성의 메이크업 조명성에 관한 연구, 홍익대 산업미술대학원 석사학회논문, 미간행.
. 인공주의, 디지털 메이크업. https://kr.pinterest.com/pin/15621929950172162/, (2025.1)
. 인공주의, 코스프레 메이크업. https://kr.pinterest.com/pin/566116615680039154/, (2025.1)
. 인공주의, 판타지 메이크업. https://kr.pinterest.com/pin/1013872934861389635/, (2025.1)
. 자연주의, 헤어스타일과 메이크업. https://kr.pinterest.com/pin/153755774761857743/, (2025.1)
. 자연주의, 헤어스타일과 메이크업. https://kr.pinterest.com/pin/210965563787270567/, (2025.1)

- 장미선(1994). 로큰롤 패션에 관한 연구. 이화여자대학교 대학원 석사학위 청구논문, 미간행.
- 장상애. (2013). 혜원 신윤복의 풍속화 연구 : 배경의 상징성을 중심으로, 홍익대학교 대학원 석사학위논문.
- 장태한(1993). 흑인 그들은 누구인가. 서울 : 한국경제신문사.
- 장현경. (2008). 조선후기 풍속화의 특징 연구, 홍익대학교 대학원 석사학위논문, p. 1, 5~6.
- 전선정(1994). 서구여성의 머리 형태의 변천에 관한 연구. 이화여자대학교 교육대학원 석사학위논문, 미간행.
- 전선정, 안현경, 이귀영, 문윤경(2014). 미용미학과 미용문화사, 청구문화사
- 전선정. (2001). 근세 서양여성의 머리 형태와 수식에 관한 연구. 성신여자대학교 대학원 박사학위논문, 미간행.
- 전완길 외 8명. (1995). 한국 생활문화 100년, 장원.
- 전완길 외(1995). 한국생활문화 100년. 예지.
- 전완길 외. (1980). 멋 5000년.
- 정매자, 전선정, 서동석, 안현경(2008). 우리나라 옛 여인의 머리치장, 청구문화사
- 정미향(1989). 우리나라 여인의 머리모양에 관한 연구. 국민대학교 대학원 석사학위논문, 미간행
- 정상호(1996). 현대패션모드, 교문사.
- 정흥숙(1990). 서양복식문화사, 교문사.
- 정흥숙. (1981). 아르누보양식이 현대의상에 미친 영향. 복식, 제4호.
- 조규화(1979,4). 현대복식. 트릴론 섬유 월보.
- 조규화. (1982,12). 아르데코 패션: 1920년대 파리를 중심으로. 조형논총 . 국민대학교 환경디자인 연구소.
- 조규화. (1990,5). 디자인 천재들의 작품을 통해 본 현대 패션 100년사, 그 발전의 비밀.
- 조규화. (1995). 복식미학서울: 수학사.
- 조규화. (1995). 복식사전, 서울: 경춘사.
- 조규화. 50년대 여성 패션의 회고 : New Elegance. 서울 : 반도패션.
- 조은별(1996). 20세기 화장문화에 관한 연구. 이화여자대학교 대학원 석사학위논문. 미간행.
- 조효순(1988). 한국 복식 풍속사 연구. 일지사.
- 중세 양의뿔 헤어스타일, https://rosaliegilbert.com/hairstyles.html, (2025. 2.)
- 青木英夫(1979), 西洋化粧文化史, 源流社, 周汎·高春明(1992), 中國歷代婦女裝飾, 學林出版社
- 최경자 자전연감 패션 50년. 서울 : 의상사.
- 최영경(1998). 한국 여성의 화장문화에 관한 연구. 이화여자대학교 대학원 석사학위논문. 미간행.
- 최지애. (2006). 긍재 김득신의 풍속화 연구, 계명대학교 교육대학원 석사학위논문.
- 최혜정, 이귀영, 양선미, 문윤경(1999.9). 토털 코디네이션. 청구문화사
- 컨저버티브, 헤어스타일과 메이크업. https://kr.pinterest.com/pin/116249234103508942/, (2025.1)
- 컨저버티브, 헤어스타일과 메이크업. https://kr.pinterest.com/pin/580823683194916405/, (2025.1)
- 板倉壽郎(1980). 복식미학. 이현숙(역). 서울 : 경춘사.
- 패션과 함께한 나의 사랑(1990). 서울 : 유림문화사.
- 페미니즘, 댄디 헤어스타일과 메이크업. https://kr.pinterest.com/pin/1337074888540992/, (2025.1)
- 페미니즘, 유니섹스 스타일. https://youthincmag.com/unisex-fashion, (2025.1)
- 포스트 모더니즘, 헤어스타일과 메이크업. https://kr.pinterest.com/pin/3870349673996640/, (2025.1)
- 포스트 모더니즘, 헤어스타일과 메이크업. https://kr.pinterest.com/pin/5911043260534526/, (2025.1)
- 한국 패션 100년(1995). 신혜순 편저. 한국현대 의상 박물관.
- 한국민족문화대백과. (2023. 3. 6). 김득신 필 풍속도 화첩. https://terms.naver.com/entry.naver?docId=4341137&cid=46660&categoryId=46660
- 한국민족문화대백과사전.(2025.1.10.). 성차별. https://encykorea.aks.ac.kr/Article/Keyword/%EC%84%B1%EC%B0%A8%EB%B3%84%EC%A3%BC%EC%9D%98
- 한국장업 50년사(1996). 대한화장품공업협회.
- 한국학중앙연구원. (2023. 2. 10). 신윤복 [申潤福] (한국민족문화대백과), https://terms.naver.com/entry.naver?docId=560475&cid=46660&categoryId=46660
- 한국화장문화사. (1987). 열화당

- 한영수 사진집, 삶 ; After the War.
- 해체주의, 드레드 록스(dreadlocks) 헤어스타일 https://www.topbeautymagazines.com/25-wick-dreadlocks-hairstyle-options-to-try/, (2025.1)
- 화장품 연감, 화장품 신문사, 화장품 공업협회.
- 화장풍속사. (1982. 9). 월간약국
- Batterberry, M. & A. Batterberry(1977). Fashion the Mirror of History. New York : Greenwhich House.
- Boucher, F.(1965). Histoire de Costume en Occident de L'Antiquite a Nos Jours. Paris : Flammarion.
- Calasibetta, C. M.(1985). Fairchild's Dictionary of Fashion. New York : Fairchild Publication.
- changing styles in Fashion, Maggie Pexton Murray, Fairchild Publicaions.
- Contini, M.(1977). 5000 Years of Fashion. New Jersey : Chartwell Books Inc.
- Corson, R.(1965). 西洋髮型圖監. 藤田順子(譯). 東京: モート 社.
- Courais, G.(1973). Women's Headdress and Hairstyles: in England from AD 600 to the Present Day. London : Batsford.
- Decorated Skin, Karl Gr ning, Thames and Hudson
- Demornex, J.(1989). Balenciaga. London : Thames & Hudson.
- Douglas, R. A.(1983). Costume History & Style. New Jersey : Prentice Hall Inc.
- Eauclaive, S.(1981). New Colar/New Work. New York: Abbevill Press.
- Glynn, P.(1979). In Fashion, Dress in the Twentieth Century. London: G때rge Allen & Unwin.
- Gold, A.(1975). 75 Years of Fashion. New York: Fairchild.
- Google AI.(2025. 1. 5). Full botton wig, (googl.com/search?sca_esv=d12e58ed6977e94a&sxsrf=ADLYWIKUz93YfIoKJ3PY3Hqtp5RpWr6j7Q:1736086053536&q=full-bottomed+wig+18th+century&sa=X&ved=2ahUKEwj63pTE4N6KAxUAdfUHHVVBOC0Q1QJ6BAhNEAE&biw=1536&bih=729&dpr=1.25)
- Gove, P. B.(1983). Webster's Third New International Dictionary. London: Merrian Webster.
- Howell, G.(1979). In Vogue, Six Decades of Fashion. London: Penguin Books Ltd.
- La Tribudel Tatuaggio, Rufus C. Camphausem, Lura Libri.
- Leese, E.(1983). Costume Design in the Movies. New York : Frederick Ungar Pub. Co.
- Leymarie, J.(1987). Chanel. New York : Rizzoli.
- Lister, M.(1982). Costume : An Illustrated Survey from Ancient Times to the Twentieth Century. Boston : Plays Inc.
- Maguillages visages, Savoir Croer, Sophie Leconte
- Makara de la conpagnie du Terrain Vague.
- Makara, dessain et tolra, Realises parele groupe.
- Mansfield, A. & P. Cunnington(1973). Handbook of English Cstume in the Twentieth Century 1900~1950. Boston : Plays Ind.
- Marly, D.(1980). The History of Haute Couture. New York: Holmes and Meier.
- Melinkoff, E.(1984). What We Wore : on Offbeat Social History of Women's Clothing, 1950 to 1980. New York : Qill.
- Milbank, C. R. (1989). New York Fashion, The Evolution of American Style. New York : Harryn Abrams Inc.
- Milbank, C. R.(1985). Couture. New York : Stewart.
- Newsweek. January 23, 1984.
- Newsweek. June 4, 1994.
- Nunn, J.(1990). Fashion in Costume 1200~1980. London : The Herbert 68. Mansfield, A. & P. Cunnington(1973). Handbook of English Cstume in the Twentieth Century 1900~1950. Boston : Plays Ind.

- Obaik, H.(1984). Les Mouvement de Mode. Paris : Robert Laffant.
- OhmyNews. (2023. 2.10). 단원김홍도의 무동...조선의 혼, 광대꿈이 피다, https://www.ohmynews.com/NWS_Web/View/at_pg.aspx?CNTN_CD=A0002841455&CMPT_CD=P0010&utm_source=naver&utm_medium=newsearch&utm_campaign=naver_news
- Plosk, H. & J. Williams(1983). The Afro American. New York: A Willy Inter Science Pub.
- Postale, C.(ed)(1985). Art Director's Index to Photographers. Geneva : Rotovision.
- Potter, C. L.(1984). Sportswear in Vogue since 1910. New York : Abbevill Press.
- Powitt, A. T.(1977). Hair Structure & Chemistry Simplified, New York : Milady.
- Read, H.(1954). the Art of Sculpture. Washington : Princeton Univ. Press.
- Ressel, D. A.(1983). Costume History and Style. New York : Frederick Ungar Publishing Co.
- Robinson, J.(1978). Fashion in the 30s. London : Oresko Books.
- Schmutzler, R.(1962). Art Nouveau. trans. by E. Rodity. New York : Abrams.
- Thackata, J. & J. Stuart(1986). New British Design. London : Thames and Hudson.
- The face is a Convas, An chorage press, Inc. Irene Corey
- The JoongAng(2023. 2. 9). 조선시대 남자의 모자, 종류별로 모아보니....이렇게 많구나, https://www.joongang.co.kr/article/23375773#home
- The Sunday Times. April 25, 1995.
- This Favulous Century, 1960-1970. Time-Life Books.
- Time. October 24, 1983.
- Tortora, P. & K. Eubank(1989). A Survey of Historic Costume, New York: Fairchild Publications.
- Tranquillo, M. D.(1984). Styles of Fashion. New York: Van Nostrand Reinhold Commpany.
- Vanity Fair. May, 1988.
- Vanity Fair. April, 1988.
- Vanity Fair. August, 1988.
- Vanity Fair. February, 1988.
- Vanity Fair. July, 1987.
- Vanity Fair. March, 1980.
- Vingle. (2023. 2. 9). 킹덤으로 떠오르는 모자나라 조선, https://www.vingle.net/posts/2571670
- Voque. Dec. 1999.
- wikipedia(2024. 12. 10).
- Wilcox, R. T. (1979). The Dictionary of Costume. London : B.T. Batsford Ltd.
- Wilcox, R. T.(1958). The Mode in Costume. New York : Charles scribner's Sons.
- Yablonsky, L.(1968). The Hippie Trip. New York : Pegasus.
- Yarwood, D. (1978). The Encyclopedia of World Costume. New York : Bonanza Books.
- Yarwood, D. (1980). Costume of the Western World. London : Lutterworth Press.
- Yarwood, D.(1975). European Costume 4000 Years of Fashion. 101. London, Sydney : B.T.Batsfod.
- York, P.(1985). Oppositional Dress. London : Virago.
- フリシト. キーナン(1983). Dior in Vogue. 東京 : 文化出版局.
- 1980년대 헤어스타일. https://www.daysmart.com/salon/blog/80s-hairstyles/, (2024. 2.)
- 1990년대 헤어스타일. https://www.elle.com/beauty/hair/g43351304/90s-hairstyles/, (2024. 2.)

찾아보기

INDEX

저자소개

전선정(강릉영동대학교) 안현경(동남보건대학교) 이귀영(신안산대학교)
신세영(서경대학교) 문윤경(성신여자대학교)

미용미학과 미용문화사

2001년 2월 20일 초판 발행
2002년 3월 10일 초판2쇄 발행
2004년 3월 10일 초판3쇄 발행
2008년 3월 10일 초판4쇄 발행
2011년 3월 10일 초판5쇄 발행
2014년 3월 10일 초판6쇄 발행
2025년 3월 10일 2판 발행

지은이 : 전선정·안현경·이귀영·신세영·문윤경
펴낸이 : 이상태
펴낸곳 : 청구문화사
주 소 : (03706) 서울특별시 서대문구 성산로11길 15
전 화 : 02-332-0541(代)
전 송 : 02-337-9577
등 록 : 1990년 11월 2일 제9-247호

가격 40,000원
ISBN 978-89-5616-955-2 93590